HANDBUCH DER ANALYTISCHEN CHEMIE

HERAUSGEGEBEN

VON

R. FRESENIUS UND G. JANDER

WIESBADEN GREIFSWALD

III

QUANTITATIVE BESTIMMUNGS- UND TRENNUNGSMETHODEN

BAND VIII a

ELEMENTE DER ACHTEN HAUPTGRUPPE (EDELGASE)

SPRINGER-VERLAG BERLIN HEIDELBERG GMBH 1949

ELEMENTE DER ACHTEN HAUPTGRUPPE

EDELGASE:

HELIUM · NEON · ARGON · KRYPTON · XENON · RADON
UND ISOTOPE

BEARBEITET

VON

H. KAHLE · B. KARLIK

MIT 53 ABBILDUNGEN

SPRINGER-VERLAG BERLIN HEIDELBERG GMBH 1949

Ursprünglich erschienen bei SPRINGER-VERLAG IN BERLIN
GÖTTINGEN HEIDELBERG 1949

ISBN 978-3-540-01391-4
DOI 10.1007/978-3-662-30588-1

ISBN 978-3-662-30588-1 (eBook)

DRUCK DER UNIVERSITÄTSDRUCKEREI H. STURTZ AG., WÜRZBURG

Inhaltsverzeichnis.

Seite

Edelgase. Helium, Neon, Argon, Krypton, Xenon und Radon. Von Dr. Ing. H. KAHLE, Höllriegelskreuth bei München. (Mit 51 Abbildungen) . . . 1

Radon und Isotope. Von Professor Dr. BERTA KARLIK, Wien. (Mit 2 Abbildungen) 98

Verzeichnis der Zeitschriften und ihrer Abkürzungen.

Abkürzung	Zeitschrift
A.	Liebigs Annalen der Chemie; bis **172** (1874): Annalen der Chemie und Pharmacie.
Acc. Sci. med. Ferrara	Accademia delle scienze mediche di Ferrara.
A. Ch.	Annales de Chimie; vor 1914: Annales de Chimie et de Physique.
Acta Comment. Univ. Tartu	Acta et Commentationes Universitatis Tartuensis (Dorpatensis).
Acta med. Scand.	Acta Medica Scandinavica.
Agricultura	Agricultura.
Am. Chem. J.	American Chemical Journal; seit 1917 vereinigt mit Am. Soc.
Am. Fertilizer	The American Fertilizer.
Am. J. Physiol.	American Journal of Physiology.
Am. J. Sci.	American Journal of Science.
Am. Soc.	Journal of the American Chemical Society.
Analyst	The Analyst.
An. Argentina	Anales de la asociación química Argentina.
An. Españ.	Anales de la sociedad española de física y química.
An. Farm. Bioquim.	Anales de farmacia y bioquímica (Buenos Aires).
Angew. Ch.	Angewandte Chemie, vor 1932: Zeitschrift für angewandte Chemie.
Ann. Acad. Sci. Fenn.	Annales academiae scientiarum fennicae.
Ann. agronom.	Annales agronomiques.
Ann. Chim. anal.	Annales de Chimie analytique et de Chimie appliquée.
Ann. Chim. applic.	Annali di chimica applicata.
Ann. Falsific.	Annales des Falsifications et des Fraudes.
Ann. Phys.	Annalen der Physik (Grüneisen und Planck).
Ann. Sci. agronom. Franç.	Annales de la Science agronomique française et étrangère; nach 1930: Annales agronomiques.
Ann. Soc. Sci. Bruxelles	Annales de la société scientifique de Bruxelles, Série A: Sciences mathématiques; Série B: Sciences physiques et naturelles.
Anz. Krakau. Akad.	Anzeiger der Akademie der Wissenschaften, Krakau.
Apoth.-Z.	Apotheker-Zeitung.
Ar.	Archiv der Pharmazie.
Arch. Eisenhüttenw.	Archiv für das Eisenhüttenwesen.
Arch. exp. Pathol.	Archiv für experimentelle Pathologie und Pharmakologie (Naunyn-Schmiedeberg).
Arch. Néerland. Physiol.	Archives Néerlandaises de Physiologie de l'Homme et des Animaux.
Arch. Phys. biol.	Archives de Physique biologique et de Chimie-Physique des Corps organisés.
Arch. Physiol.	Archiv für die gesamte Physiologie des Menschen und der Tiere (Pflüger).
Arch. Sci. biol.	Archivio di scienze biologiche (Italy).
Arch. Sci. phys. nat. Genève	Archives des Sciences physiques et naturelles, Genève.
Atti Accad. Lincei	Atti della Reale Accademia nazionale dei Lincei.
Atti Accad. Sci. Torino	Atti della Reale Accademia delle Scienze di Torino.
Atti Congr. naz. Chim. pura applic.	Atti del congresso nazionale di chimica pura ed applicata.
Austr. J. exp. Biol. med. Sci.	Australian Journal of Experimental Biology and Medical Science.
B.	Berichte der Deutschen Chemischen Gesellschaft.
Ber. Dtsch. pharm. Ges.	Berichte der Deutschen Pharmazeutischen Gesellschaft.
Ber. oberhess. Ges. Naturk.	Bericht der oberhessischen Gesellschaft für Natur- und Heilkunde.

Abkürzung	Zeitschrift
Ber. Wien. Akad.	Sitzungsberichte der Akademie der Wissenschaften, Wien.
Betriebslab.	Betriebslaboratorium; russ.: Sawodskaja Laboratorija.
Biochem. J.	Biochemical Journal.
Biol. Bl.	Biological Bulletin of the Marine Biological Laboratory; seit 1930: Biological Bulletin.
Bio. Z.	Biochemische Zeitschrift.
Bl.	Bulletin de la Société chimique de France; vor 1907: Bulletin de la Société chimique de Paris.
Bl. Acad. Roum.	Bulletin de la section scientifique de l'Académie Roumaine.
Bl. Acad. Russie	Bulletin de l'Académie des Sciences de Russie; seit 1925: Bl. Acad. URSS.
Bl. Acad. Sci. Pétersb.	Bulletin de l'Académie impériale des Sciences, Pétersbourg; seit 1917: Bl. Acad. Russie.
Bl. Acad. URSS.	Bulletin de l'Académie des Sciences de l'U[nion des] R[épubliques] S[oviétiques] S[ocialistes].
Bl. agric. chem. Soc. Japan	Bulletin of the Agricultural Chemical Society of Japan.
Bl. Am. phys. Soc.	Bulletin of the American Physical Society.
Bl. Biol. pharm.	Bulletin des Biologistes pharmaciens.
Bl. Bur. Mines Washington	Bulletin, Bureau of Mines, Washington.
Bl. Inst. physic. chem. Res. (Abstr.) Tôkyô	Bulletin of the Institute of Physical and Chemical Research, Abstracts, Tôkyô.
Bl. Sci. pharmacol.	Bulletin des Sciences pharmacologiques.
Bl. Soc. chim. Belg.	Bulletin de la Société chimique de Belgique.
Bl. Soc. Chim. biol.	Bulletin de la Société de Chimie biologique.
Bl. Soc. chim. Paris	Vgl. Bl.
Bl. Soc. Min.	Bulletin de la Société française de Minéralogie.
Bl. Soc. Mulhouse	Bulletin de la Société industrielle de Mulhouse.
Bl. Soc. Pharm. Bordeaux	Bulletin dés Travaux de la Société de Pharmacie de Bordeaux.
Bl. Soc. România	Buletinul societatii de chimie din România.
Bodenkunde Pflanzenernähr.	Bodenkunde und Pflanzenernährung: 1. Folge (Band 1 bis 45) heißt: Zeitschrift für Pflanzenernährung; Düngung und Bodenkunde.
Boll. chim. farm.	Bolletino chimico-farmaceutico.
Brit. chem. Abstr.	British Chemical Abstracts.
Bur. Stand. J. Res.	Bureau of Standards Journal of Research.
C.	Chemisches Zentralblatt.
Canadian J. Res.	Canadian Journal of Research.
Časopis českoslov. Lékárn.	Časopis československého, Lékárnictva.
Cereal Chem.	Cereal Chemistry.
Chem. Abstr.	Chemical Abstracts.
Chem. Age	Chemical Age.
Chem. eng. min. Rev.	Chemical Engineering and Mining Review.
Chem. Ind.	Chemistry and Industry.
Chemist-Analyst	The Chemist-Analyst.
Chem. J. Ser. A	Chemisches Journal Serie A, Journal für allgemeine Chemie; russ.: Chimitscheski Shurnal Sser. A, Shurnal obschtschei Chimii.
Chem. J. Ser. B.	Chemisches Journal Serie B, Journal für angewandte Chemie; russ.: Chimitscheski Shurnal Sser. B, Shurnal prikladnoi Chimii.
Chem. Listy	Chemické Listy pro vedu a prumysl.
Chem. N.	Chemical News.
Chem. Obzor	Chemický Obzor.
Chem. social. Agric.	Chemisation of socialistic Agriculture; russ.: Chimisazia ssozialistitscheskogo Semledelija.
Chem. Weekbl.	Chemisch Weekblad.
Ch. Fabr.	Die chemische Fabrik.
Chim. Ind.	Chimie & Industrie.

Abkürzung	Zeitschrift
Chim. Ind. 17. Congr. Paris	Chimie & Industrie, 17. Congrès, Paris.
Ch. Ind.	Die chemische Industrie.
Ch. Z.	Chemiker-Zeitung.
Ch. Z. Chem. techn. Übersicht	Chemiker-Zeitung, Chemisch-technische Übersicht.
Ch. Z. Repert.	Chemiker-Zeitung, Repertorium.
Coll. Trav. chim. Tchécosl.	Collection des Travaux chimiques de Tchécoslovaquie.
C. r.	Comptes rendus de l'Académie des Sciences.
C. r. Acad. URSS.	Comptes rendus (Doklady) de l'académie des sciences de l'U[nion des] R[épubliques] S[oviétiques] S[ocialistes].
C. r. Carlsberg	Comptes rendus des Travaux du Laboratoire de Carlsberg.
C. r. Soc. Biol.	Comptes rendus de la Société de Biologie.
Dansk Tidsskr. Farm.	Dansk Tidsskrift for Farmaci.
Dingl. J.	DINGLERS Polytechnisches Journal.
Dtsch. med. Wchschr.	Deutsche medizinische Wochenschrift.
Dtsch. tierärztl. Wchschr.	Deutsche tierärztliche Wochenschrift.
Fenno-Chem.	Fenno-Chemica.
Finska Kemistsamfundets Medd.	Finska Kemistsamfundets Meddelanden; fortgesetzt unter der Bezeichnung: Fenno-Chemica.
Fr.	Zeitschrift für analytische Chemie (FRESENIUS).
G.	Gazzetta chimica italiana.
Gas- und Wasserfach	Das Gas- und Wasserfach; vor 1922: Journal für Gasbeleuchtung sowie für Wasserversorgung.
Giorn. Chim. ind. ed applic.	Giornale di Chimica industriale ed applicata.
Glückauf	Glückauf, berg- und hüttenmännische Zeitschrift.
H.	Zeitschrift für physiologische Chemie (HOPPE-SEYLER).
Helv.	Helvetica chimica acta.
Ind. Chemist	The Industrial Chemist and Chemical Manufacturer.
Ind. chimica	L'Industria chimica, mineraria e metallurgica.
Ind. eng. Chem.	Industrial and Engineering Chemistry.
Ind. eng. Chem. Anal. Edit.	Industrial and Engineering Chemistry, Analytical Edition.
Internat. Sugar J.	International Sugar Journal.
J. agric. Sci.	Journal of Agricultural Science.
J. Am. ceram. Soc.	Journal of the American Ceramic Society.
J. Am. Leather Chem.	Journal of the American Leat er Chemists' Association.
J. Am. med. Assoc.	Journal of the American Medical Association.
J. Am. Soc. Agron.	Journal of the American Society of Agronomy.
J. Am. Water Works Assoc.	Journal of the American Water Works Association.
J. Assoc. offic. agric. Chem.	Journal of the Association of Official Agricultural Chemists.
J. Biochem.	Journal of Biochemistry (Japan).
J. biol. Chem.	Journal of Biological Chemistry.
Jbr.	Jahresberichte über die Fortschritte der Chemie (LIEBIG und KOPP), 1847—1910.
Jb. Radioakt.	Jahrbuch der Radioaktivität und Elektronik.
J. Chem. Education	Journal of Chemical Education.
J. chem. Ind.	Journal der chemischen Industrie; russ.: Shurnal Chimitscheskoi Promyschlennosti.
J. chem. Soc. Japan	Journal of the Chemical Society of Japan.
J. Chim. phys.	Journal de Chimie physique; seit 1931: ... et Revue générale des Colloides.
J. chos. med. Assoc.	Journal of the Chosen Medical Association (Japan).
Jernkont. Ann.	Jernkontorets Annaler.
J. ind. eng. Chem.	Journal of Industrial and Engineering Chemistry; seit 1923: Ind. eng. Chem.
J. Indian chem. Soc.	Journal of the Indian Chemical Society.
J. Indian Inst. Sci.	Journal of the Indian Institute of Science.
J. Inst. Brew.	Journal of the Institute of Brewing.

Abkürzung	Zeitschrift
J. Inst. Petrol. Tech.	Journal of the Institution of Petroleum Technologists.
J. Labor. clin. Med.	Journal of Laboratory and Clinical Medicine.
J. Landwirtsch.	Journal für Landwirtschaft.
J. opt. Soc. Am.	Journal of the Optical Society of America.
J. Pharm. Belg.	Journal de Pharmacie de Belgique.
J. Pharm. Chim.	Journal de Pharmacie et de Chimie.
J. pharm. Soc. Japan	Journal of the Pharmaceutical Society of Japan.
J. physic. Chem.	Journal of Physical Chemistry.
J. Physiol.	Journal of Physiology.
J. pr.	Journal für praktische Chemie.
J. Pr. Austr. chem. Inst.	Journal and Proceedings of the Australian Chemical Institute.
J. Res. Nat. Bureau of Standards	Journal of Research of the National Bureau of Standards, früher: Bur. Stand. J. Res.
J. Russ. phys.-chem. Ges.	Journal der russischen physikalisch-chemischen Gesellschaft.
J. S. African chem. Inst.	Journal of the South African Chemical Institute.
J. Sci. Soil Manure	Journal of the Sciences of Soil and Manure (Japan).
J. Soc. chem. Ind.	Journal of the Society of Chemical Industry (Chemistry and Industry).
J. Soc. chem. Ind. Japan (Suppl.)	Journal of the Society of Chemical Industry, Japan. Supplement.
J. Zucker-Ind.	Journal der Zuckerindustrie; russ.: Shurnal Sakharnoi Promyschlennosti.
Keem. Teated	Keemia Teated (Tartu).
Kem. Maanedsbl. nord. Handelsbl. kem. Ind.	Kemisk Maanedsblad og Nordisk Handelsblad for Kemisk Industri.
Klin. Wchschr.	Klinische Wochenschrift.
Kolloid-Z.	Kolloid-Zeitschrift.
Lantbruks-Akad. Handl. Tidskr.	Kungl. Lantbruks-Akademiens Handlingar och Tidskrift.
Lantbruks-Högskol. Ann.	Lantbruks-Högskolans Annaler.
L. V. St.	Landwirtschaftliche Versuchsstationen.
M.	Monatshefte für Chemie.
Magyar Chem. Folyóirat	Magyar Chemiai Folyóirat (Ungarische chemische Zeitschrift).
Malayan agric. J.	Malayan Agricultural Journal.
Medd. Centralanst. Försöksväs. jordbruks., landwirtsch.-chem. Abt.	Meddelande från Centralanstalten för Försöksväsendet på Jordbruksområdet, landbrukskemi.
Medd. Nobelinst.	Meddelanden från K. Vetenskapsakademiens Nobelinstitut.
Med. Doswiadczalna i Spoleczna	Medycyna Doswiadczalna i Spoleczna.
Mem. Sci. Kyoto Univ.	Memoirs of the College of Science, Kyoto Imperial University.
Met. Erz	Metall und Erz.
Mikrochim. A.	Mikrochimica acta.
Milchw. Forsch.	Milchwirtschaftliche Forschungen.
Mitt. berg- u. hüttenmänn. Abt. kgl. ung. Palatin-Joseph-Universität Sopron	Mitteilungen der berg- und hüttenmännischen Abteilung der königlich ungarischen Palatin-Joseph-Universität, Sopron.
Mitt. Kali-Forsch.-Anst.	Mitteilungen der Kali-Forschungsanstalt.
Nachr. Götting. Ges.	Nachrichten der Kgl. Gesellschaft der Wissenschaften, Göttingen; seit 1923 fällt „Kgl." fort.
Nature	Nature (London).
Naturwiss.	Naturwissenschaften.
Natuurwetensch. Tijdschr.	Natuurwetenschappelijk Tijdschrift.
Nederl. Tijdschr. Geneesk.	Nederlandsch Tijdschrift voor Geneeskunde.
Neues Jahrb. Mineral. Geol.	Neues Jahrbuch für Mineralogie, Geologie und Paläontologie.
New Zealand J. Sci. Tech.	New Zealand Journal of Science and Technology.
Öst. Ch. Z.	Österreichische Chemiker-Zeitung.
Onderstepoort J. Vet. Sci.	Onderstepoort Journal of Veterinary Science and Animal Industry.
P. C. H.	Pharmazeutische Zentralhalle.

Abkürzung	Zeitschrift
Ph. Ch.	Zeitschrift für physikalische Chemie.
Pharm. Weekbl.	Pharmaceutisch Weekblad.
Pharm. Z.	Pharmazeutische Zeitung.
Phil. Mag.	Philosophical Magazine and Journal of Science.
Phil. Trans.	Philosophical Transactions of the Royal Society of London.
Phys. Rev.	Physical Review.
Phys. Z.	Physikalische Zeitschrift.
Plant Physiol.	Plant Physiology.
Pogg. Ann.	Annalen der Physik und Chemie, herausgegeben von POGGENDORFF (1824—1877); dann Wied. Ann. (1877—1899); seit 1900: Ann. Phys.
Problems Nutrit.	Problems of Nutrition; russ.: Woprossy Pitanija.
Pr. Am. Acad.	Proceedings of the American Academy of Arts and Sciences, Boston.
Pr. chem. Soc.	Proceedings of the Chemical Society (London).
Pr. internat. Soc. Soil Sci.	Proceedings of the International Society of Soil Science.
Pr. Leningrad Dept. Inst. Fert.	Proceedings of the Leningrad Departmental Institute of Fertilizers.
Pr. Oklahoma Acad. Sci.	Proceedings of the Oklahoma Academy of Science.
Pr. Roy. Soc. Edinburgh	Proceeding of the Royal Society of Edinburgh.
Pr. Roy. Soc. London Ser. A	Proceedings of the Royal Society (London). Serie A: Mathematical and Physical Sciences.
Pr. Roy. Soc. New South Wales	Proceedings of the Royal Society of New South Wales.
Pr. Soc. Cambridge	Proceedings of the Cambridge Philosophical Society.
Pr. Soc. exp. Biol. Med.	Proceedings of the Society for Experimental Biology and Medicine.
Pr. Utah Acad. Sci.	Proceedings of the Utah Academy of Sciences.
Przemysl Chem.	Przemysl Chemiczny.
Publ. Health Rep.	Public Health Reports.
R.	Recueil des Travaux chimiques des Pays-Bas.
Radium	Le Radium, seit 1920: Journal de Physique et Le Radium.
Rep. Connecticut agric. Exp. Stat.	Report of the Connecticut Agricultural Experiment Station.
Repert. anal. Chem.	Repertorium der analytischen Chemie (1881—1887).
Répert. Chim. appl.	Répertoire de Chimie pure et appliquée (von 1864 ab: Bulletin de la Société chimique de France).
Rev. Centro Estud. Farm. Bioquim.	Revista del centro estudiantes de farmacia y bioquímica.
Rev. Mét.	Revue de Métallurgie.
Roczniki Chem.	Roczniki Chemji.
Rev. univ. des Min.	Revue universelle des Mines.
Schweiz. Apoth. Z.	Schweizerische Apotheker-Zeitung.
Schweiz. med. Wchschr.	Schweizerische medizinische Wochenschrift.
Schw. J.	SCHWEIGGERS Journal für Chemie und Physik (Nurnberg, Berlin 1811—1833, 68 Bde.).
Science	Science (New York).
Sci. Pap. Inst. Tôkyô	Scientific Papers of the Institute of Physical and Chemical Research Tôkyô.
Sci. quart. nat. Univ. Peking	Science Quarterly of the National University of Peking.
Skand. Arch. Physiol.	Skandinavisches Archiv für Physiologie.
Soc.	Journal of the Chemical Society of London.
Soc. chem. Ind. Victoria (Proc.)	Society of Chemical Industry of Victoria, Proceedings.
Soil Sci.	Soil Science.
Sprechsaal	Sprechsaal für Keramik-Glas-Email.
Stahl Eisen	Stahl und Eisen.
Svensk Tekn. Tidskr.	Svensk Teknisk Tidskrift.
Techn. Mitt. Krupp	Technische Mitteilungen KRUPP.
Tôhoku J. exp. Med.	Tôhoku Journal of Experimental Medicine.

Abkürzung	Zeitschrift
Trans. Am. electrochem. Soc.	Transactions of the American Electrochemical Society.
Trans. Butlerov Inst. chem. Technol. Kazan	Transactions of the BUTLEROV Institute; (seit 1935: KIROV Institute) for Chemical Technology of Kazan.
Trans. Dublin Soc.	Scientific Transactions of the Royal Dublin Society.
Trans. Faraday Soc.	Transactions of the FARADAY Society.
Trans. Roy. Soc. Edinburgh	Transactions of the Royal Society of Edinburgh.
Trans. sci. Inst. Fert.	Transactions of the Scientific Institute of Fertilizers and Insectofungicides (USSR.).
Trans. Sci. Soc. China	Transactions of the Science Society of China.
Trav Lab. biogéochim. Acad. Sci. URSS.	Travaux du laboratoire biogéochimique de l'académie des sciences de l'U[nion des] R[épubliques] S[oviétiques] S[ocialistes].
Uchen. Zapiski Kazan. Gosud. Univ.	Uchenye Zapiski Kazanskogo Gosudarstvennogo Universiteta (USSR.).
Ukrain. chem. J.	Ukrainian Chemical Journal (Journal chimique de l'Ukraine).
Union pharm.	Union pharmaceutique.
Union S. Africa Dept. Agric.	Union of South Africa. Department of Agriculture.
Univ. Illinois Bl.	University of Illinois, Bulletin.
U. S. Dept. Agric. Bl.	United States Department of Agriculture, Bulletins.
Verh. phys. Ges.	Verhandlungen der Deutschen physikalischen Gesellschaft.
Wchschr. Brauerei	Wochenschrift für Brauerei.
Wied. Ann.	Annalen der Physik und Chemie, herausgegeben von WIEDEMANN; s. Pogg. Ann.
Wien. klin. Wchschr.	Wiener klinische Wochenschrift.
Wien. med. Wchschr.	Wiener medizinische Wochenschrift.
Wiss. Nachr. Zucker-Ind.	Wissenschaftliche Nachrichten der Zuckerindustrie (ukrain.).
Wiss. Veröffentl. Siemens-Konzern	Wissenschaftliche Veröffentlichungen aus dem SIEMENS-Konzern (seit 1935: aus den SIEMENS-Werken).
Z. anorg. Ch.	Zeitschrift für anorganische und allgemeine Chemie.
Zbl. Min. Geol. Paläont. Abt. A	Zentralblatt für Mineralogie, Geologie und Palaontologie, Abt. A: Mineralogie und Petrographie.
Z. Chem. Ind. Kolloide	Zeitschrift für Chemie und Industrie der Kolloide; seit 1913: Kolloid-Zeitschrift
Z. El. Ch.	Zeitschrift für Elektrochemie.
Zentr. wiss. Forsch.-Inst. Leder-Ind.	Zentrales wissenschaftliches Forschungsinstitut für die Lederindustrie; russ.: Zentralny nautschno-issledowatelski Institut koshewennoi Promyschlennosti, Sbornik Rabot.
Z. ges. Brauw.	Zeitschrift für das gesamte Brauwesen.
Z. Hygiene	Zeitschrift für Hygiene und Infektionskrankheiten.
Z. klin. Med.	Zeitschrift für klinische Medizin.
Z. Kryst.	Zeitschrift für Krystallographie und Mineralogie.
Z. landw. Vers.-Wes. Österr.	Zeitschrift für das landwirtschaftliche Versuchswesen in Deutsch-Österreich; 1925—1933 genannt: Fortschritte der Landwirtschaft.
Z. Lebensm.	Zeitschrift für Untersuchung der Lebensmittel; bis 1925: Zeitschrift für Untersuchung der Nahrungs- und Genußmittel sowie der Gebrauchsgegenstände.
Z. öffentl. Ch.	Zeitschrift für öffentliche Chemie.
Z. Pflanzenernähr. Düng. Bodenkunde.	Vgl. Bodenkunde Pflanzenernähr.
Z. Phys.	Zeitschrift für Physik.
Z. pr. Geol.	Zeitschrift für praktische Geologie.
Zprávy česk. keram. společnosti	Zprávy československé keramické společnosti.

Abkürzungen oft benutzter Sammelwerke.

Abkürzung	Sammelwerk
Berl-Lunge	BERL-LUNGE: Chemisch-technische Untersuchungsmethoden, 8. Aufl. Berlin 1931—1934. Bis zur 7. Aufl. „LUNGE-BERL" genannt.
GM.	GMELINS Handbuch der anorganischen Chemie, 8. Aufl. Berlin.
Handb. Pflanzenanal.	Handbuch der Pflanzenanalyse (KLEIN).
Lunge-Berl	Vgl. BERL-LUNGE.

Edelgase: Helium, Neon, Argon, Krypton, Xenon und Radon.

He,	Atomgewicht	4,003,	Ordnungszahl	2,
Ne,	,,	20,183,	,,	10,
Ar,	,,	39,944,	,,	18,
Kr,	,,	83,7,	,,	36,
Xe,	,,	131,3,	,,	54,
Rn,	,,	222,	,,	86.

Von **H. Kahle**, Höllriegelskreuth bei München.

Mit 51 Abbildungen.

Während sonst jedes Element in einem besonderen Kapitel des Handbuches abgehandelt wird, ist von dieser Regel bei den Edelgasen bewußt abgewichen worden, weil ihre gemeinsame Behandlung im Hinblick auf ihr Verhalten geboten erscheint.

Inhaltsübersicht.

Seite

Allgemeine Übersicht über die zur Analyse der Edelgase in Anwendung kommenden Verfahren
Probenahme edelgashaltiger Gasgemische . . . 5
a) Probenahme aus Wasser und Mineralien . . . 6
b) Probenahme aus Edelgas-Erzeugungsanlagen . . . 6
c) Probenahme von verflüssigten edelgashaltigen Gemischen . . . 6
d) Probenahme von verflüssigten Gasgemischen mit geringer Edelgaskonzentration . . 7
e) Probenahme von edelgashaltigen Naturgasen, insbesondere von heliumhaltigen Erdgasen, Quellengasen, Grubengasen usw. . . . 7
f) Probenahme von Röhrenfüllgasen (z. B. Glühlampengasen) . . . 8
g) Probenahme reiner Edelgase . . . 8
Aufbewahrung und Abmessung der Edelgase . . . 9
a) Aufbewahrung unter Anwendung einer Sperrflüssigkeit . . . 9
b) Trockenspeicherung . . . 9
Messung von Änderungen des Gasvolumens . . . 9
a) Messung kleinerer Volumenänderungen . . . 10
Ausgleich von Temperaturschwankungen durch Druckänderung nach Haldane . . 11
b) Bestimmung kleiner Restgasmengen durch Druckmessung . . . 11
c) Bestimmung kleiner Restgasmengen durch Druckmessung nach Absaugen . . . 13
Arbeiten in Hochvakuumapparaturen und bei tiefen Temperaturen . . . 13
Literatur . . . 14
A. Bestimmung des Gesamtgehalts an Edelgasen in einem Gemisch . . . 14
Bestimmungsmöglichkeiten . . . 14
Eignung der wichtigsten Verfahren . . . 15
§ 1. Bestimmung des Gesamtgehalts an Edelgasen unter Abtrennung der Nichtedelgase auf chemischem Wege . . . 16
I. Gemische mit relativ hohem Gehalt an Nichtedelgasen . . . 16
Allgemeines . . . 16
Absorption des Stickstoffs durch Metalle . . . 16
1. Absorption des Stickstoffs durch Calcium . . . 16
2. Absorption des Stickstoffs durch Magnesium in der Glimmentladung 18
3. Absorption des Stickstoffs durch Lithium . . . 19
4. Absorption des Stickstoffs durch nascierendes Natrium aus der Salpeterschmelze . . . 20
II. Gemische mit überwiegendem Edelgasgehalt . . . 21
Vervollkommnung der Absorption durch Kreislaufführung . . . 21
1. Allgemein gebräuchliche Methode der Kreislaufführung . . . 21
2. Kreislaufführung nach Collie . . . 21
3. Kreislaufführung nach Treadwell und Zürrer . . . 21
4. Kreislaufführung nach dem Thermosyphonprinzip . . . 23

Seite

III. Nichtedelgasspuren in Edelgasen. Reinheitskontrolle der Edelgase . . 24
Messung der Umsetzungsprodukte der Verunreinigungen 24
Ermittlung der einzelnen verunreinigenden Bestandteile 25
1. Bestimmung von Sauerstoff 25
a) Methode von HALDANE 25
b) Methode von MUGDAN und SIXT 25
c) Schnell- bzw. Serienbestimmung des Sauerstoffs in Gasgemischen nach KAHLE 25
d) Nachweis kleiner Sauerstoffmengen nach W. LINDE bzw. NASINI und MAY 26
e) Bestimmung sehr geringer Sauerstoffgehalte nach HEYNE und OLDENBURG 26
2. Bestimmung von Kohlendioxyd 26
3. Bestimmung von Acetylen 27
4. Bestimmung von Kohlenwasserstoffen 28
5. Bestimmung von Wasserdampf und Wasserstoff 28
6. Bestimmung von Stickstoff 29
a) Bestimmung von Stickstoffgehalten in der Größenordnung von 0,1% 29
b) Bestimmung von Stickstoffgehalten bis zu minimal 0,01% nach BORN 29
c) Bestimmung von Stickstoffgehalten unter 0,01% nach HEYNE, HILLE und SCHAEFER 29
IV. Größere Gehalte an Edelgasen im Gemisch mit größeren Mengen von Nichtedelgasen 29
V. Edelgasspuren in Nichtedelgasen 30
Chemische Anreicherungsmethoden 30
a) Anreicherung durch Verbrennung 30
b) Anreicherung von Edelgasen in Gemischen mit hohem Stickstoffgehalt 31
Literatur 31
§ 2. Bestimmung des Gesamtgehalts an Edelgasen unter Abtrennung der Nichtedelgase auf physikalischem Wege 32
Allgemeines 32
Trennungsverfahren 32
I. Trennung durch fraktionierte Kondensation 32
II. Trennung durch fraktionierte Destillation 33
III. Trennung durch Rektifikation 34
IV. Trennung durch fraktionierte Adsorption und Desorption 34
1. Bedingungen und Voraussetzungen für die Anwendung 34
2. Grundlagen der Adsorptionsmethoden 35
3. Statische Adsorption und isotherme Desorption 36
4. Dynamische Adsorption und Verdrängungsdesorption 37
Anwendungsmöglichkeiten der Adsorptions- und Desorptionsverfahren 38
V. Trennung nach dem Diffusionsverfahren von HERTZ bzw. dem Trennrohrverfahren von CLUSIUS (vgl. auch S. 64) 38
Literatur 38
§ 3. Bestimmung von Edelgasen in Gemischen mit Nichtedelgasen ohne Abtrennung der letzteren 39
Allgemeines 39
I. Bestimmung der Dichte 39
1. Statische Methoden 39
a) Wägungsmethode von REGNAULT 39
b) Methode von KARWAT 40
c) Schwebewaage-Methode von STOCK und RITTER 40
d) Dichtebestimmung durch Gewichtsvergleich zweier gleichlanger Gassäulen 41
2. Dynamische Methoden 42
a) Dichtebestimmung mittels der „Gaswippe“ nach KAHLE . . 42
b) Dichtebestimmung durch Schallgeschwindigkeitsmessung . . . 42
II. Bestimmung des Lichtbrechungsvermögens 42
III. Bestimmung der Wärmeleitfähigkeit 43
IV. Bestimmung des Dampfdruckes kondensierbarer Zweistoffgemische . . 43
V. Bestimmung des Schmelzpunktes 43
Berechnungsmethoden zur Ermittlung der Zusammensetzung von Gemischen auf Grund der gemessenen additiven Eigenschaften . . . 44

Seite

VI. Nachweis und Bestimmung von Verunreinigungen in Edelgasen durch die Emissionsspektralanalyse . . . 45
VII. Qualitative Ermittlung der Verunreinigungen in Edelgasen durch Erzeugung von Hochfrequenzentladungen in letzteren . . . 46
Anwendung einiger der angeführten physikalischen Methoden zur Bestimmung von Edelgasgruppen in Fraktionen von Edelgasgewinnungsanlagen . . . 47
Vereinfachung von Gemischen mit mehr als drei Komponenten zur Ermöglichung der Analyse durch physikalische Messungen . . . 48
Bestimmung geringer Edelgasmengen durch Messung physikalischer Konstanten des angereicherten Gemisches (Anreicherungsmethoden) . . . 48
Vorbemerkung . . . 48
1. Das Prinzip der technischen Edelgasgewinnung aus der Luft . . . 49
2. Anwendung des Arbeitsprinzips der technischen Edelgasgewinnung auf die Edelgasanalyse . . . 50
Literatur . . . 51

B. Bestimmungsmethoden für das einzelne Edelgas im Gemisch mit anderen reinen Edelgasen 51
§ 1. Bestimmungsverfahren ohne Trennung der Edelgase . . . 51
1. Ermittlung der Zusammensetzung von binären und ternären Edelgasgemischen auf Grund von physikalischen Messungen . . . 51
a) Anwendung der Rechenmethoden zur Berechnung der Zusammensetzung binärer bzw. ternärer Edelgasgemische auf Grund einer physikalischen Messung . . . 51
b) Anwendung der Rechenmethoden zur Berechnung ternärer Edelgasgemische auf Grund zweier physikalischer Messungen . . . 52
2. Das Verfahren der Massenspektrographie von ASTON . . . 53
Literatur . . . 53
3. Anwendung der Emissionsspektralanalyse zur Feststellung und Bestimmung von Edelgasbestandteilen im Gemisch mit anderen Edelgasen . . . 54
Spektrallinien der reinen Edelgase . . . 55
§ 2. Bestimmungsverfahren mit Trennung der Edelgase . . . 58
Allgemeines . . . 58
Trennungsverfahren . . . 58
1. Methode der isothermen Desorption von PETERS und WEIL . . . 58
Arbeitsvorschrift . . . 59
Bemerkungen . . . 59
2. Methode der Verdrängungsdesorption von KAHLE . . . 60
Arbeitsvorschrift . . . 61
Bemerkungen . . . 62
3. Diffusionsmethode von HERTZ . . . 63
4. Trennrohrverfahren von CLUSIUS . . . 64
5. Trennung im Glimmrohr nach SKAUPY und BOBEK . . . 64
Literatur . . . 65

C. Einzelbehandlung der Edelgase . . . 66
§ 1. Leichte Edelgase . . . 66
Helium . . . 66
Bestimmungsmöglichkeiten und Eignung der wichtigsten Verfahren . . . 66
I. Untersuchung auf Reinheit . . . 66
1. Bestimmung von Stickstoff . . . 66
a) Bestimmung mit Hilfe von Adsorption und Desorption . . . 66
b) Spektralanalytische Bestimmung . . . 68
c) Bestimmung größerer Stickstoffmengen in Helium . . . 68
2. Bestimmung anderer verunreinigender Gase . . . 68
a) Bestimmung verunreinigender Nichtedelgase . . . 68
b) Bestimmung von Neon in Helium . . . 69
Mikromethode von PANETH und URRY . . . 69
II. Bestimmung von Helium in Erdgasen . . . 69
1. Bestimmung unter Messung des Restdrucks uber der Kohle nach Adsorption der Nichtedelgase . . . 69
Methode von v. ANGERER und FUNK . . . 70
2. Bestimmung unter Absaugen des Heliums . . . 71
a) Methode von GERMANN, GAGOS und NEILSON . . . 71
b) Methode von CHLOPIN und LUKAŠUK . . . 71
c) Methode von DEWAR . . . 71
d) Methode von CADY und FARLAND . . . 72
III. Kontinuierliche Heliumbestimmung nach SMITH (Methode der Wärmeleitfähigkeitsmessung) . . . 73

Seite

Neon 74
Allgemeines 74
Bestimmungsmöglichkeiten 74
I. Untersuchung auf Reinheit 75
1. Allgemeine Untersuchungsmethoden 75
a) Prüfung auf Grund der Entladungserscheinungen bei Hochfrequenzanregung 75
b) Spektralanalytische Prüfung 75
2. Bestimmung von Stickstoff 75
3. Bestimmung von Neon in Helium 75
Bestimmung kleiner Heliummengen in Neon 75
II. Analyse von Neon-Helium-Gemischen von gleicher Konzentration der Bestandteile 76
III. Analyse von rohem Neon-Helium 76
IV. Trennung eines Gemisches von Neonisotopen 77
Bemerkungen: Anwendung des Trennrohrs in verkürzter Form zur Trennung der verschiedensten Gemische 77
V. Bestimmung kleiner Neon-Helium-Gehalte in der Luft 77
Literatur 77

§ 2. Mittelschweres Edelgas 78
Argon 78
Bestimmungsmöglichkeiten und Eignung der wichtigsten Verfahren . . . 78
I. Untersuchung auf Reinheit 78
a) Qualitative Reinheitsprüfung des Argons im hochfrequenten Wechselfeld 78
b) Spektralanalytische Prüfung auf Stickstoff 78
c) Chemische Prüfverfahren 78
II. Bestimmung des Argons in Gemischen mit größeren Mengen anderer Gase 79
1. Analyse von Argon-Stickstoff-Gemischen auf Grund der Dichtebestimmung 79
a) Methode von Stock 79
b) Methode von Holleman 79
c) Analyse von als Glühlampenfüllgas dienenden Argon-Stickstoff-Gemischen 80
2. Analyse von Argon-Stickstoff-Gemischen auf Grund der Dampfdruckbestimmung 80
Methode von Holleman 80
3. Analyse des Roh-Argons 81
4. Bestimmung des Argons in Stickstoff bzw. Sauerstoff 81
a) Analyse des Stickstoffs von Luftzerlegungsanlagen bzw. von Verbrennungsabgasen 81
b) Analyse des Sauerstoffs aus Luftzerlegungsanlagen 82
Methode von Zimmer 82
Literatur 83

§ 3. Schwere Edelgase 83
Bestimmungsmöglichkeiten und Eignung der wichtigsten Verfahren 83
I. Untersuchung auf Reinheit 83
II. Bestimmung der schweren Edelgase in Gemischen mit größeren Mengen verunreinigender Gase 84
1. Bestimmung in Gemischen mit Argon und Stickstoff durch Verdrängungsresorption 84
2. Bestimmung in Gemischen mit absorbierbaren Verunreinigungen . 84
3. Bestimmung in Gemischen mit Nichtedelgasen auf Grund physikalischer Eigenschaften 84
III. Bestimmung kleiner Gehalte an schweren Edelgasen in Gemischen mit anderen Gasen 85
1. Bestimmung von Gehalten an schweren Edelgasen etwa von der Größenordnung 1% 85
2. Bestimmung von Gehalten an schweren Edelgasen etwa von der Größenordnung 0,1% in Sauerstoff 86
3. Bestimmung von Gehalten an schweren Edelgasen von der Größenordnung $1:10^6$ 85
IV. Abtrennung und Bestimmung radioaktiver schwerer Edelgase aus der Uranspaltung von der Größenordnung 1000 Atome 87

Seite
Krypton . . . 89
Bestimmungsmöglichkeiten und Eignung der wichtigsten Verfahren . . . 89
I. Untersuchung auf Reinheit . . . 89
II. Analyse von Xenon-Krypton-Argon-Stickstoff-Gemischen nach KAHLE 91
III. Bestimmung sehr geringer Kryptonmengen . . . 93
Xenon . . . 93
Bestimmungsmöglichkeiten . . . 93
I. Untersuchung auf Reinheit . . . 93
II. Analyse von Xenon-Krypton-Gemischen . . . 94
Literatur . . . 95
§ 4. Schwerstes Edelgas . . . 95
Radon . . . 95
Abtrennung des Radons von den übrigen Edelgasen . . . 95
Tabelle: Eigenschaften der Edelgase sowie einiger Begleitgase . . . 96
Literatur . . . 97

Allgemeine Übersicht über die zur Analyse der Edelgase in Anwendung kommenden Verfahren.

Die Edelgasanalyse ist, insoweit es sich nur um die Bestimmung der Gesamtheit der Edelgase handelt, ein Sondergebiet der normalen Gasanalyse. Die Bestimmungsmethoden ähneln im einfachsten Fall denjenigen für den Begleitbestandteil der meisten Gasgemische, den Stickstoff. Man erhält also mit den normalen Methoden der Gasanalyse zunächst ein Edelgas-Stickstoff-Gemisch als inerten Gasrest. *Die Entfernung des Stickstoffs aus diesem Gemisch stellt daher die erste Sonderaufgabe der Edelgasanalyse dar.*

Für die **Bestimmung der kleinen Edelgasmengen** versagen die Methoden der normalen Gasanalyse und sind durch *Spezialmethoden* zu ersetzen. Die besondere Aufgabenstellung ergibt sich infolge der geringen Konzentration mancher Edelgase, insbesondere in ihrem Hauptrohstoff Luft, und es ist nicht verwunderlich, daß manche Edelgase, wie z. B. Krypton und Xenon, erst relativ spät entdeckt und bestimmt wurden. Bezüglich der Entdeckungsgeschichte, des Vorkommens und der Verwendung der Edelgase sei auf die allgemeinen Handbücher von STÄHLER, von GMELIN, sowie auf die Monographie von TRAVERS verwiesen.

Weitere hier beschriebene Sondermethoden, die zum großen Teil für die Bedürfnisse der Edelgas verbrauchenden Industrie, insbesondere der Elektro-, Glühlampen- und Leuchtröhrenindustrie entwickelt werden mußten, beziehen sich auf die **Reinheitskontrolle der Edelgase** bzw. auf die **Bestimmung der Verunreinigungen,** die bereits in äußerst geringer Konzentration schwerwiegende Störungen an mit Edelgas gefüllten Geräten hervorrufen können.

Dort, wo die *Einzelbestimmung* der Edelgase in einem Edelgasgemisch vorgenommen werden muß, sind die chemischen Methoden durch physikalische Methoden zu ersetzen. Das einzelne Edelgas muß durch physikalische Methoden im Gemisch bestimmt oder aus diesem abgetrennt werden. Die hierzu angewendeten *Trennungsmethoden* ähneln vielfach den Methoden der technischen Gaszerlegung. Bei der ausgezeichneten Durchbildung unserer modernen Gaszerlegungsverfahren kann aus den Mengen der gewonnenen Reingasfraktionen vielfach auf die Zusammensetzung des Ausgangsgases geschlossen werden.

Wo es irgend angängig bzw. im Interesse einer schnelleren Durchführung einer Bestimmung unerläßlich ist, wird auf die Abtrennung der Edelgase verzichtet. Statt dessen bestimmt man eine oder mehrere charakteristische Konstanten des Gemisches und ermittelt daraus rechnerisch den Edelgasanteil. Diese Methode setzt voraus, daß die Art der im Gemisch zu erwartenden Edelgase bekannt und die Zahl der Gemischbestandteile beschränkt ist. Die zur Anwendung gelangenden Methoden dieser Art sind zum Teil aus der Technik der registrierenden Betriebsüberwachung von Gaszerlegungs- und Gaserzeugungsanlagen bekanntgeworden, so daß auf das entsprechende Handbuch von EUCKEN und JAKOB, sowie auf die Monographie von

WULFF verwiesen sei, falls die an dieser Stelle angegebene, notwendig kurze Beschreibung der allgemeinen Meßprinzipien nicht ausreichen sollte. Der Anwendungsbereich dieser Methoden für die Edelgasanalyse liegt in erster Linie auf dem Gebiet der Edelgaserzeugung. Insbesondere wird die Zerlegung edelgashaltiger Gasgemische bei tiefen Temperaturen dadurch überwacht, daß die einzelnen Fraktionen mittels physikalischer Schnellmethoden untersucht werden.

Neben diesen vornehmlich praktischen Bedürfnissen dienenden Methoden werden solche behandelt, die für die wissenschaftliche Grundlagenforschung von Wichtigkeit sind bzw. für diesen Zweck entwickelt wurden.

Schließlich werden auch solche Methoden beschrieben, die wegen der Eigenart der beschrittenen Wege bzw. in Anbetracht einer etwaigen späteren Anwendbarkeit und Ausgestaltung ein allgemeineres Interesse verdienen, selbst wenn die bis jetzt mit den Verfahren erhaltenen Ergebnisse noch unvollkommen sind.

In vielen Fällen sind die physikalischen Methoden allein nicht verwendbar, sondern chemische Reinigungsverfahren müssen das zur Untersuchung kommende Gasgemisch soweit zerlegen, daß eine Bestimmung auf physikalischem Wege erfolgen kann.

Einer **Bestimmung sehr kleiner Edelgasmengen** geht in den meisten Fällen eine *Anreicherung* voraus, bei der große Gasmengen verarbeitet werden müssen. Die Anreicherungsmethoden sind dabei sowohl physikalischer als auch chemischer Art, je nachdem, welches Edelgas ermittelt werden soll.

Auch die **Bestimmung von Verunreinigungen,** die nur in geringer Menge vorhanden sind, kann die Verarbeitung größerer Gasmengen erforderlich machen; man muß in solchen Fällen die Verunreinigungen soweit anreichern, daß sie mit einiger Sicherheit quantitativ ermittelt werden können.

Probenahme edelgashaltiger Gasgemische.

Eine richtige Probenahme ist bei den Edelgasen die wesentliche Voraussetzung einer einwandfreien Analyse. Verschiedene Umstände sind zu beachten, die durch die Eigenart des Vorkommens der Edelgase gegeben sind. Die Art der Probenahme muß diesen besonderen Bedingungen angepaßt werden.

Außer in Luft kommen Edelgase in natürlichen Erdausströmungen (Erdgasen, Grubengasen, Quellengasen usw.) vor, ferner in industriellen Gasen, insbesondere in solchen, die mit Luftbestandteilen vermischt oder umgesetzt wurden, und schließlich in Flüssigkeiten gelöst und in radioaktiven Gesteinen.

a) Probenahme aus Wasser und Mineralien. Für die Befreiung von Gasen aus Wasser muß letzteres im Vakuum entgast und das Entgasergas aufgefangen werden. Den Mineralien wird durch Zerkleinern und darauffolgendes Erhitzen im Vakuum ihr Edelgasgehalt entzogen. SIEVEKING und LAUTENSCHLÄGER vervollständigten die Entgasung durch Aufschluß mit gepulvertem Kaliumpyrosulfat, das durch Entwässern und Schmelzen von Kaliumhydrogensulfat erhalten wird. Während man durch Pulvern und Erhitzen etwa die Hälfte des Heliumgehaltes aus den Mineralien entfernt, wird die Entgasung durch die Aufschließung mit Kaliumpyrosulfat nahezu restlos bewirkt. Die abgepumpten Gase sind zusammen mit den Begleitgasen aufzufangen und dienen als Ausgangsgas für die anschließende Analyse. Da die Analysenergebnisse bezüglich des Gehaltes an Edelgasen auf Zustand und Menge der Flüssigkeit bzw. der festen Bestandteile bezogen werden müssen, ist von letzteren eine Gewichtsbestimmung, bei den Flüssigkeiten außerdem eine Temperaturmessung vorzunehmen.

b) Probenahme aus Edelgas-Erzeugungsanlagen. Bei der Anwendung der Edelgasanalyse zwecks Überwachung von Anlagen zur Zerlegung von edelgashaltigen Gasgemischen bei tiefer Temperatur sind besondere Maßnahmen bei der Probenahme erforderlich. Die zu erwartende Konzentration des zu bestimmenden Edelgases im

Gemisch ist, wie auch sonst, maßgebend für die Menge der zu entnehmenden Probe. Je nachdem, ob ein bestimmter augenblicklicher Betriebszustand oder der Querschnitt einer längeren Betriebsperiode interessiert, wird die Probe nach genügender Spülung der Zuleitung zur Analysenapparatur entweder auf einmal oder während eines längeren Zeitraums entnommen. Letzteres kann durch anteilweise Entnahme kleiner Gasmengen in bestimmten Zeitabständen oder durch Entnahme eines ununterbrochenen Teilgasstromes geschehen. Voraussetzung ist dabei, daß die Menge der im Apparat verarbeiteten Fraktionen so groß ist, daß durch die Analysenentnahme keine Beeinflussung des Betriebszustandes stattfindet. Im anderen Fall müßte die Entnahmemenge so klein gehalten werden, daß eine Beeinflussung nicht eintritt. Sollen Änderungen der Zusammensetzung von größeren Fraktionen möglichst rasch angezeigt werden — zu diesem Zweck werden oft registrierende Instrumente eingebaut —, so ist, besonders bei längeren Leitungen, für die Probenahme die Entnahme eines stärkeren Gasstromes zweckmäßig, von dem nur ein Teil für die Analyse abgezweigt wird. Das überschüssige Gas wird über eine Tauchvorlage abgelassen.

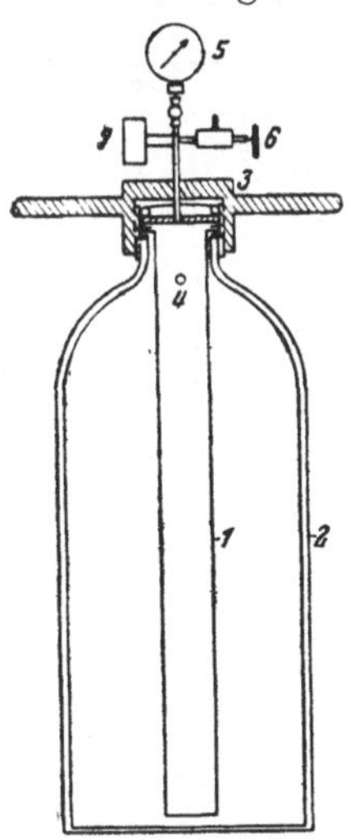

Abb. 1. Druckgasbehalter. *1* Einsatz fur Flüssigkeit (mit Öffnung *4*), *2* Druckbehälter; *3* Schnellverschluß; *5* Manometer; *6* Gasentnahmeventil; *7* Sicherheitsventil.

c) Probenahme von verflüssigten edelgashaltigen Gemischen. Bei der Probenahme verflüssigter edelgashaltiger Gemische treten durch partielle Verdampfung der Flüssigkeit und dadurch bedingte teilweise Entmischung bei der Probenahme leicht Fehler auf. Da die in Betracht kommenden verflüssigten Gasgemische fast immer bei stark erniedrigter Temperatur verdampfen, sind bei ständiger Probenahme die Analysenleitungen zu beheizen. Kurzzeitige Entnahmen können ohne Beheizung durchgeführt werden, da die Wärmekapazität der Probenahmeleitung in den meisten Fällen ausreicht, um die Flüssigkeit auf ihrem Weg zum Analysengerät total zu verdampfen. Eine derartige Totalverdampfung wird erstrebt, damit die verdampfte Mischung genau die gleiche Zusammensetzung aufweist wie die Flüssigkeit. Die schnelle Entnahme einer nicht zu kleinen Probe (1 bis 2 l) ist in diesen Fällen zweckmäßig.

Zur Vermeidung von Gasverlusten, z. B. durch Lösung in Sperrflüssigkeiten bzw. zur Verhütung einer Verunreinigung der Probe durch aus dem Sperrwasser stammende Fremdgase, ist eine vorherige Evakuierung der Probegefäße zweckmäßig; sie ist jedoch nur dann zu empfehlen, wenn alle Zuleitungen, Hähne usw. bestimmt dicht sind.

Für die Entnahme von Proben unter Atmosphärendruck sehr geeignet sind die Versuchsgasbehälter mit einem quecksilbergefülltem Ringraum, in dem die Gasbehälterglocke schwimmt (s. S. 10).

d) Probenahme von verflüssigten Gasgemischen mit geringer Edelgaskonzentration. Liegen Edelgase nur in geringer Konzentration in einem Gemisch verflüssigter Gase vor, so werden häufig Gasmengen von 50 bis 100 l verwendet. Nicht brennbare Flüssigkeiten werden zwecks Verdampfung und Speicherung folgendermaßen entnommen (s. Abb. 1): Eine Menge von etwa 50 bis 100 cm^3 der zu untersuchenden Flüssigkeit wird schnell in ein vorgekühltes, dünnwandiges und die Wärme schlecht leitendes, zylindrisches Gefäß *1* (aus Neusilber) gefüllt; dieses wird in einen vorher mit Gas gleicher Zusammensetzung gespülten Druckbehälter *2* mit Schnellverschluß *3* eingesetzt, der Verschluß betätigt und durch Umlegen des Behälters der Flüssigkeitsinhalt des Innengefäßes durch die Öffnung *4* entleert und total verdampft. Die Mischung wird dadurch vollkommen und schnell erreicht und das Gas kann bald darauf untersucht werden.

e) Probenahme von edelgashaltigen Naturgasen, insbesondere von heliumhaltigen Erdgasen, Quellengasen, Grubengasen usw. Bei der Probenahme von edelgashaltigen Naturgasen, insbesondere von heliumhaltigen Erdgasen, Quellengasen, Grubengasen usw. erwachsen gelegentlich dadurch Schwierigkeiten, daß ungeschultes Personal die Proben entnimmt oder daß die in abgelegenen Gegenden entnommenen Proben einen weiten Versandweg zurücklegen müssen. Hier sind die in der allgemeinen Gasanalytik bekannten Gassammelgefäße zylindrischer Form mit Hähnen an den Enden nicht immer zweckmäßig und werden besser durch die überall erhältlichen widerstandsfähigen und meist überraschend gasdichten *Hebelverschlußflaschen* (s. Abb. 2) ersetzt, die jedem Hilfsarbeiter in die Hand gegeben werden können. Die Probenahme geschieht dann folgendermaßen:

Erdgas 1 2 3 4 5 6 7 8 9 10

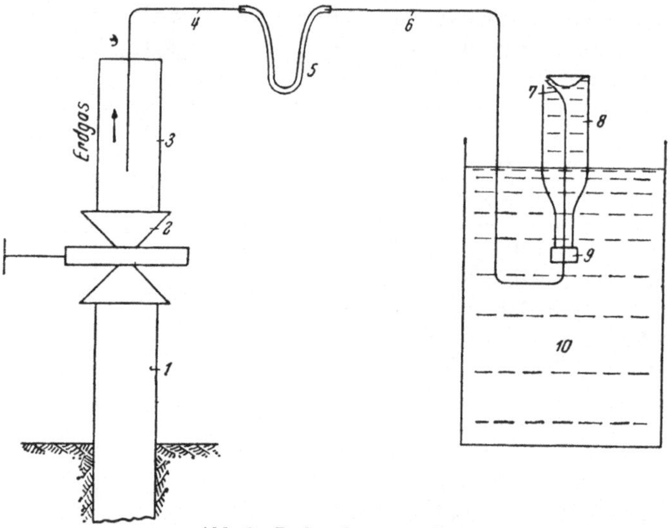

Abb. 2. Probenahme von Erdgas.
1 Ende der Verrohrung der Quelle; *2* Abschlußschieber; *3* offener Rohransatz; *4*, *6* und *7* Analysenrohre; *5* Analysenschlauch; *8* Gassammelbehalter (Flasche); *9* Verschlußmundstuck; *10* Tauchbehälter mit Wasser.

Arbeitsvorschrift. Zur Füllung mit Erdgas sind nur gute Flaschen zu verwenden; Dichtungsflächen und Gummiring sind auf Beschädigungen zu prüfen. Man füllt die Flasche *8* vollständig mit Wasser und verschließt sie, kehrt sie dann um und taucht sie senkrecht in einen mit Wasser gefüllten Behälter *10*. Den Verschluß *9* öffnet man unter Wasser, schließt den Gaszuleitungsschlauch *5* mit Sonde *4* an die Gasaustrittsstelle *3* an oder führt die Sonde tief in den Gasstrom ein, spült mit Gas, führt dann das freie Ende *7* durch das Sperrwasser in die wassergefüllte Flasche *8* ein, jedoch so, daß das verdrängte Wasser neben dem Schlauch noch aus der Flasche austreten kann. Man quetscht den Schlauch *5* zunächst in der Mitte ab, damit beim Einführen in die Flasche nicht zuviel Wasser eintritt, und öffnet ihn dann. Wenn sich in der Flasche kein Gas sammelt, zieht man die Flasche weiter (zu $^2/_3$) aus dem Wasser heraus. Sobald die Flasche mit Gas gefüllt ist, wird der Verschluß unter Wasser verschlossen.

Man muß den Gasentnahmeschlauch oder das Gasentnahmerohr tief genug in den zu untersuchenden Gasstrom einführen. Wichtig ist es, den Staudruck schnell strömender Gase auszunutzen und die Gassonde parallel zur Strömungsrichtung einzuführen (Öffnung entgegen dem Gasstrom, wie gezeichnet).

Es ist ratsam zahlreiche Proben, am besten zu verschiedenen Zeiten sowie unter verschiedenen Ausströmungsbedingungen zu entnehmen.

In vielen Fällen z. B. bei heliumhaltigen Quellengasen perlt das Gas durch Wasser. Es wird dann zweckmäßig unter umgestülpten, mit Wasser gefüllten Trichtern oder Hauben gesammelt. Es kann hieraus nach der zuvor geschilderten Art in einen verschließbaren Gasbehälter übergeführt werden (durch Einführung des Trichterendes in den Flaschenhals, s. Abb. 2).

f) Probenahme von Röhrenfüllgasen (z. B. Glühlampengasen). Eine spezielle Aufgabe ist die Untersuchung von Glühlampen- oder anderen Röhrenfüllgasen. Die

Glühbirnen werden unter eine wassergefüllte und in Wasser tauchende Gassammelhaube gebracht und auf einem spitzen Gegenstand zertrümmert. Die Gasfüllung sammelt sich unter der Haube und ist sofort in das Gassammelgefäß überzuführen. Das Sperrwasser muß vorher entgast werden.

g) Probenahme reiner Edelgase. Reine Edelgase aus Glasbehältern werden in der aus der Abb. 3 ersichtlichen Weise einwandfrei entnommen. Der Behälter *1* wird an die Prüfapparatur angeschmolzen und die Zuleitung evakuiert. Der Vorratsbehälter *1* trägt einen Glasfadenverschluß *2*, der nach Zertrümmerung durch einen fallenden Eisenkern *3* den Zutritt von Gas zur Prüfapparatur vermittelt. Der Eisenkern wird mittels eines von außen in die Nähe gebrachten Elektromagneten gehoben und zertrümmert nach dem Entfernen desselben beim Herabfallen über eine längere Strecke den Glasfadenverschluß *2*. Für den Fall, daß das im Kolben befindliche Gas noch einer weiteren Verwendung zugeführt werden soll, wird ein Hahn *4* in die Zuleitung eingeschmolzen. Die tiefgekühlte Rückkühltasche *5* soll einerseits schwere Edelgase durch Kondensation aus dem Kolben aufnehmen und durch anschließende Verdampfung bei der dargestellten Hahnstellung an die Entnahmestelle *6* abgeben. Sie dient aber auch zur Rückkondensation nicht verbrauchter Edelgase und zur anschließenden Rückführung in den Vorratsbehälter durch Verdampfen.

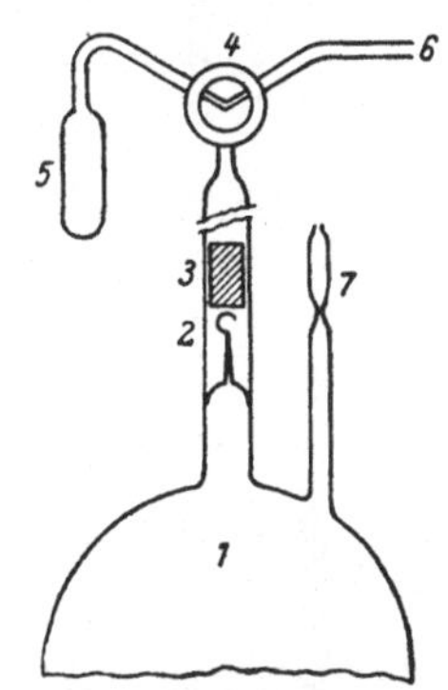

Abb. 3. Speicherung von Edelgasen im Glaskolben mit Glasfadenverschluß.
1 Edelgasbehälter; *2* Glasfadenverschluß; *3* Eisenkern, darüber Fallstrecke; *4* Dreiweghahn; *5* Rückkühltasche; *6* Anschluß zur Prüfapparatur; *7* Füllstutzen mit Abschmelzstelle.

Zur Abfüllung von Edelgas aus einer 'Apparatur in den Vorratskolben *1* wird der Behälter oberhalb einer Einschnürung mittels des Füllstutzens *7* an die Füllapparatur angeschmolzen und nach der Füllung an der Einschnürungsstelle abgeschmolzen.

Aufbewahrung und Abmessung der Edelgase.

Für die länger währende Aufbewahrung und für die Abmessung der Edelgase gelten außer den bereits in dem Abschnitt „Probenahme edelgashaltiger Gasgemische“, sowie in diesem und im folgenden Abschnitt erwähnten Gesichtspunkten die allgemeinen, in den verschiedenen Lehrbüchern der Gasanalyse (z. B. von BAYER, von WINKLER-BRUNCK, von HEMPEL, von TRAVERS sowie von SCHUFTAN) dargelegten Grundsätze.

a) Aufbewahrung unter Anwendung einer Sperrflüssigkeit Verluste an Gasmischung durch Lösen von Gasbestandteilen im Sperrwasser sowie Verunreinigungen der Gasprobe durch aus dem Sperrwasser freigemachte Fremdgasbestandteile sind zu verhüten. Die Abhilfemaßnahmen bestehen in der Trockenspeicherung der Gase oder in der Verwendung von *Sperrflüssigkeiten mit geringem Lösungsvermögen.* Außerdem gilt der Grundsatz, möglichst *wenig Sperrflüssigkeit* anzuwenden bzw. bei der Füllung der Gasbehälter das Sperrwasser sorgfältig zu verdrängen. Die beste Sperrflüssigkeit mit dem geringsten Lösungsvermögen ist Quecksilber. Wegen seines hohen spezifischen Gewichtes und weil es zu den Sparstoffen gehört, ist es jedoch notwendig, den Quecksilberbedarf möglichst herabzusetzen. Ein Gasbehälter mit sehr geringem Quecksilberbedarf ist in Abb. 4 (S. 10) dargestellt. Er ist nach dem Vorbild des aus der Leuchtgasindustrie bekannten Gasometertyps mit sog. Ringtasse konstruiert, so daß eine nähere Erklärung sich erübrigt.

b) Trockenspeicherung. Eine Methode zur Speicherung von verflüssigten Gasproben und zur Verdampfung derselben in Stahlflaschen sowie zur Aufbewahrung des Gases in diesen unter Druck wurde bereits oben angegeben. Eine weitere Möglichkeit zur Speicherung trockenen Gases besteht in der Verwendung des in Abb. 5 skizzierten Behälters. Eine Gummiblase *1* hängt an dem Rohransatz eines Hahnes *4*, der durch einen Stopfen *3* in einen Glaskolben *2* gasdicht eingeführt wird. Die in der Gummihülle befindlichen Gasreste werden über Hahn *4* entfernt. Der Kolben *2* hat den Zweck, die Diffusion von Gasbestandteilen durch die dünne Gummihülle *1* zu verhindern. Kleine, zunächst hindurchdiffundierte Gasbestandteile, die zwischen Kolbenwandung und Gummihülle festgehalten werden, verhindern ein Konzentrationsgefälle und einen weiteren Gasverlust. Um Verunreinigungen von außen her zu vermeiden, wird das Gas aus dem Außenraum über Hahn *5* herausgesaugt, wobei sich die elastische Gummihülle dicht an die Wandung legt. Die zu nehmende Gasprobe wird über Hahn *4* eingeführt. Dabei kann der Fülldruck in der Hülle *1* in weiten Grenzen variieren. Zur Entnahme des Gases über Hahn *4* wird Hahn *5* gegen die Außenluft geöffnet, um durch den Eintritt der Luft in den Glaskolben *2* dort Atmosphärendruck bzw. Überdruck zu erzeugen.

Die beste Art der Speicherung besteht in der Abfüllung des Gases in evakuierte Glaskolben, die nach der Füllung zugeschmolzen werden (s. Abb. 3).

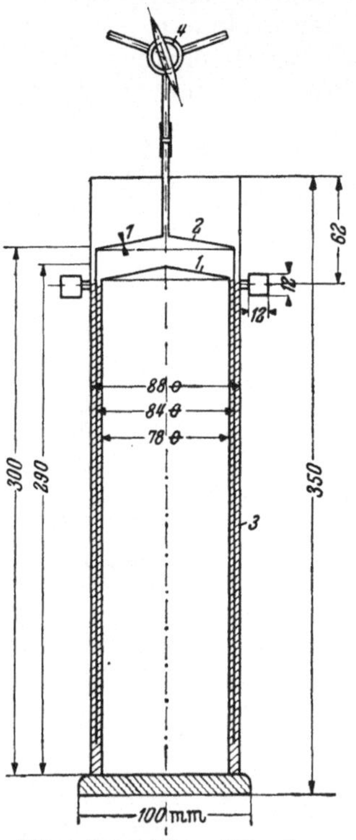

Abb. 4. Gasspeicher mit Quecksilberfullung.
1 Verdrängungskörper; *2* bewegliche Glasglocke; *3* Außenrohr; *4* Absperrhahn.

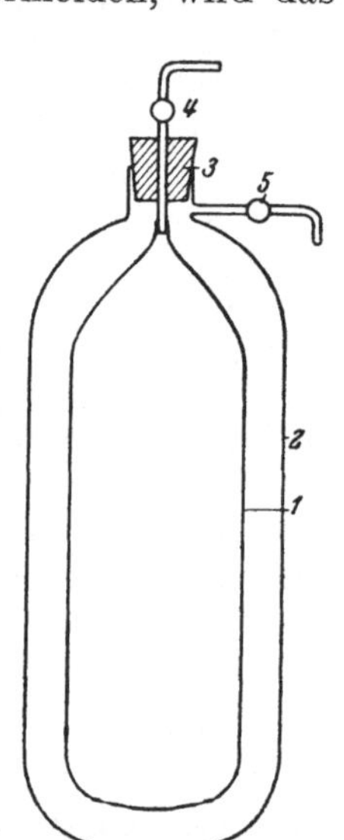

Abb. 5. Gasspeicher ohne Sperrflüssigkeit.
1 Gummiblase; *2* Außenbehälter (Glas); *3* Stopfen; *4* Gaseinlaß- und -ablaßhahn; *5* Druckregulierhahn.

Messung von Änderungen des Gasvolumens.

Bei der Analyse edelgashaltiger Gasgemische durch Messung einer Änderung des Gasvolumens sind einige Besonderheiten zu beachten, die sich sowohl auf die Messung sehr kleiner Volumenänderungen (insbesondere bei der Reinheitskontrolle von Edelgasen) als auch auf die Messung größerer Volumenänderungen bzw. die Bestimmung sehr geringer Gasreste beziehen.

Im ersteren Fall müssen besondere Vorkehrungen zur Wahrung der Temperatur- und Druckkonstanz getroffen werden, im letzteren Fall verfeinerte Volumenmeßmethoden zur Anwendung gelangen. Die verwendeten Gasmeßbüretten müssen daher am unteren bzw. am oberen Ende verengt und fein geteilt sein, wenn kleine Volumenänderungen bzw. kleine Gasreste gemessen werden sollen. Zur Einhaltung der Temperaturkonstanz werden die Meßbüretten mit einem Wassermantel umgeben. Die normalen Geräte dieser und ähnlicher Art müssen hier als bekannt vorausgesetzt werden.

a) Messung kleinerer Volumenänderungen. Für laufende Messungen kleinerer Volumenänderungen bei konstantem Druck ist das in Abb. 6 (S. 11) dargestellte Gerät nach KAHLE geeignet:

Ein zylindrisches Gasmeßgefäß *1* mit einem Hahn *5*, das fein geteilt und unten offen ist, befindet sich in einem zweiten, mit Wasser gefüllten, zylindrischen Niveaurohr *2*, das seinerseits wieder von einem Wassermantel *3* umgeben und mit der Außenluft verbunden ist. Die Sperrflüssigkeit im Niveaurohr *2* ist mit einer Niveauflasche *6* über einen Hahn *4* verbunden. Zur Ablesung werden bei hoch- bzw. tiefgestellter Niveauflasche *6* die Flüssigkeitsmenisken in dem Gasmeßgefäß *1* und in dem Niveaurohr *2* durch Regulierung mit Hahn *4* zur Deckung gebracht. Volumenänderungen in einem über Hahn *5* angeschlossenen Raum können auf diese Weise — je nach der Richtung dieser Änderungen — durch Bedienung des Hahnes *4* bei konstantem Druck laufend verfolgt werden.

Die im äußeren Wassermantel angebrachte Rührvorrichtung und das zur Feststellung etwaiger Temperaturänderungen, die bei genauen Volumenmessungen berücksichtigt werden müssen, dienende Thermometer sind in Abb. 6 nicht dargestellt. Vgl. aber diesbezüglich Abb. 7.

Ausgleich von Temperaturschwankungen durch Druckänderung nach Haldane. Eine von Haldane angegebene Apparatur, die den Einfluß von Temperaturänderungen durch Druckänderung genau zu kompensieren gestattet, ist in Abb. 7 dargestellt. Ein neben dem Meßgefäß *B* in einem Wassermantel *C* befindliches, mit Luft gefülltes, geschlossenes Gefäß *A* zeigt etwaige Temperaturschwankungen an und ermöglicht die Kompensation derselben. Es ist über Hahn *6* gegen ein *U*-Rohr P_1 geöffnet, das auf der anderen Seite über die Hähne *4* und *2* mit dem Meßgefäß *B* verbunden wird, sobald das auf Atmosphärendruck eingestellte Gasvolumen in diesem abgelesen werden soll. Hat sich inzwischen die Temperatur erhöht und ist infolgedessen im Ausgleichsgefäß eine Ausdehnung des dort befindlichen abgesperrten Gasvolumens eingetreten, so wird der Fehler dadurch wieder kompensiert, daß man mit einer Niveauflasche N_2 die Sperrflüssigkeit im *U*-Rohr bis zur vorher eingestellten Marke M_2 steigen läßt und auf der anderen Seite das Gasvolumen im Meßraum dazuschaltet. Stellt sich die Nullmarke M_1 nicht ein, während sie auf der anderen Seite des Rohres bereits erreicht ist, so wird mittels einer der Feineinstellung dienenden Vorrichtung der Quecksilberstand im Meßrohr so lange geändert, bis die Nullmarke M_1 erreicht ist. Darauf erfolgt die Ablesung.

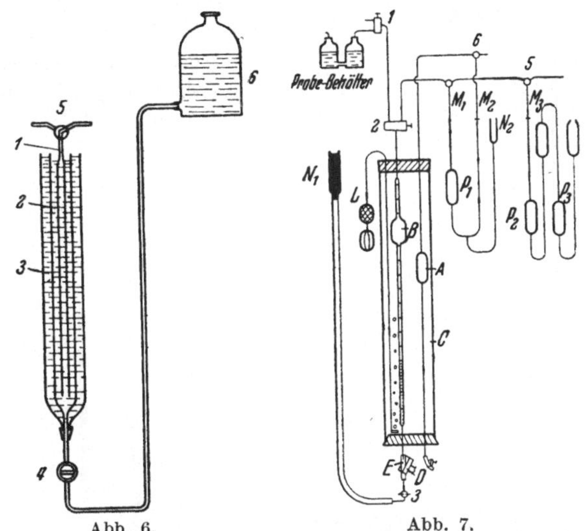

Abb. 6. Abb. 7.

Abb. 6. Bürette für Feinablesung.
1 Meßbürette; *2* Niveaurohr; *3* Wassermantel; *4* Regulierhahn; *5* Gaseinfullhahn; *6* Niveauflasche.

Abb. 7. Analysengerät nach Haldane.
A Ausgleichgefäß; *B* Meßbürette; *C* Wassermantel; *D* Quetschhahn zur Feineinstellung; *E* Druckschlauch; *L* Gummiballon; N_1N_2 Hg-Niveaugefaße; P_1 U-Rohr mit Kalilauge (Einstellmarken M_1 und M_2); P_2 Absorptionspipette (Einstellmarke M_3); P_3 Gegenpipette. *1* Gaseinfullhahn; *2* Burettenhahn; *3* Hg-Absperrhahn; *5* und *6* Dreiweghahne.

b) Bestimmung kleiner Restgasmengen durch Druckmessung. Kleine Restgasmengen, die durch Volumenmessung nicht mehr genau bestimmt werden können, werden oft auf dem Umweg über die Druckmessung ermittelt. Man nimmt die Messung in ausgemessenen Räumen bei geringen Drucken vor. Die genaue Druckmessung erfolgt dadurch, daß man einen Teil des zur Verfügung stehenden, mit dem Restgas gefüllten Raumes durch aufsteigendes Quecksilber *abtrennt*, das abgetrennte

Gasvolumen in einer Capillare komprimiert und den Differenzdruck gegenüber dem Druck im Außenraum mißt. Diese Einrichtung — das McLEOD-Manometer — ist hinreichend bekannt, so daß sich eine genaue Beschreibung erübrigt. Ein vereinfachtes Manometer dieser Art zeigt Abb. 8. Es wird vor der Benutzung dadurch geeicht, daß man in einen evakuierten, ausgemessenen Raum kleine gemessene Gasmengen eintreten läßt, den Druck errechnet und die bei der Kompression eines kleinen Teils dieses Gasvolumens durch Quecksilber auf das Volumen einer Capillare sich ergebende Druckdifferenz gegenüber dem größeren Volumen mißt. Die Capillardepression des Quecksilbers bei dem jeweiligen Durchmesser der Capillare wird zuvor bei Höchstvakuum gemessen und bei den späteren Messungen abgezogen.

Der Nullpunkt der verschiebbaren Skala *4 b* wird jeweils je nach der Höhe des zu messenden Druckes auf die Capillarlängen 2, 4, 8, 16, 32 mm eingestellt und der Differenzdruck von hier aus gemessen.

Bei größeren Änderungen der Gasmenge in Räumen konstanten Inhalts

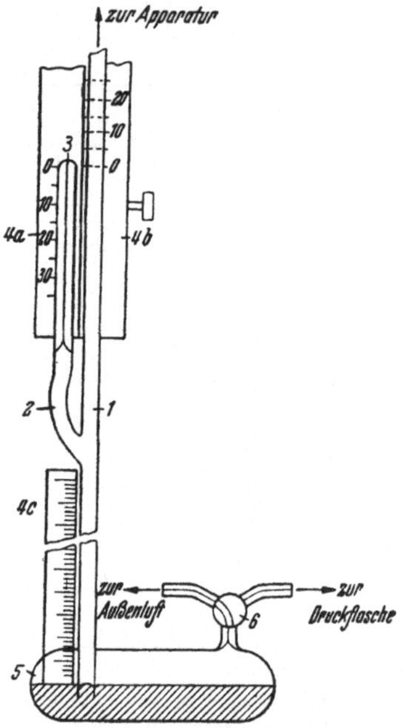

Abb. 8. Vereinfachtes McLEOD-Manometer.
1 Manometer, *2* McLEOD-Ansatz; *3* Capillare; *4a* feste Skala; *4b* verschiebbare Skala; *4c* Skala fur Grobablesung; *5* Hg-Gefaß; *6* Druckeinstellhahn.

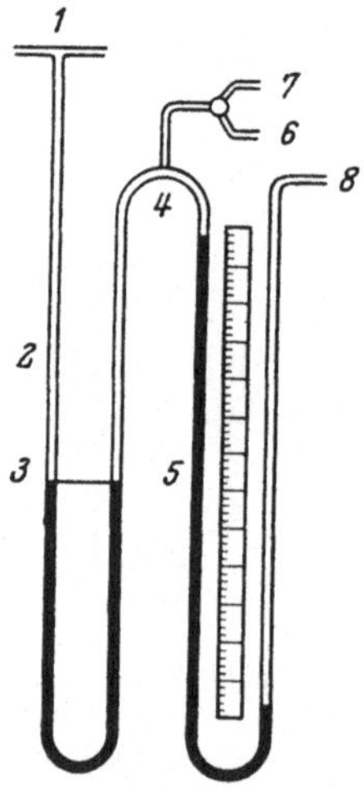

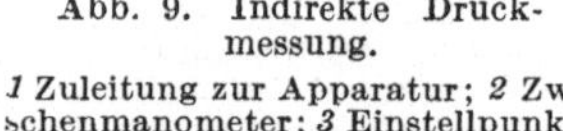

Abb. 9. Indirekte Druckmessung.
1 Zuleitung zur Apparatur; *2* Zwischenmanometer; *3* Einstellpunkt; *4* Druckeinstellraum; *5* Manometer; *6* zum Überdruckgefaß; *7* zur Vakuumpumpe; *8* zur Außenluft.

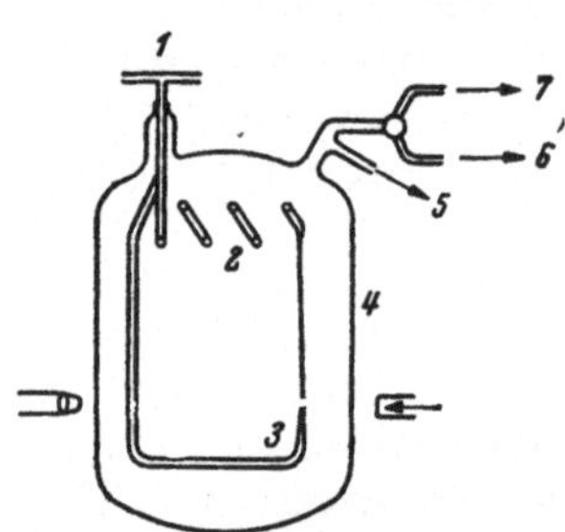

Abb. 10. Spiralmanometer nach BODENSTEIN und KATAYAMA.
1 Zuleitung zur Apparatur; *2* Spiralmanometer; *3* Gegenpunkt; *4* Druckeinstellgefaß; *5* zum Hg-Manometer; *6* zum Überdruckgefaß; *7* zur Vakuumpumpe.

und bei der Bestimmung dieser Änderungen durch Druckmessung ist für eine möglichst gute Konstanz der Temperatur der Umgebung zu sorgen. Auch Änderungen des Barometerstandes während des Versuches sind zu berücksichtigen. Ferner ist es für genaue Messungen des Druckes in Gasräumen konstanter Größe erforderlich, die an angeschlossenen Manometern beobachteten Änderungen des Quecksilberstandes rechnerisch zu berücksichtigen oder diese Änderungen mittels besonderer Einrichtungen rückgängig zu machen. Man kann zu letzterem Zweck zwei hintereinander geschaltete Manometer verwenden (s. Abb. 9) und den Druck im gasgefüllten Raum zwischen beiden Manometern solange ändern, bis das Quecksilber in den beiden Schenkeln des ersten Manometers den gleichen Stand hat, wie vor Beginn der Messung des Ausgangsgases. Der Druck wird am zweiten, gegen die Außenluft geöffneten Manometer abgelesen. Führt man den Raum über dem Einstellpunkt capillar aus, so ist diese Anordnung besonders für die Druckmessung in kleinen Räumen konstanten Inhalts geeignet. In dieser Hinsicht ebenfalls sehr geeignet ist das Spiralmanometer von BODENSTEIN und KATAYAMA, (s. Abb. 10), bei dem die Rohrspirale an den Versuchsraum angeschlossen und der Raum um die Spirale *2* mit einem gewöhnlichen Quecksilbermanometer verbunden ist. Zur

Einstellung des Druckes wird der Druck im Raum um die Spirale geändert, bis die freihängende Spitze der Spirale sich auf die in Pfeilrichtung beobachtete Spitze *3* einstellt. Abgelesen wird der Druck wiederum an einem zweiten gegen die Außenluft geöffneten Quecksilbermanometer.

Die Genauigkeit kann durch Kathetometerablesung wesentlich erhöht werden. Diese Erhöhung der Ablesegenauigkeit hat jedoch nur dann einen Sinn, wenn die ganze Apparatur in ein Bad mit konstanter Temperatur eingebaut ist.

c) Bestimmung kleiner Restgasmengen durch Druckmessung nach Absaugen. Um von Schwankungen der Umgebungstemperatur unabhängig zu sein, wird das Restgas vielfach durch eine sog. TOEPLER-Pumpe abgesaugt, in ein drittes, auf Temperaturkonstanz gehaltenes Meßgefäß übergeführt und bei genau eingestelltem Druck gemessen.

Arbeiten in Hochvakuumapparaturen und bei tiefen Temperaturen.

Die Vornahme physikalischer Messungen an Edelgasgemischen und deren Trennung bringt vielfach die Notwendigkeit mit sich, in Vakuumapparaturen und bei tiefen Temperaturen zu arbeiten. Die bei derartigen Arbeiten zu beachtenden Gesichtspunkte sind z. B. in den Büchern von TRAVERS, S. 182, 207ff., von STÄHLER, von KLEMENC, S. 76 bis 88 und ferner in der Arbeit von PETERS angegeben (s. auch DAMKÖHLER).

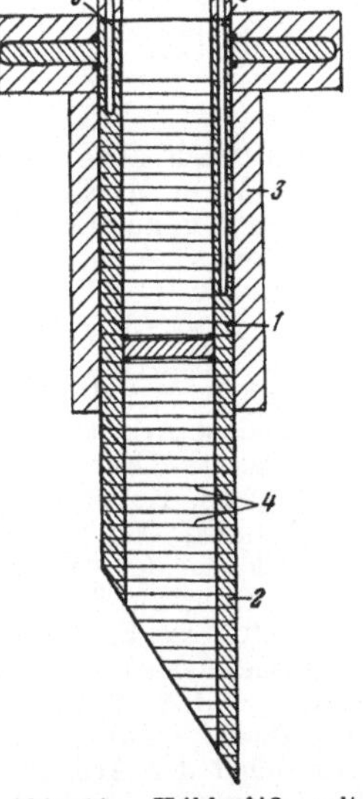

Abb. 11. Kühlgefäß mit Kuhlsporn.
1 Kuhlgefaß (dickwandig); *2* Kuhlsporn; *3* Isolation; *4* Tauchmarken; *5* Thermometerbohrungen.

Einige für die Edelgasbehandlung besonders wichtige Gesichtspunkte seien hier angeführt.

Bei den später zu beschreibenden Prüfungen und Trennungen von Edelgasgemischen ist die Erzeugung höchsten Vakuums wichtig. Es ist daher zweckmäßig, außer einer guten Vorpumpe, z. B. der *Röntgen*-Pumpe von PFEIFFER (die ein Vakuum von $^1/_{1000}$ mm liefert), noch eine Quecksilberdampfstrahlpumpe zu verwenden, die auch den höchsten Ansprüchen genügt.

Da vielfach ohnehin tiefe Temperaturen verwendet werden müssen, können auch tiefgekühlte Rohre mit Adsorptionsmitteln (Aktivkohle oder Gel) zur Entfernung von Gasresten aus der Apparatur verwendet werden. Dies ist besonders ratsam, wenn eine Reinigung der Apparatur über Nacht erfolgen soll. Man sieht in diesem Fall zweckmäßig zwei Kohlerohre vor, die abwechselnd benutzt und wieder regeneriert werden. Als besonders nützlich erweisen sich die Kohlepumpen zum verlustlosen Absaugen kostbarer Edelgase, die später durch Erwärmen der Kohle und Kondensieren der desorbierten Edelgase wiedergewonnen werden können. Nimmt man die später zu beschreibenden Trennungen unter höheren Drucken vor, so genügt es vielfach auch schon, die schweren Edelgase bis zu ihrem Dampfdruck bei der Kühltemperatur in einem Gefäß zu kondensieren, das sich in einem Bad von siedendem, flüssigem Stickstoff befindet.

Die Erzeugung tiefer und konstanter Temperaturen erfolgt, wie bereits erwähnt, durch Siedebäder von flüssigem Stickstoff (77,4° abs.) oder Sauerstoff (90° abs.). Flüssige Luft ändert mit zunehmender Eindampfung ihre Siedetemperatur und ist daher nicht geeignet. Die Verdampfungstemperaturen aller genannten Siedebäder können genau aus Zusammensetzung des Bades, Barometerstand und Dampfdruckkurve der reinen Gase Stickstoff bzw. Sauerstoff ermittelt werden, so daß eine Temperaturmessung des Bades sich erübrigt. Bei schweren Edelgasen ist die geringe Wärmeleitfähigkeit zu berücksichtigen, die bedingt, daß das Wärmegleichgewicht nur sehr langsam erreicht wird bzw. konstante Dampfdrucke der zu untersuchenden kondensierten Gase sich nur sehr langsam einstellen. Für solche Messungen sind daher nur Kühlbäder von flüssigem Stickstoff oder flüssigem Sauerstoff zu verwenden, deren Reinheitsgrad möglichst hoch sein soll. Technischer flüssiger Sauerstoff enthält etwa 99% Sauerstoff (der Rest ist Argon); technischer flüssiger Stickstoff enthält etwa 97 bis 98% Stickstoff, 1% Argon, 1 bis 2% Sauerstoff. Für höhere Temperaturbäder sind u. a. Schmelzbäder von Trichloräthylen (— 86°) und Chlorbenzol (— 45°), ferner Bäder aus festem Kohlendioxyd und Spiritus mit einer Sublimationstemperatur des Kohlendioxyds von — 78,5° geeignet. Etwa 30° tiefere, jedoch auf die Dauer nicht konstante Temperaturen lassen sich durch ein „Schmelzbad" von Spiritus erzeugen, das unter Verwendung von flüssigem Stickstoff (nicht Sauerstoff) in einen zähflüssigen Zustand versetzt wird. Für Zwischentemperaturen, die nicht genau eingestellt zu werden brauchen, sind Blockthermostaten zweckmäßig, die mittels durchgeblasener Kühlflüssigkeiten (z. B. verdampfendem, flüssigem Stickstoff oder Sauerstoff) oder kalter Gase auf eine bestimmte Temperatur eingestellt werden. Gut verwendbar sind auch Metallblöcke mit einem Kühlsporn, der z. B. in siedenden Sauerstoff oder Stickstoff eintaucht, und je nach Eintauchtiefe eine mehr oder weniger große Kältemenge zum Kühlbad transportiert (s. Abb. 11).

Literatur.

Bayer, F.: Die chemische Analyse, Bd. 39: Gasanalyse, 2. Aufl. Stuttgart 1941. — Bodenstein, M. u. M. Katayama: Ph. Ch. **69**, 26 (1909).

Damköhler, G.: Ph. Ch. B **23**, 69 (1933).

Eucken, A. u. M. Jakob: Der Chemie-Ingenieur, Bd. 2, Teil 3. Leipzig 1933.

Gmelin, Gm.: Systemnummer 1: Edelgase, 8. Aufl. Leipzig-Berlin 1926.

Haldane, J. S.: J. Hyg. (Brit.) **1**, 109 (1901); Methods of Air Analysis, S. 67. London 1918. — Hempel, W.: Gasanalytische Methoden, 4. Aufl. Braunschweig 1913.

Kahle, H.: Die im Laboratorium der Gesellschaft für Lindes Eismaschinen A. G. entstandene Arbeit ist nicht veröffentlicht. — Klemenc, A.: Behandlung und Reindarstellung von Gasen. Leipzig 1938.

Peters, K.: Angew. Ch. **41**, 515 (1928).

Ramsay, W.: Reindarstellung der Edelgase der Atmosphäre, in: Handbuch der Arbeitsmethoden in der anorganischen Chemie, gegründet von A. Stähler, fortgeführt von E. Tiede u. Fr. Richter, Bd. 4, S. 13. Berlin u. Leipzig 1926.

Schuftan, P.: Gasanalyse in der Technik. Leipzig 1931. Abdruck der in der von J. Tausz herausgegebenen 2. Aufl. des von C. Engler und H. Höfer begründeten Handbuchs „Das Erdöl", Bd. 4, S. 385, Leipzig 1930 erschienenen Abhandlung „Analyse gasförmiger Erdölprodukte". — Sieveking, H. u. L. Lautenschläger: Phys. Z. **13**, 1043 (1912). — Stähler, A.: Handbuch der Arbeitsmethoden in der anorganischen Chemie, fortgeführt von E. Tiede u. Fr. Richter, Bd. 4, S. 13. Berlin u. Leipzig 1926.

Travers, M. W.: Experimental Study of Gases. London 1901.

Winkler, Cl. u. O. Brunck: Lehrbuch der technischen Gasanalyse, 4. Aufl. Leipzig 1919. — Wulff, P.: Anwendung physikalischer Analysenverfahren in der Chemie. München 1936.

A. Bestimmung des Gesamtgehalts an Edelgasen in einem Gemisch.

Bestimmungsmöglichkeiten.

Die Bestimmung des Gesamtgehalts an Edelgasen kann nach den folgenden Methoden vorgenommen werden:

I. Die Edelgase werden von den Nichtedelgasen getrennt. Diese Trennung kann vorgenommen werden

a) auf chemischem Wege,

b) auf physikalischem Wege,

c) durch eine Vereinigung chemischer und physikalischer Verfahren.

II. Ohne Abtrennung der Edelgase aus dem Gemisch kann ihre Bestimmung in folgender Weise vorgenommen werden:

a) durch Ermittlung einer physikalischen Konstante des Gemisches und rechnerische Auswertung dieser Bestimmung,

b) durch Ermittlung mehrerer physikalischer Konstanten und rechnerische Auswertung der Bestimmung,

c) durch direkte Ermittlung der Edelgase im Gemisch durch Messung bestimmter physikalischer Eigenschaften des Gemisches.

III. In besonderen Fällen nach Anwendung eines chemischen oder physikalischen Anreicherungsverfahrens.

Eignung der wichtigsten Verfahren.

Die Wahl der geeigneten Verfahren richtet sich nach der Zusammensetzung des Edelgasgemisches und der Zahl der anwesenden Edelgase sowie nach ihrer Konzentration.

§ 1. Im allgemeinen stets verwendbar ist die Abtrennung der Nichtedelgase auf chemischem Wege, jedoch sind je nach Konzentration und Art der Edelgase bestimmte Vorsichtsmaßnahmen anzuwenden, um Edelgasverluste zu vermeiden.

§ 2. Eine Abtrennung der Nichtedelgase auf physikalischem Wege kann nur dann vorgenommen werden, wenn alle Nichtedelgase *einseitig* (vgl. S. 32) von den vorkommenden Edelgasen verschieden sind, wie z. B. Wasserdampf, Quecksilberdampf und schwere Kohlenwasserstoffe, die einen höheren Siedepunkt besitzen als alle Edelgase.

Ferner können physikalische Trennungsverfahren angewendet werden, wenn nur bestimmte Edelgase oder Edelgasgruppen, z. B. die leichten bzw. die schweren Edelgase anwesend sind. Solche Fälle liegen vor bei der Untersuchung von durch Zerlegung edelgashaltiger Gasgemische in technischen Apparaten erhaltenen Fraktionen, z. B. für die Luft- und Erdgastrennung. Anwendungsfälle dieser Methoden bieten sich häufig in der Technik bei der Bestimmung der Gruppe der leichten Edelgase, Neon und Helium, in Luft und Stickstoff sowie des Heliums in Erdgasen (s. Abschnitt C) bzw. der Gruppe der schweren Edelgase Krypton und Xenon in Fraktionen der Krypton-Gewinnungsanlagen.

Sowohl chemische als auch physikalische Verfahren kommen in Frage bei der Isolierung sehr kleiner Edelgasmengen, insbesondere der schweren Edelgase z. B. aus der Luft.

§ 3. Sehr häufig verwendet werden die auf bestimmte Fälle beschränkten Methoden der Bestimmung von Edelgasen in ihrem Gemisch mit Nichtedelgasen auf Grund bestimmter gemessener physikalischer Eigenschaften des Gemisches.

§ 4. Liegen die Edelgase in sehr geringen Konzentrationen vor, so sind Anreicherungsmethoden notwendig, die insbesondere für die Ermittlung der schweren Edelgase eine Kombination von chemischen und physikalischen Verfahren erfordern. Die Anreicherung kann dabei so weit getrieben werden, daß eine Bestimmung nach den Verfahren in Abschnitt A, § 3 möglich ist bzw. die Abtrennung nach A, § 2 vorgenommen werden kann. Beispiele für die Anwendung derartiger Methoden sind im Abschnitt C für einzelne Edelgase angegeben.

§ 1. Bestimmung des Gesamtgehalts an Edelgasen unter Abtrennung der Nichtedelgase auf chemischem Wege.

I. Gemische mit relativ hohem Gehalt an Nichtedelgasen.

Allgemeines.

Die Entfernungsweise der absorbierbaren und brennbaren Anteile von Gasgemischen kann aus der allgemeinen Gasanalyse als bekannt vorausgesetzt werden. Auch für die Durchführung der Edelgasanalyse sind grundsätzlich, falls nicht besondere Gründe vorliegen, alle Gasbestandteile, die nach den normalen Methoden der Gasanalyse absorbiert oder verbrannt werden können, zu entfernen, so daß als einziges inertes Nichtedelgas der schwer absorbierbare bzw. oxydierbare Stickstoff verbleibt. Eine wichtige Aufgabe der Edelgasanalyse ist daher die Entfernung des Stickstoffs.

Absorption des Stickstoffs durch Metalle.

In der großen Reihe der die chemische Bindung des Stickstoffs behandelnden Arbeiten ist die Verwendung vieler Metalle der Alkali- und Erdalkaligruppe zur Bindung des Stickstoffs beschrieben (Brandt; Dafert und Miklauz; Frankenburger; Gehlhoff; Guntz; Loebe und Ledig; Meissner und Steiner; Recknagel; Schloesing jun.; Weizel). Bei einigen Metallen, die Stickstoff absorbieren, wurden von den genannten Verfassern auch noch andere absorbierbare Verunreinigungen genannt. Wenn irgend möglich, sollte jedoch auch in diesen Fällen eine vorherige Entfernung aller Gasbestandteile außer Stickstoff erfolgen, da ihre Absorption häufig die Bindung des Stickstoffs erschwert.

Die allgemeinen an das unter Nitridbildung reagierende Metall zu stellenden Anforderungen sind Vollständigkeit und Schnelligkeit der Umsetzung. Besonders ist die Erfüllung der ersten Bedingung wichtg, wenn das Restgasvolumen als Edelgasvolumen angesprochen werden soll. Erwünscht ist ferner eine nicht zu hohe Reaktionstemperatur, sowie eine gewisse Widerstandsfähigkeit des Metalls gegen atmosphärische Einflüsse, damit die Vorbereitung für den Versuch nicht erschwert wird.

Durch eine Reihe von Metallen werden auch andere Gase, vor allem Sauerstoff und Wasserdampf, Kohlendioxyd und Kohlenwasserstoffe aufgenommen. In den meisten Fällen verläuft jedoch die Reaktion am ungestörtesten, wenn alle Gase außer Stickstoff vorher beseitigt wurden.

1. Absorption des Stickstoffs durch Calcium.

Zur Entfernung des Stickstoffs wird sehr häufig Calcium verwendet, das mit Stickstoff bei hoher Temperatur Nitride bildet und dabei den Stickstoff vollständig und schnell aufnimmt. Dieses Metall kann für kurze Zeit auch der Luft ausgesetzt werden, ohne merklich verändert zu werden. Die Einhaltung bestimmter Temperaturoptima ist wichtig. Es gibt zwei Temperaturoptima, die bei 800° bzw. bei 440 bis 500° liegen. Zwischen diesen beiden Temperaturgrenzen ist die Reaktion verlangsamt. Die Umsetzung bei hohen Temperaturen wurde von Moissan und anderen Autoren untersucht. Die Umsetzung bei den tieferen Temperaturen empfehlen Dafert und Miklauz.

Sieverts und Brandt, die diese Umsetzungsreaktion erstmalig für die Edelgasanalyse benutzten, halten eine Temperatur von etwa 440° für die Bindung des Stickstoffs aus Edelgasgemischen für am günstigsten.

Sie gehen dabei folgendermaßen vor: Das metallische Calcium des Handels, das in zylindrischen Stücken lieferbar ist, wird zersägt, die dünnen Scheiben werden gebrochen und darauf möglichst schnell in die Analysenapparatur (Abb. 12, S. 17) gebracht. Diese besteht im einfachsten Fall aus einem Behälter *1* aus schwer schmelzbarem Glas bzw. aus Quarz für die Aufnahme des Calciums und ist beheizt (BRANDT heizte mit Gas). (Wenn man eine gleichmäßige Temperaturverteilung bewirken will, ist die elektrische Beheizung vorzuziehen.) Die Messung der Volumenabnahme erfolgt in dem angeschalteten Gasmeßgerät. Bei nur kleinen Edelgasgehalten ist das Volumen des verbleibenden Gasrestes zu gering, um unter Atmosphärendruck gemessen werden zu können, weshalb seine Messung durch die Ermittlung des Restdruckes in dem vorher genau ausgemessenen Reaktionsraum durch Manometer *2* erfolgt.

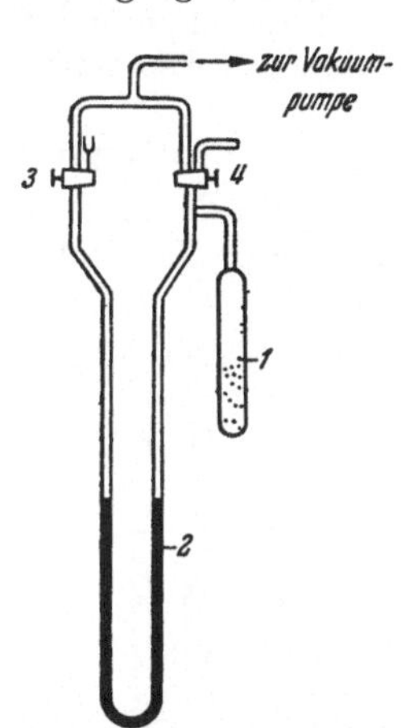

Abb. 12. Entfernung des Stickstoffs durch Calcium nach BRANDT.
1 Reaktionsgefäß; *2* Manometer; *3* Vakuumhahn; *4* Gaseinfullhahn.

Die Reaktion setzt erst ein, sobald das verwendete Calciummaterial vollkommen entgast ist. Die Vakuumentgasung ist notwendig, da das Calcium des Handels bei der Erhitzung im Vakuum noch reichlich Kohlenwasserstoffdämpfe abgibt. Bei nicht vollständiger Entgasung wird das Calcium nur langsam nitriert und die Reaktion geht nicht bis zur vollständigen Umsetzung des Stickstoffs. An weiteren Störungen ist zu berücksichtigen, daß eine kleine Menge Quecksilber, auf Calcium gebracht, die Stickstoffabsorption wesentlich zu stören, wenn nicht zu verhindern vermag.

Für die genaue Bestimmung kleinerer Edelgasmengen verarbeitet man zweckmäßig größere Gasmengen, gegebenenfalls unter Druck mit dementsprechend größeren Calciummengen in einem druckfesten Stahlbehälter [KAHLE (c)].

Die Anordnung (Abb. 13) zeigt ein druckfestes, mit metallischem Calcium gefülltes Reaktionsgefäß *1* von etwa 1 l Inhalt, das mit Federmanometer *4* für höhere Drucke, Quecksilbermanometer *9* und Gaszuführungsrohr bzw. Ventil *6* versehen ist. Der nach Abzug des von Calcium erfüllten Raumes verbleibende Gefäßteil wird ausgemessen, dann der gesamte Raum unter allmählicher Steigerung der Temperatur auf 500° ausgepumpt und dabei das Calcium entgast. Die Kontrolle der Gasabgabe erfolgt durch ein in der Pumpleitung angebrachtes Quecksilbermanometer *9* (nach Schließen eines vor der Pumpe befindlichen Hahnes *8*) und Kontrolle des Druckanstieges in der Zeiteinheit. Nach Beendigung der Gasabgabe wird die Temperatur auf die zweckmäßigste Reaktionstemperatur von 440° gesenkt und das Calcium mit einer Stickstoffmenge von einigen Kubikzentimetern je Gramm Calcium vornitriert. Die Stickstoffaufnahme erfolgt in wenigen Sekunden, wenn das Calcium rein ist und richtig vorbehandelt wurde (s. auch S. 81).

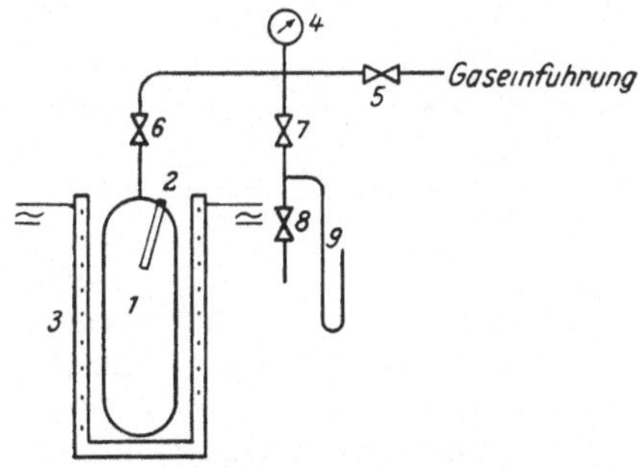

Abb. 13. Absorption von Stickstoff durch Calcium unter Druck.
1 Reaktionsgefäß; *2* Thermometerstutzen: *3* Heizofen; *4* Druckmanometer; *5* Gaseinfuhrungsventil; *6*, *7* Absperrventile; *8* Vakuumventil; *9* Vakuummanometer.

Nun wird ein abgemessenes Stickstoffvolumen (gegebenenfalls unter Druck) in das Reaktionsgefäß eingeführt und die Druckabnahme beobachtet. Sobald ein konstanter Enddruck sich einstellt, zu dessen Messung unter Umständen das Ventil *7* zum Quecksilbermanometer *9* geöffnet werden muß, ist die Stickstoffabsorption beendet. Die Prüfung der Reinheit des übriggebliebenen Edelgases kann z. B. mit einem Spektralrohr, in das ein geringes Gasvolumen eingelassen wird, oder, falls eine größere Gasmenge übriggeblieben ist, durch Dichtebestimmung des Restes oder eine andere physikalische Methode erfolgen (s. weiter unten S. 24).

Besteht der Rest aus reinem Argon, so ist dessen Konzentration gleich dem Verhältnis des Restdrucks zum Anfangsdruck. Bei Gegenwart von Stickstoff wird nach Messung der Dichte des Restes der Argonanteil rechnerisch ermittelt.

Zur Vornahme der Dichtemessung wird ein bestimmter gemessener Teil des Restgases mittels einer TOEPLER-Pumpe abgepumpt und nach Aufsammlung in einem geeigneten Gasbehälter zur Messung verwendet.

2. Absorption des Stickstoffs durch Magnesium in der Glimmentladung.

Neben der Methode der Entfernung der Verunreinigungen von Edelgasen mittels Absorption bei hoher Temperatur, z. B. durch Calcium, ist an dieser Stelle eine Methode zu erwähnen, die bei niedrigerer Temperatur mit Magnesium als Absorbens ausgeführt wird.

Es handelt sich um die Verwendung von Glimmentladungen in Gasen unter niedrigem Druck, die durch eine Wechselspannung von etwa 380 Volt oder durch Gleichspannung hervorgerufen werden. GEHLHOFF fand bereits 1907, daß Calciumdampf beim Durchgang von Glimmentladungen Stickstoff schnell absorbiert. TROOST und OUVRARD absorbierten Stickstoff mittels Magnesiumelektroden beim Durchgang von Glimmentladungen durch das Entladungsrohr. WEIZEL hat zur Anwendung dieses Reinigungsprozesses in der Edelgasanalyse eine handliche Apparatur angegeben. Das Stickstoff absorbierende Metall ist Magnesium. Die Apparatur besteht im Prinzip (s. Abb. 14) aus einer wassergekühlten, becherförmigen Außenelektrode A aus Magnesium sowie einer koaxial in den Becher eingeführten zweiten Magnesiumelektrode C, die ebenfalls wassergekühlt ist. Die Abschließung des Glimmraumes sowie die elektrische Isolierung bewirkt ein Porzellanconus D, der am oberen Ende durch Picein F abgedichtet ist.

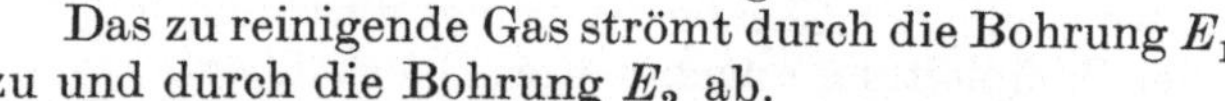

Abb. 14. Absorption von Stickstoff durch Magnesium nach WEIZEL. A Außenelektrode; B mit Wasser gefüllter Kuhlmantel; C Gegenelektrode (Wasserkuhlung); D Porzellankonus; E_1 Gaseintritt; E_2 Gasaustritt; F Picein-Dichtung.

Das zu reinigende Gas strömt durch die Bohrung E_1 zu und durch die Bohrung E_2 ab.

Die Entladung wird durch Gleichstrom oder Wechselstrom (bei letzterem sind Spannungen von 380 Volt ausreichend) erregt. Zur Vermeidung von Lichtbogenüberschlägen wird in den Stromkreis ein Drossel- oder Vorschaltwiderstand geschaltet. Die Stromstärke beträgt etwa 0,5 bis 1 Ampere, der Druck, unter dem die Reinigung erfolgt, etwa 5 mm. Die Zirkulation des Gases in einem geschlossenen Kreislaufsystem wird durch eine Diffusionspumpe bewirkt. Die Glimmentladungen fördern die Umsetzung der Verunreinigungen Wasserstoff, Stickstoff, Sauerstoff, Kohlenoxyd und Kohlenwasserstoffe an der Magnesiumoberfläche zu Hydriden, Nitriden, Oxyden bzw. Carbiden. Die Tatsache, daß die Elektroden gekühlt werden müssen, beweist, daß lokal starke Erhitzungen auftreten, die die Magnesiumoberfläche auf die Reaktionstemperatur bringen.

WEIZEL gibt für die Entfernung sämtlicher Verunreinigungen aus einem Volumen von 2 bis 3 l unter einem Druck von 5 mm Quecksilbersäule als benötigte Zeit etwa 20 Min. an. Für die Reinigung von Helium und Argon werden in der Arbeit Vergleichsbeispiele angeführt; der Fortschritt der Reinigung wird durch Spektralaufnahmen gezeigt.

Wenn auch die Zahl der durch Glimmentladung zwischen Magnesiumelektroden entfernbaren Verunreinigungen sehr groß ist, so dürfte es sich zur Schonung der

Elektroden, insbesondere bei Gegenwart größerer Mengen von Verunreinigungen, doch empfehlen, die leicht absorbierbaren bzw. oxydierbaren Verbindungen vorher zu entfernen und den Glimmentladungsraum in der Hauptsache zur Entfernung des Stickstoffs bzw. Sauerstoffs sowie etwaiger restlicher Verunreinigungen zu benutzen.

3. Absorption des Stickstoffs durch Lithium.

Für die Absorption des Stickstoffs bzw. Sauerstoffs aus inerten Gasen wurde auch Lithium verwendet. Das reine Metall (Molgewicht 6,9; spezifisches Gewicht 0,534) hat einen Schmelzpunkt von 180° und absorbiert oberhalb desselben Stickstoff und Sauerstoff sehr schnell. Die Eignung des Lithiums für die Absorption von Stickstoff hat GUNTZ gefunden und dabei festgestellt, daß die Stickstoffbindung an Lithium bereits bei gewöhnlicher Temperatur einsetzt.

Die Umsetzungsreaktionen des Lithiums mit Stickstoff bei tiefen Temperaturen hat FRANKENBURGER eingehend untersucht und dabei Methoden für die Reinherstellung eines reaktionsfähigen Lithiums sowie eine geeignete Apparatur für die Stickstoffabsorption angegeben.

SEVERYNS, WILKINSON und SCHUMB haben eine handliche Apparatur angegeben, die vor allem für die Bestimmung von Luft in Ballon-Füllgasen (Helium) verwendet wird. Die Apparatur (Abb. 15) besteht aus einem kugelförmigen Glaskolben *1* von 400 cm³ Inhalt, in dessen unterem Drittel das absorbierende Lithium *2* in einem kleinen, geheizten, eisernen[1] Schiffchen *3* untergebracht ist. Der Behälter *1* trägt an dem oberen weiten Rohransatz noch drei andere Rohransätze mit Hahnverschlüssen *4*, *5* und *6*. Durch den einen wird das zu untersuchende Gas eingeführt, durch einen zweiten das Gerät evakuiert und am dritten das Manometer angeschlossen.

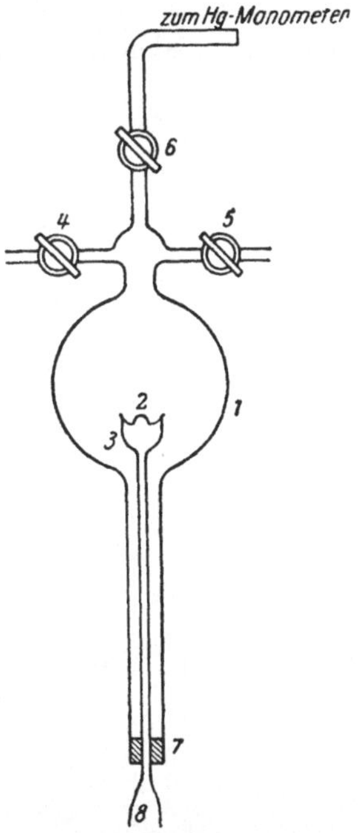

Abb. 15. Absorption von Stickstoff und Sauerstoff durch Lithium nach SEVERYNS, WILKINSON und SCHUMB.
1 Reaktionsgefäß; *2* Lithium; *3* heizbares Schiffchen; *4* Gaseinführungshahn; *5* Vakuumhahn; *6* Manometerhahn; *7* Stopfen; *8* Stromzuführung.

Die Bestimmung geht in der Weise vor sich, daß zunächst alle Räume sorgfältig evakuiert werden, dann das Gas eingefüllt und der Druck gemessen wird. Darauf wird das Lithium durch die Heizspirale zum Schmelzen gebracht. Es absorbiert in diesem Zustand in wenigen Minuten den vorhandenen Sauerstoff und Stickstoff. Nach Ausschaltung des Heizstromes und Abkühlung der Apparatur erfolgt die Messung des Enddruckes. Das Verhältnis dieses Druckes zum Ausgangsdruck gibt den Anteil an inerten Gasen.

Außer Stickstoff und Sauerstoff wird auch noch Wasserdampf absorbiert; jedoch empfehlen die Autoren die vorherige Entfernung des Wassers mittels der üblichen Trockenmittel sowie auch des Kohlendioxyds, das sich am Lithium zu Kohlenoxyd umsetzen würde.

Die Zeitdauer beträgt für eine Bestimmung ohne Vorbereitungszeit etwa $^1/_4$ Std., wobei einige Minuten auf die Absorption entfallen und der Rest auf die Abkühlung der Apparatur auf die Ausgangstemperatur. Die Abkühlung geht bei Helium, das eine große Wärmeleitfähigkeit besitzt, sehr schnell vor sich. Bei der Untersuchung anderer Edelgase, die in dieser Apparatur ebensogut analysiert werden können, dürfte die Abkühlungszeit wesentlich länger sein, da die Wärmeleitfähigkeit aller anderen Edelgase wesentlich geringer ist.

[1] Eisen wird nach den Beobachtungen der Autoren im Gegensatz zu Platin, Nickel oder Silber nur langsam angegriffen.

Die Genauigkeit dieser Bestimmung hängt von der Genauigkeit der Druckmessung sowie von der Konstanz der Temperatur ab. Da für das Gerät kein Wassermantel vorgesehen ist, ist die Einhaltung einer konstanten Außentemperatur wichtig. Der Verbleib geringer Reste an Verunreinigungen im Manometerraum, aus dem sie erst allmählich zur reagierenden Oberfläche herausdiffundieren, muß gegebenenfalls durch eine Korrektur berücksichtigt werden.

4. Absorption der Nichtedelgase durch nascierendes Natrium aus der Salpeterschmelze.

Von Interesse ist ferner eine von WARBURG angegebene Methode, die von LOEBE und LEDIG abgeändert worden ist. Man läßt aus einer Salpeterschmelze von etwa

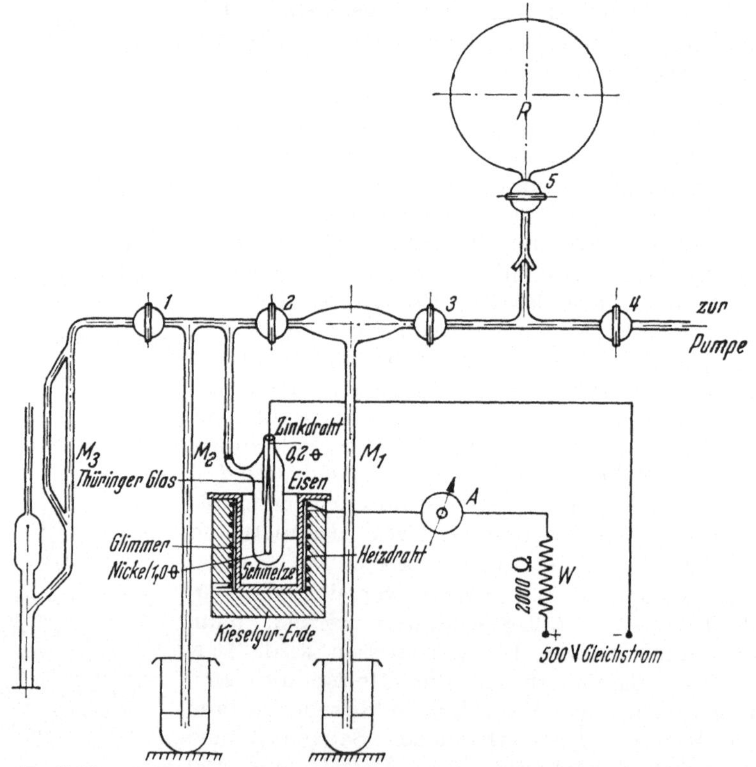

Abb. 16. Entfernung von Stickstoff durch nascierendes Natrium nach LOEBE und LEDIG. *1, 2, 3, 4* Hahne; M_1, M_2 Manometer; M_3 McLEOD-Manometer.

350° unter dem Einfluß einer höheren Gleichspannung Natrium-Ionen durch die Wandung eines gläsernen Reaktionsgefäßes treten, in der sie sich bei einem Druck von 5 bis 10 Torr mit dem Stickstoff des zu untersuchenden Gases schnell verbinden. Es werden auch andere Nichtedelgase, wie Sauerstoff, Wasserdampf usw. aufgenommen. Die Druckmessung erfolgt wie bereits beschrieben.

Während WARBURG einen Wolframfaden von etwa 1900° Glühtemperatur als Kathode und eine Spannung von 200 Volt verwendet, arbeiten LOEBE und LEDIG bei etwa 500 Volt Gleichspannung mit einem Nickeldraht als Kathode. Die benutzte Einrichtung ist aus Abb. 16 ersichtlich.

Die Messung wird folgendermaßen ausgeführt: Die ganze Einrichtung wird evakuiert und darauf der Raum zwsichen den Hähnen *2* und *3* bis zu einem gemessenen Druck mit dem zu untersuchenden Gas gefüllt. Die Salpeterschmelze wird über die Absorptionszelle geschoben und das Gas anteilweise bis zu einem Druck von jeweils 10 mm in die Absorptionszelle eingelassen. Nach Einschalten der Gleichspannung von 500 Volt setzt unter starker Glimmlichterscheinung sofort die Wanderung der Natrium-Ionen durch die Glaswandung ein und der Umsatz dieser Ionen mit den Verunreinigungen des Edelgases. Sobald der Elektrodenstrom ein Minimum erreicht — die Stromstärke geht hierbei von 40 auf 2 Milliampere zurück — wird ein neuer Anteil Gas übergeführt und in gleicher Weise behandelt. Dieses Verfahren wird so oft wiederholt, bis die vorgegebene gemessene Gasmenge verbraucht ist. Dann läßt man die Einrichtung noch abkühlen und mißt den Druck des Restgases am Manometer *3*.

Die Methode erfordert zwar einen größeren Apparateaufbau, scheint aber den Vorteil zu haben, daß das mit Stickstoff umzusetzende Metall ohne besondere Vorbereitung reagiert. Die Genauigkeit beträgt nach Angabe der Verfasser bei Anwendung einer nicht zu kleinen Gasmenge einige Zehntelprozente.

Die hierbei angewendeten Meßmethoden beruhen auf der Messung des Volumens des Ausgangsgases, das dem Reaktionsgefäß anteilsweise zugeführt wird und auf der Messung des Drucks des zuletzt verbleibenden Restgases im Reaktionsgefäß nach Abkühlung desselben.

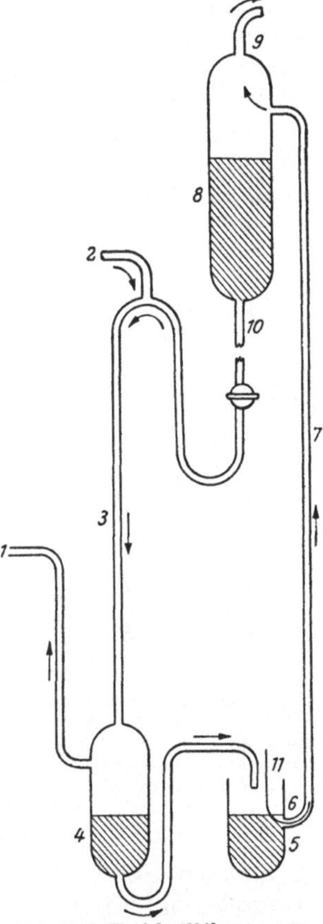

Abb. 17. Kreislaufführung von Edelgas nach dem Prinzip der Sprengelpumpe von COLLIE.
1 Zum Reinigungssystem; *2* vom Reinigungssystem; *3* Fallrohr; *4* Sammelgefaß; *5* Ansaugegefaß; *6* Luft- und Quecksilbereintritt; *7* Steigrohr; *8* Hochbehälter; *9* Vakuumanschluß; *10* Quecksilberrucklaufleitung; *11* Eisendraht.

II. Gemische mit überwiegendem Edelgasgehalt.

Vervollkommnung der Absorption durch Kreislaufführung.

Die bisher beschriebenen Methoden eignen sich vor allem für Gemische mit relativ hohen Gehalten an Stickstoff. Voraussetzung für die restlose Absorption der Nichtedelgase ist, daß diese sämtlich durch Diffusion an die reagierende Metalloberfläche gelangen. Andere Forscher ziehen daher vor, durch Kreislaufführung des Gases alle Gasbestandteile zwangsläufig an die Metalloberfläche zu bringen. Dieses Verfahren ist besonders dann ratsam, wenn die Konzentration der Edelgase überwiegt und ein Gasvolumen verarbeitet werden soll, das wesentlich größer ist als das Volumen des Reaktionsraumes.

Für diese Kreislaufführung ist eine Reihe von Methoden angegeben worden, von denen die wichtigsten beschrieben werden sollen.

1. Allgemein gebräuchliche Methode der Kreislaufführung.

Eine einfache Kreislaufführung ist durch eine Einrichtung möglich, die aus zwei Büretten und je einer Verbrennungs-, Absorptions- und Nitrierkammer besteht, die in dieser Reihenfolge von der ersten Bürette aus mit Gas durchströmt werden (DAMKÖHLER). Das Gas wird von der zweiten Bürette angesaugt. Ist diese gefüllt und die erste entleert, so wird der Gasinhalt aus der zweiten in die erste Bürette umgefüllt und die Gasüberführung wiederholt.

2. Kreislaufführung nach COLLIE.

Da die Umsetzung der kleinen Stickstoffmengen zuletzt sehr langsam verläuft, ist man vielfach bestrebt, den Kreislauf des Gases automatisch zu gestalten. Man bedient sich dabei vielfach des Quecksilbers als Fördermittel. In einer nach dem

Prinzip der SPRENGEL-Pumpe arbeitenden, von COLLIE angegebenen Einrichtung wird Quecksilber mit einer Pumpe durch ein Steigrohr *7* in einen hochgelegenen Behälter *8* gebracht (s. Abb. 17). Hier werden Luft und Quecksilber voneinander geschieden. Die Luft wird abgesaugt, während das Quecksilber durch ein Fallrohr *10* dem unteren Behälter zuläuft und dabei Bestandteile des bei *2* zugeführten, im Kreislauf zu fördernden Gases zum Sammelgefäß *4* mitnimmt. Hier scheidet sich das Gas wieder vom Quecksilber. Das Quecksilber wird in das Sammelgefäß *4* und von dort in das Ansauggefäß *5* übergeführt. Von hier aus wird es zusammen mit am Draht *6* entlang angesaugter Luft über die Leitung *7* in den Hochbehälter *8* gebracht und dort wieder abgeschieden. Die Luft geht über die Leitung *9* ins Freie. Das bei *2* abgesaugte Gas wird von dem aus Fallrohr *3* ausfließenden Quecksilber mitgerissen und über Leitung *1* in das Reinigungssystem gefördert, das es im Kreislauf durchströmt, um schließlich bei *2* wieder angesaugt zu werden.

3. Kreislaufführung nach TREADWELL und ZÜRRER.

Eine andere Art der Gasförderung durch Quecksilber besteht darin, daß man dieses nach einem Verfahren von TREADWELL und ZÜRRER wie einen Kolben in einem mit Ventilen versehenen Zylinder auf- und absteigen läßt, wobei das Ventil von der in Abb. 18 dargestellten Form (dichtschließend auf eingeschliffenem Sitz) sein kann. (An die Stelle der dargestellten Ventile *3* und *4* kann auch ein Quecksilberventil [Abb. 19] treten, das aus einem Tauchrohr besteht, welches in eine größere Quecksilberoberfläche kurz eintaucht. Das Gas wird hierbei nur in der Richtung vom Tauchrohr zum Quecksilber durchgelassen. Kommt Druck von der anderen Seite, so sperrt das im Tauchrohr aufsteigende Quecksilber den Gasdurchgang). Der Hub des Quecksilbers wird entweder durch einen periodisch in einem kommunizierenden Niveaugefäß auf- und abbewegten Tauchkolben *2* (s. obige Abbildung) oder durch Heben bzw. Senken des Niveaugefäßes selbst oder schließlich durch eine Pumpe bewirkt, wobei die Quecksilberhubpumpe durch einen gesteuerten Hahn abwechselnd mit der Außenluft oder mit dem Vakuum verbunden wird (VOGEL). VOGEL steuert zu diesem Zweck die Verbindung einer Seite einer TOEPLER-Pumpe (s. Abb. 20) zur Atmosphäre bzw. zum Vakuum durch einen von zwei Hähnen, wobei die Umschaltung automatisch erfolgt. Der zweite Hahn bewirkt beim Saughub der Pumpe das Austreten, beim Druckhub das Eintreten von Gas in das Kreislaufsystem. Die Hähne stehen gekreuzt übereinander, bewirken also bei Drehung um 90° je eine von den vier möglichen Gasbewegungen. Die Drehbewegung der Achse des Motors M wird über Kegelzahnradübertragung Z und über die senkrechte Welle mit zwei Kardangelenken auf die Hähne H_1 und H_2 übertragen.

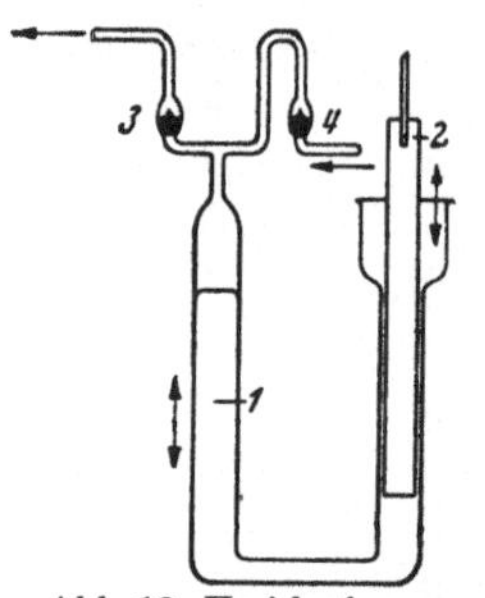

Abb. 18. Kreislaufpumpe nach TREADWELL und ZÜRRER.
1 Quecksilberfüllung; *2* Tauchkolben; *3* Druckventil; *4* Saugventil.

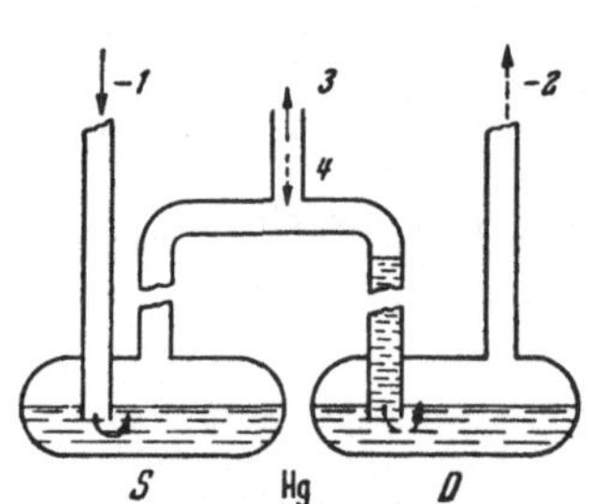

Abb. 19. Quecksilberventile für Edelgaskreislauf.
D Druckventil; *S* Saugventil; *1* vom Reinigungssystem; *2* zum Reinigungssystem; *3* Saughub der Umlaufpumpe; *4* Druckhub der Umlaufpumpe.

Das Reinigungssystem R ist durch den doppelt durchbohrten Hahn H_2 mit einer TOEPLER-Pumpe P verbunden, die abwechselnd über die eine Bohrung des Hahnes H_2 aus dem Reinigungssystem R Gas ansaugt bzw. nach Drehung um 180° das vorher abgesaugte Gas in den anderen Zweig des Kreislaufsystems wieder hineindrückt. Nach einer jeweiligen Drehung der Hähne um 90° wird zur Auslösung des Saug- bzw. Druckhubes der TOEPLER-Pumpe einmal die Vakuumleitung,

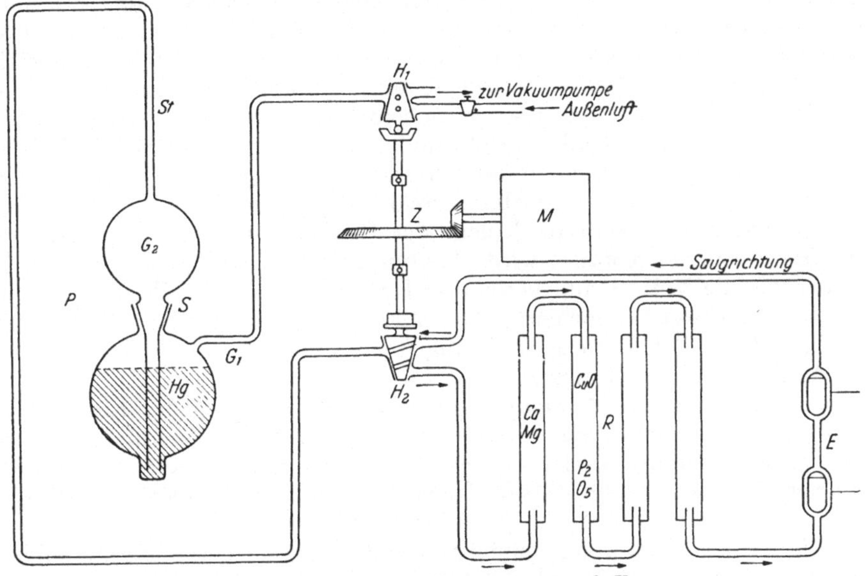

Abb. 20. Edelgaskreislauf mit Umlaufpumpe nach VOGEL.
E Spektralrohr; H_1 und H_2 Umschalthähne; *M* Motor; *P* TOEPLER-Pumpe; *R* Reinigungssystem; *S* Schliff; *St* Steigleitung; *Z* Kegelzahnradübertragung.

das andere Mal die Atmosphäre über den Hahn H_1 angeschlossen. H_2 bzw. H_1 steuern also abwechselnd die beschriebenen Gasbewegungen.

4. Kreislaufführung nach dem Thermosyphon-Prinzip.

Unter Vermeidung von Quecksilber als Fördermittel arbeitet das Gasumlaufverfahren nach dem Thermosyphon-Prinzip. Dieses Umlaufverfahren bietet Vorteile, da mechanisch bewegte Teile nicht benötigt werden und die Gefahr einer Vergiftung der reagierenden Oberflächen des Metalls durch Quecksilberdämpfe entfällt. BODENSTEIN hat mit KATAYAMA dieses Prinzip allgemein für die Durchführung langsam verlaufender Reaktionen in Gasgemischen verwendet, während BORN sich derselben für die Argonreinigung bei gewöhnlichem Druck bedient, indem er das Gas im Kreislauf durch einen zwischen Calciumelektroden brennenden Lichtbogen führt. Eine wesentlich höhere Umlaufgeschwindigkeit hat KAHLE (d) bei höheren Drucken erzielt (s. Abb. 21). Diese Arbeitsweise hat den Vorteil, daß man engere Verbindungsleitungen benutzen kann und neben der Umsetzungsreaktion im gleichen Kreislauf auch noch eine Reinigung des Gases von den Umsetzungsprodukten (z. B. von Kohlendioxyd und Wasserdampf) über

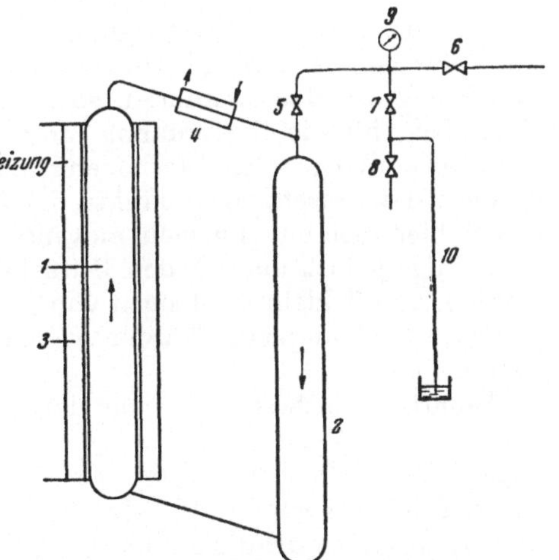

Abb. 21. Reinigung von Edelgas durch Thermokreislauf.
1 Heiße Säule (Reaktionsraum); *2* kalte Säule; *3* Heizmantel; *4* Kühlung; *5* Absperrventil; *6* Gaseinlaß- und -ablaßventil; *7* Ventil zur Absperrung des Manometers; *8* Vakuumventil; *9* Druckmanometer; *10* Vakuummanometer.

gekörntem Kaliumhydroxyd vornehmen kann. Die dazu benutzte Apparatur ist in Abb. 21 dargestellt. Die Kreislaufströmung erfolgt selbsttätig lediglich durch das Bestreben des Gewichtsausgleichs der beiden verschieden temperierten und daher verschieden schweren Gassäulen. In der kalten Säule strömt das Gas abwärts, in der heißen Reaktionszone dagegen aufwärts. Da die Gewichtsdifferenz zwischen kalter und heißer Säule, wie bereits erwähnt, die Antriebskraft für die Kreislaufbewegung bildet, ist diese bei hohem Druck erheblich größer und bedingt dementsprechend höhere Umlaufgeschwindigkeit. Es muß in solchen Fällen also eine Zwischenkühlung vorgenommmen werden, bevor das Gas in der kalten Apparatseite abwärts strömt. Oxydationsreaktionen werden in dieser Einrichtung dadurch herbeigeführt, daß im Innern der Reaktionssäule ein mit Katalysator belegter Heizkörper angeordnet wird (LINDEs EISMASCHINEN A.G.). In der kalten Säule werden die Verbrennungsprodukte Kohlendioxyd und Wasserdampf durch festes Kaliumhydroxyd absorbiert. Durch Füllung der heißen Säule mit Calcium konnte in anderen Fällen die Einrichtung für die Reingewinnung des Argons bzw. dessen Analyse verwendet werden.

Nach Beendigung der Reinigung erfolgt die Bestimmung des Restes auf dem Wege über die Druckmessung, sobald die Gastemperatur die Anfangstemperatur (vor Absorptionsbeginn) wieder erreicht hat. Die Reinheitskontrolle des übriggebliebenen Edelgases erfolgt mittels der weiter unten beschriebenen physikalischen Meßmethoden, gegebenenfalls auf spektralanalytischem Wege.

Wichtig ist möglichst weitgehende Ausschaltung bzw. Verminderung aller toten Räume und aller Strömungswiderstände.

III. Nichtedelgasspuren in Edelgasen.
Reinheitskontrolle der Edelgase.

Messung der Umsetzungsprodukte der Verunreinigungen.

Bei nur geringen Beimengungen von Nichtedelgas versagen die gewöhnlichen auf Volumenbestimmung beruhenden Meßmethoden. Sind daher Reinheitskontrollen von Edelgasen durchzuführen, so besteht in der technischen Edelgasanalytik das Bestreben, für die Bestimmung dieser kleinen Mengen von Verunreinigungen auf chemischem Wege solche Methoden anzuwenden, die nicht die Volumenverkleinerung, sondern die Umsetzungsprodukte der Verunreinigungen zu messen suchen. Wenn es sich hier auch um allgemein anwendbare Mikromethoden der Gasanalytik handelt, sind einige jedoch nur aus den Bedürfnissen der Edelgasindustrie heraus entwickelt worden, da oft kleinste Mengen von Verunreinigungen die Haltbarkeit von edelgasgefüllten Glühlampen gefährden oder die Leuchtfarbe von Edelgasen in Glimmlichtröhren ändern.

Derartige, insbesondere von der Glühlampenindustrie gefürchtete Verunreinigungen sind Wasserstoff, Sauerstoff, Kohlendioxyd, Kohlenwasserstoffe und sonstige Wasserstoff oder Sauerstoff enthaltende Verbindungen, die sich vor allem mit den auf hoher Temperatur befindlichen metallischen Glühfäden unter Oxydations- bzw. Reduktionswirkungen umsetzen. Stickstoff stört in Glühlampen nicht und ist sogar ein häufiges Begleitgas der Edelgasfüllung von Glühlampen. Die Leuchtfarbe von Edelgasen in Glimmlichtröhren wird dagegen bereits durch kleine Stickstoffmengen verändert. Die Bestimmungsmethoden für kleine Stickstoffmengen werden am Schluß dieses Abschnittes angeführt.

Die auf der Bestimmung der Umsetzungsprodukte beruhenden Bestimmungsmethoden für die kleinen Mengen von Verunreinigungen gewähren den Vorteil, daß zur Anhäufung dieser Umsetzungsprodukte größere Gasmengen angewendet werden können. Durch Verwendung von Mikromethoden der Gasanalyse, hauptsächlich der colorimetrischen Methoden können in Verbindung mit der Anwendung größerer Gasmengen noch sehr geringe Mengen von Verunreinigungen ermittelt werden. Vergleichsmessungen mit eingestellten Lösungen, die die Umsetzungsprodukte der in Frage kommenden Verunreinigungen in bekannter und steigender Menge enthalten, führen oft zur quantitativen Ermittlung dieser Verunreinigungen.

Ermittlung der einzelnen verunreinigenden Bestandteile.

1. Bestimmung von Sauerstoff.

Ein typischer Vertreter der Edelgasbegleiter ist naturgemäß der Sauerstoff, als Hauptbestandteil des Rohstoffes Luft, aus dem der größte Teil der Edelgase gewonnen wird.

a) Methode von Haldane. Für die Bestimmung von Sauerstoffkonzentrationen bis zu einigen Hundertstelprozenten ist der Apparat von Haldane (s. Abb. 7) unter Verwendung von Pyrogallol als Absorptionsmittel eben noch verwendbar, jedoch ist die relative Genauigkeit bei diesen Konzentrationen nur gering.

b) Methode von Mugdan und Sixt. Für Konzentrationen unter 0,1% ist eine colorimetrische Methode geeigneter, die auf der Oxydation von KupferI-salz, das gelöst vorliegt, zu KupferII-salz durch den zu bestimmenden Sauerstoff beruht (Mugdan und Sixt). Im Prinzip wird die Bestimmung so ausgeführt, daß eine abgemessene Gasmenge mit einer ammoniakalischen KupferI-salzlösung ausgeschüttelt und die gleiche Blaufärbung in einer gleichen Menge ammoniakalischer Lösung durch Zusatz von gemessenen Mengen einer eingestellten Kupfersulfatlösung erzeugt wird, wie in der für die Absorption verwendeten Flüssigkeit. Die benutzte Einrichtung ähnelt der Bunte-Bürette mit dem Unterschied, daß der aufgesetzte kleine Gasbehälter durch zwei Hähne mit zwei weiten Bohrungen einerseits gegen die Außenluft, andererseits gegen den eigentlichen Reaktionskolben abgeschlossen ist. Die Absorptionsflüssigkeit wird mittels eines dünnen Rohres durch die weite Bohrung des äußeren Hahnes zugeführt und gelangt nach Schließen des äußeren Hahnes und Öffnen des inneren in den Reaktionsraum. Die Absorption ist in einigen Minuten vollkommen beendet. Nach erfolgter Umsetzung läßt man die Flüssigkeit in den aufgesetzten kleinen Gasbehälter zurückfließen und stellt die Vergleichslösung auf die gleiche Färbung ein. Aus der Menge des oxydierten Kupfersalzes ergibt sich die äquivalente Menge absorbierten Sauerstoffs, die zur angewendeten Gesamtgasmenge in Beziehung gesetzt wird.

Die Genauigkeit der Bestimmung beträgt etwa $\pm$ 0,02% Sauerstoff.

c) Zur Schnell- bzw. Serienbestimmung des Sauerstoffs in Gasgemischen mit einem Gehalt von 0,1 bis 0,005% Sauerstoff ist ein Gerät von Kahle (d) (s. Abb. 22) geeignet, das auf der Beobachtung beruht, daß die bei kleinen Sauerstoffgehalten in Edelgasen bzw. ihren Gemischen mit Stickstoff bei der Oxydation des feuchten frischen Phosphors in *1* erzeugten Nebel eine mit der Sauerstoffkonzentration steigende Dichte aufweisen. Da diese Nebel sich eine Zeitlang halten, kann ihre Dichte in einer Nebelmeßkammer *6* gemessen werden. Zur Durchführung der Messung wird eine in einem Zylinder verschiebbare Platte *9*, die von rückwärts beleuchtete Flächen enthält, solange verschoben (an *14*) bis zwischen einem Beobachtungsfenster *8* und dieser Platte eine Nebelmenge sich befindet, die die Umrisse der beleuchteten Flächen gerade noch deutlich erkennen läßt.

Die Sauerstoffgehalte werden einer Skala *13*, die Hundertstelprozente Sauerstoff abzulesen gestattet, bei der jeweiligen Einstellung der verschiebbaren Platte entnommen.

Die Genauigkeit dieser Bestimmungen von $\pm$ 25% der abgelesenen Werte ist für viele Zwecke ausreichend. Da die Phosphornebel nur für Sauerstoff typisch sind, gehört dieses Meßverfahren zu den spezifischen (wie z. B. auch die colorimetrischen Verfahren, die auf der Messung der Farbintensität charakteristisch gefärbter

Verbindungen bestimmter Verunreinigungen beruhen). Die Empfindlichkeit des Phosphors gegen den vergiftenden Einfluß bestimmter Gase, z. B. ungesättigter Kohlenwasserstoffe muß berücksichtigt werden, wenn auch edelgashaltige Gasgemische selten Phosphorgifte enthalten (s. auch die einschlägigen Handbücher der allgemeinen Gasanalytik, wo Phosphor als sauerstoffabsorbierendes Mittel allgemein behandelt wird).

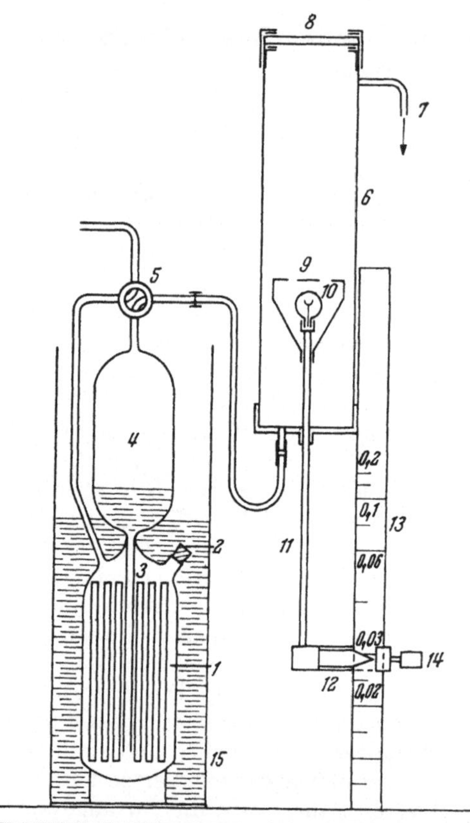

Abb. 22. Sauerstoffspurenprüfer.
1 Phosphorgefäß; *2* Fullstutzen; *3* Tauchrohr; *4* Wäscher; *5* Vierweghahn; *6* Nebelkammer; *7* Gasaustritt; *8* Beobachtungsfenster; *9* Lichtblende; *10* Gluhbirne; *11* Stoßstange und Stromzufuhrung; *12* Ablesezeiger; *13* Skala; *14* Bedienungsknopf; *15* Wassermantel fur das Phosphorgefäß.

d) Nachweis kleiner Sauerstoffmengen nach W. Linde bzw. Nasini und May. Eine sehr interessante Nachweisreaktion für kleine Sauerstoffmengen ist die Auslöschung der Fluorescenz von Trypaflavin bei kleinen Drucken, die von Linde zu einer quantitativen Meßmethode bis zu Gehalten von etwa 0,003% ausgebaut wurde. In neuerer Zeit wurde diese Reaktion von Nasini und May beschrieben.

e) Bestimmung sehr geringer Sauerstoffgehalte nach Heyne und Oldenburg. Edelgas für Glühlampenzwecke darf nur einen äußerst geringen Gehalt an Sauerstoff aufweisen; nach einem von Heyne und Oldenburg angegebenen Verfahren wird Sauerstoff bis zu $2 \cdot 10^{-4}$ Vol.-% durch Anlauffarben auf rotglühenden Wolframfäden festgestellt. Man nimmt daher Brennproben mit den zu untersuchenden Edelgasen vor, d. h. ein auf Rotglut erhitzter Draht aus Wolfram oder einem anderen geeigneten Metall wird der zu untersuchenden Gasatmosphäre ausgesetzt und die in kaltem Zustand sichtbare Farbänderung desselben verfolgt. Die Geschwindigkeit, mit der diese Farbänderung eintritt, ist ein Maß für den Sauerstoffgehalt des Gases. Durch Weißglühen im Vakuum wird der Draht wieder hellglänzend.

Eine Oxydation des Drahtes erfolgt auch durch Wasserdampf und Kohlendioxyd, die daher zuvor durch Kondensation ausgeschieden werden müssen, wenn Sauerstoff allein bestimmt werden soll. Störungen des Nachweises treten durch Kohlenwasserstoffe und Wasserstoff auf.

2. Bestimmung von Kohlendioxyd.

Da die Verunreinigung durch Kohlendioxyd, das bei hohen Temperaturen am Glühdraht dissoziiert, ebenso schädlich ist wie die durch Sauerstoff, so muß das Kohlendioxyd aus Glühlampenfüllgas restlos entfernt werden. Eine Bestimmung von Kohlendioxyd bis zu einer Konzentration von einigen Teilen auf eine Million Teile ist unter Benutzung der Bariumcarbonatausfällung aus Bariumlösungen möglich. Man leitet zu diesem Zweck soviel Edelgas durch die Bariumlösung, daß eine merkliche Trübung eintritt. Man kann darauf durch eingestellte, verdünnte Alkalicarbonatlösungen die gleichen Trübungen erzeugen, oder das ausgeschiedene Bariumcarbonat direkt, z. B. mit Salzsäure (nach Neutralisation der überschüssigen Lauge), titrieren. Bei sehr kleinen Kohlendioxydgehalten, z. B. unter $1:10^6$, ist eine direkte Bestimmung ohne vorherige Anreicherung nicht mehr zweckmäßig, da zur Erreichung einiger Genauigkeit größere Gasmengen notwendig sind und die Geschwindigkeit, mit der das zu untersuchende Gas durch die Lösung geleitet werden kann, einen bestimmten Wert (z. B. 20 l/Std.) nicht überschreiten darf. Ferner ist die Ausscheidung des Kohlendioxyds als Bariumcarbonat um so unvollständiger, je geringer die Konzentration an Kohlendioxyd ist.

Durch eine Behandlung des Gemisches nach einer physikalischen Anreicherungsmethode bei tiefer Temperatur reichert man daher die Verunreinigungen aus einer größeren Gasmenge an, wobei deren Strömungsgeschwindigkeit bei diesem Verfahren etwa 10mal größer sein kann, als oben zugelassen wurde.

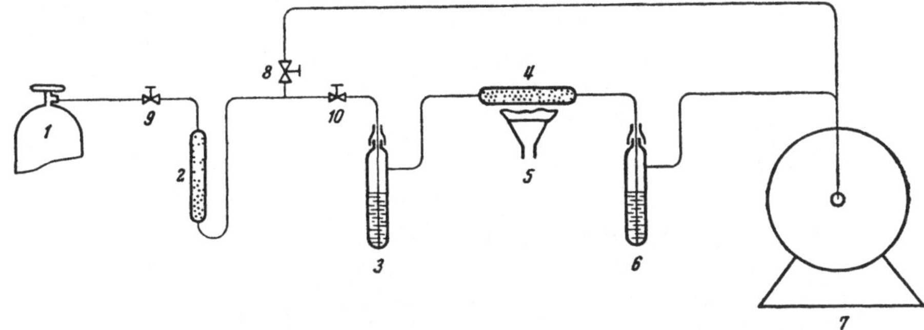

Abb. 23. Kohlendioxyd- und Kohlenwasserstoffbestimmung in Argon (mit Anreicherung).
1 Stahlflasche mit zu untersuchendem Gas; *2* Gelrohr (bei der Adsorption auf 90° abs. gekuhlt); *3* CO_2-Absorptionsgefäß (2 Stuck); *4* CuO-Verbrennungsrohr; *5* Brenner; *6* Absorptionsgefäß (2 Stück) fur das bei der Verbrennung entstehende Kohlendioxyd; *7* Gasuhr; *8* Kurzschlußhahn; *9* und *10* Absperrhahne.

Als physikalische Anreicherungsmethode kommt vor allem die fraktionierte Adsorption in Frage, durch welche auch die geringsten Verunreinigungen vollständig aus dem Gas herausgeholt werden. Die fraktionierte Kondensation sehr kleiner Mengen von Verunreinigungen bei tiefen Temperaturen scheidet aus, da sie nur bis zu dem Dampfdruck des betreffenden Gasbestandteils bei der Kondensationstemperatur erfolgen kann. Dieser Dampfdruck liegt aber oft in der Größenordnung des Dampfdrucks der zu bestimmenden Verunreinigungen.

Eine brauchbare Anordnung für die Bestimmung kleinster Kohlendioxydmengen hat Kahle (a) angegeben (Abb. 23). Die Anreicherung des Kohlendioxyds oder der Verunreinigungen ähnlichen Siedepunkts (wie des Acetylens) erfolgt in der dargestellten Apparatur durch Adsorption an etwa 50 g Gel bei tiefen Temperaturen, und zwar in der Weise, daß eine Kondensation des Hauptbestandteils nicht eintritt, was man bei Argon, Luft oder Stickstoff durch Kühlung in einem Bad von siedendem Sauerstoff bewirkt. Bei der Verwendung von festem Kohlendioxyd als Kühlmittel muß die Menge des Adsorptionsmittels vergrößert werden.

Wie bereits erwähnt, wendet man Gasgeschwindigkeiten von etwa 200 l/Std. an und Gasmengen bis zu etwa 1000 l, insbesondere wenn die Konzentration der zu bestimmenden Verunreinigungen geringer als $1:10^6$ ist. Durch Anwärmen des Gelrohrs werden die adsorbierten Verunreinigungen in wenigen Litern Spülgas konzentriert und mit diesen durch vorgelegte Bariumlösung gespült, deren Analyse wie oben beschrieben, vorgenommen wird.

3. Bestimmung von Acetylen.

Ein weiterer, besonders bei der Kryptongewinnung aus Luft sehr störender Begleitbestandteil ist Acetylen. Seine Anreicherung erfolgt in der gleichen Weise, wie diejenige des Kohlendioxyds und seine Bestimmung in einer ähnlichen Einrichtung unter fraktionierter Adsorption und anschließender Desorption durch die bekannte ILOSVAYsche Lösung (durch Reduktion von ammoniakalischer KupferII-salzlösung mit Hydroxylamin erhalten), die das Acetylen als dunkelrot gefärbtes Kupferacetylid fällt, das bei Zusatz von Gelatine in kleineren Mengen kolloidal in Lösung bleibt und colorimetrisch, oder wenn es in größerer Menge vorliegt, maßanalytisch bestimmt wird. Zur Entfernung des Sauerstoffs erfolgt nach Anwärmung des Gelrohrs eine Spülung mit Stickstoff (wobei das im Spülstickstoff angereicherte

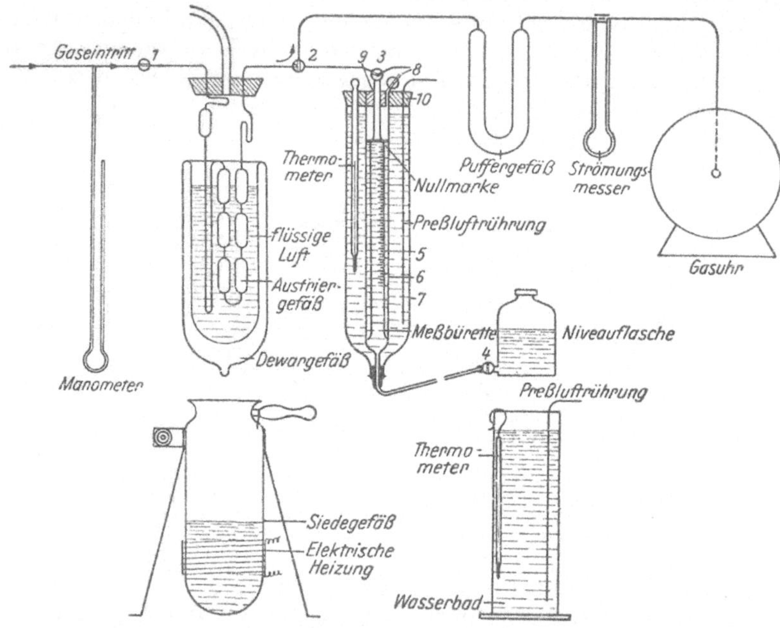

Abb. 24. Wasserdampfbestimmung nach KAHLE.
1 Einlaßhahn; *2* T-Hahn; *3* Dreiweghahn; *4* Absperrhahn; *5* Meßbürette; *6* Niveaubecher; *7* Wassermantel (s. auch Abb. 6, S. 11).

Acetylen nochmals kondensiert wird), um die sauerstoffempfindliche Absorptionslösung nicht mit dem herausgespülten Sauerstoff zu belasten. Das kondensierte Acetylen wird verdampft und mit Spülstickstoff zur Absorption durch die ILOSVAY-Lösung geschickt.

4. Bestimmung von Kohlenwasserstoffen.

Will man kleine Mengen von Kohlenwasserstoffen ermitteln, so liegt im Grund die gleiche Aufgabe vor, wie bei der Kohlendioxydbestimmung. Man hat zu diesem Zweck vorher nur die restlose Oxydation der Kohlenwasserstoffe durchzuführen (s. Abb. 23), und darauf das als Verbrennungsprodukt entstandene Kohlendioxyd nach einer der bereits beschriebenen Methoden zu ermitteln. Selbstverständlich muß zunächst das ursprünglich im Gas vorhandene Kohlendioxyd entfernt werden, bevor die Oxydation erfolgt.

5. Bestimmung von Wasserdampf und Wasserstoff.

Wasserdampf und Wasserstoff werden in einem gesonderten Analysengang bestimmt. In der dargestellten Anordnung von KAHLE (b) (Abb. 24) wird zunächst Wasserdampf in einem Siedebad von flüssiger Luft oder flüssigem Sauerstoff ausgefroren, das trockene Gas darauf über einen Oxydationskatalysator geleitet und das darin gebildete Verbrennungswasser in einem zweiten Kondensationsgefäß gleicher Art wie das erste kondensiert. Beide Kondensate werden durch Verdampfung bei 100° und Volumenmessung des Dampfes mengenmäßig bestimmt.

6. Bestimmung von Stickstoff.

a) Bestimmung von Stickstoffgehalten in der Größenordnung von 0,1%. Zur Bestimmung der kleinen Stickstoffbeimengungen in Edelgasen in der Größenordnung von 0,1%, die durch Volumenmessung nicht mehr zu erfassen sind, werden Methoden verwendet, nach denen zuerst Stickstoff durch Absorption mittels Metalls zu Nitrid gebunden oder nach der klassischen Methode von PRIESTLEY bzw. von CAVENDISH mittels des elektrischen Funkens zu Stickoxyd umgesetzt wird (s. auch ANTROPOFF). Die gebildeten Umsetzungsprodukte werden mikrochemisch bestimmt.

b) Bestimmung von Stickstoffgehalten bis zu minimal 0,01% nach BORN. Für Stickstoffgehalte bis herab zu 0,01% reicht die von BORN angegebene Methode aus, nach der das stickstoffhaltige Edelgas durch einen Hochspannungslichtbogen geleitet wird, der zwischen Calcium- oder Magnesiumelektroden brennt. Stickstoff wird als Nitrid an Magnesium gebunden, das zerstäubt an den Wandungen des Reaktionskolbens sitzt. Das Nitrid wird durch Behandlung mit salzsäurehaltiger Luft zu Magnesiumchlorid und Ammoniumchlorid umgesetzt und der Ammoniumgehalt des letzteren in bekannter Weise maßanalytisch bestimmt.

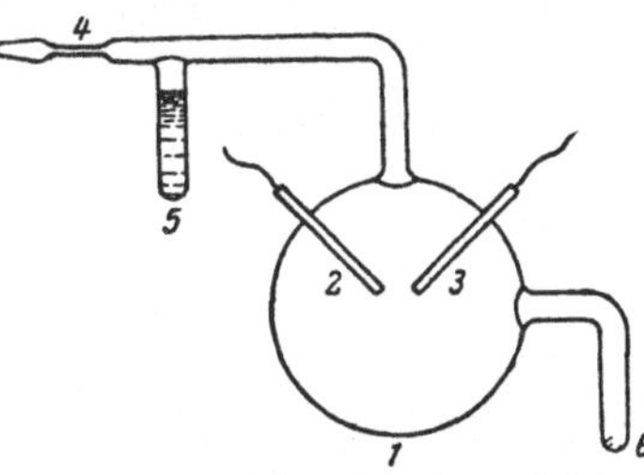

Abb. 25. Bestimmung von Stickstoffspuren nach HEYNE, HILLE und SCHAEFER.

1 Reaktionsgefaß; 2 und 3 Elektroden; 4 Abschmelzstelle; 5 Behälter fur Wasser; 6 Behalter für Natriumperoxyd.

c) Bestimmung von Stickstoffgehalten unter 0,01% nach HEYNE, HILLE und SCHAEFER. Für die Bestimmung noch kleinerer Stickstoffgehalte haben HEYNE, HILLE und SCHAEFER Stickstoff mittels des elektrischen Funkens zu Stickoxyd umgesetzt und eine Bestimmungsmethode für das durch Absorption des Stickoxyds in Lauge gebildete Nitrit angegeben.

Das gebildete Nitrit wird entweder colorimetrisch oder nach Reduktion zu Ammoniak maßanalytisch bestimmt. Im ersten Fall wird neben Nitrit gebildetes Nitrat zu Nitrit reduziert und dieses mit Sulfanilsäure und α-Naphthylamin (GRIESS-Reagens) quantitativ bestimmt. Im zweiten Fall wird der gebundene Stickstoff nach der bekannten Methode von DEVARDA bestimmt.

Die Einrichtung zur Umsetzung des Stickstoffs mit Sauerstoff im elektrischen Funken zu Stickoxyd sowie zur gleichzeitigen Bindung des gebildeten Stickoxyds ist aus Abb. 25 ersichtlich. Die Arbeitsweise mit der dargestellten Einrichtung ist folgende: Das mit den Reagenzien beschickte Kugelgefäß wird sorgfältig ausgepumpt und dabei die Wassertasche gekühlt (mit Kohlensäureschnee). Darauf wird das zu untersuchende Gas bis zu einem gemessenen Druck eingefüllt und das Gefäß an der Verengung abgeschmolzen. Durch Neigen des Gefäßes wird das wieder erwärmte Wasser mit Natriumperoxyd zusammengebracht, wobei sich Wasserstoffperoxyd bildet, das im weiteren Verlauf den zur Umsetzung des Stickstoffs benötigten Sauerstoff liefert. Nach 4stündigem Funken ist der Stickstoff mit Sauerstoff restlos umgesetzt und die Stickoxyde sind von der Lauge gebunden. Diese wird dann herausgespült und das Nitrit, wie oben angegeben, bestimmt.

IV. Größere Gehalte an Edelgasen im Gemisch mit größeren Mengen von Nichtedelgasen.

Die Bestimmung eines größeren Gehalts an Edelgasen (deren Gesamtsumme interessiert) im Gemisch mit größeren Mengen von Nichtedelgasen bietet keine Schwierigkeiten und gelingt leicht mit den bekannten Methoden der Gasanalyse und den oben beschriebenen Methoden der Stickstoffbindung im Anschluß an die ersteren Methoden.

V. Edelgasspuren in Nichtedelgasen.

Die Bestimmung kleiner Mengen von Edelgasen (insbesondere aus der Gruppe der schweren Edelgase) in großen Mengen von Nichtedelgasen ist unter Umständen schwierig und zeitraubend. Zur Anreicherung der Edelgase wird meist eine Vereinigung physikalischer mit chemischen Verfahren benutzt. Eine Anwendung der letzteren allein genügt nur in Sonderfällen, die in diesem Abschnitt beschrieben werden sollen, während das Gesamtverfahren im Abschnitt C, § 3 „Schwere Edelgase" behandelt wird.

Chemische Anreicherungsmethoden.

a) Anreicherung durch Verbrennung. Unter den chemischen Anreicherungsmethoden ist die Verbrennung eine der wichtigsten. Sie wird angewendet, wenn

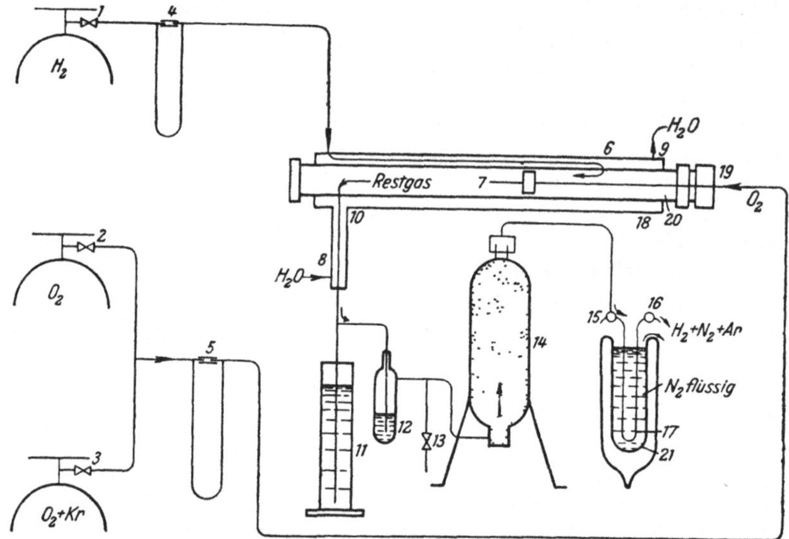

Abb. 26. Edelgasanreicherung durch Sauerstoffverbrennung.

1 bis *3* Regulierventile; *4* und *5* Strömungsmesser; *6* H_2-Eintritt; *7* O_2-Brenner; *8* Kühlwassereintritt; *9* Kühlwasseraustritt; *10* Restgasaustritt; *11* Wasserabscheider; *12* Wasservorlage; *13* Nebenschlußleitung; *14* Gefaß mit festem Kaliumhydroxyd; *15* und *16* Hahne; *17* Kohlerohr; *18* Wassermantel; *19* Brennerverschraubung; *20* Verbrennungskammer; *21* Dewar-Gefäß.

große Mengen Sauerstoff bzw. brennbarer Gase zu entfernen sind. Beide Aufgaben werden für industrielle Belange gelegentlich gestellt. Zur Argonanreicherung haben Bodenstein und Wachenheim ein Verfahren angegeben. Für die Sauerstoffverbrennung mit Wasserstoff zur Krypton- und Xenonanreicherung wurde eine durch die Abb. 26 dargestellte Einrichtung benutzt (Kahle). Hier wird der Sauerstoff mit einer annähernd äquivalenten Menge Wasserstoff umgesetzt, wobei entweder Wasserstoff oder Sauerstoff im Überschuß angewendet wird. Ein Wasserstoffüberschuß erleichtert eine etwaige spätere Trennung auf physikalischem Wege. Ein Sauerstoffüberschuß ist notwendig, wenn das Edelgasgemisch außerdem noch Kohlenwasserstoffe enthält.

Die Verbrennungseinrichtung (s. Abb. 26) besteht im wesentlichen aus einem wassergekühlten Flammenrohr mit dem Sauerstoffbrenner, einer Zuleitung für Sauerstoff und Wasserstoff, sowie einer Ableitung für die Verbrennungsgase, aus denen der als Verbrennungsprodukt entstehende Wasserdampf durch Kühlung mit entgegenströmendem Kühlwasser niedergeschlagen und in einer Tauchvorlage abgeschieden wird. Der Knallgasbrenner sitzt in einem Brennrohr und wird durch ein kurzes Gewinde mittels Überwurfmutter auf das Brennrohr aufgeschraubt. Ein Glimmerfenster gegenüber dem Brenner dient zur Beobachtung der Flamme, ein Kühlmantel um das Brennrohr zur Abführung der Verbrennungswärme. Zweckmäßig ist die Einführung eines kleinen Sauerstoffteilstroms in das Brennrohr in Höhe des Brenners, welcher durch Funken elektrisch gezündet wird. Ist eine derartige Zündung nicht möglich, so wird zur Einleitung der Verbrennung zunächst der Wasserstoffstrom durch das Brennrohr geschickt und der austretende Wasserstoff angezündet; seine Menge wird durch einen Strömungsmesser auf einen bestimmten überschüssigen Wert (im Verhältnis zum Sauerstoff) eingestellt. In die herausbrennende Wasserstoff-Flamme wird der Knallgasbrenner, durch den die äquivalente Sauerstoffmenge strömt, eingeführt; er vereinigt nunmehr die Flamme auf seiner Oberfläche, so daß das Brennrohr aufgeschraubt werden kann, während im Rohrinnern eine Sauerstoff-Flamme in Wasserstoff brennt. Das Restgas wird nach Kondensation des Verbrennungswassers über einen Strömungsmesser der weiteren Behandlung zugeführt, die sich nach der Art des zu analysierenden Edelgases richtet. Zur Vermeidung von Edelgasverlusten wird die Absorption etwaigen bei der Verbrennung entstandenen Kohlendioxyds durch festes Alkalihydroxyd vorgenommen.

Eine bei der Ammoniaksynthese gelegentlich vorkommende Aufgabe besteht in der Bestimmung des Edelgasgehalts von Syntheserestgasen, die neben Wasserstoff, Stickstoff und Methan, Argon und die übrigen in der Luft vorkommenden Edelgase enthalten. Die beschriebene Verbrennung bewirkt hier zwar keine wesentliche Anreicherung, da Stickstoff und Argon in größeren Konzentrationen vorhanden sind, wohl aber dient die Verbrennung des Methans zur Vereinfachung der späteren physikalischen Analyse, da das Methan ähnliche physikalische Eigenschaften besitzt, wie das Krypton, und daher schwer von ihm zu trennen ist.

b) Anreicherung von Edelgasen in Gemischen mit hohem Stickstoffgehalt. Bezüglich der Anreicherung von Edelgasen in ihren Gemischen mit großen Mengen von Stickstoff (s. weiter oben S. 17).

Literatur.

Antropoff, A. v.: Z. El. Ch. **25**, 269 (1919).

Bodenstein, M. u. Katayama: Ph. Ch. **69**, 26 (1909). — Bodenstein, M. u. W. Wachenheim: B. **18**, 265 (1918). — Born, F.: Ann. Phys. [4] **69**, 473 (1922). — Brandt, R.: Diss. Leipzig 1915; vgl. auch A. Sieverts u. R. Brandt, Angew. Ch. **29 I**, 402 (1916).

Collie, I. N.: Durch Collie u. Ramsay, a. a. O. — Collie, I. N. u. W. Ramsay: Pr. **59**, 257 (1895).

Dafert, F.W. u. R. Miklauz: M. **30**, 649 (1909); **34**, 1685 (1913). — Damköhler, G.: Z. El. Ch. **41**, 74 (1935). — Devarda, A.: Fr. **38**, 55 (1899).

Frankenburger, W.: Z. El. Ch. **32**, 481 (1926).

Gehlhoff, G.: Verh. phys. Ges. **13**, 271 (1911). — Griess, P.: B. **12**, 427 (1879). — Guntz: C. r. **123**, 995 (1896).

Haldane, J. S.: J. Hygiene **1**, 109 (1901); Methods of Air Analysis S. 67. London 1918. — Heyne, G.: Z. techn. Phys. **6**, 292 (1925). — Heyne, G., E. Hille u. F. Schaefer: Fr. **121**, 411 (1941). — Heyne, G. u. Oldenburg: Durch Heyne, a. a. O.

Ilosvay, von Nagy-Ilosva, L.: Fr. **33**, 223 (1894).

Kahle, H.: (a) Angew. Ch. **41**, 876 (1928); (b) Ch. Fabr. **7**, 364 (1934); (c) Gesellschaft für Lindes Eismaschinen A.G., D.R.P. 650306 (1937); (d) Die im Laboratorium für Lindes Eismaschinen A.G. entstandene Arbeit ist nicht veröffentlicht.

Linde, W.: Unveröffentlichte Arbeit a. d. Laboratorium der Gesellschaft für Lindes Eismaschinen A.G. — Lindes Eismaschinen A.G.: Unveröffentlichte Arbeit a. d. Edelgaslaboratorium. — Loebe, W. W. u. W. Ledig: Z. techn. Phys. **6**, 287 (1925).

Meissner, W. u. K. Steiner: Z. f. d. gesamte Kälteindustrie **39**, 49, 75 (1932). — Moissan, H.: C. r. **127**, 497 (1898). — Mugdan, M. u. J. Sixt: Angew. Ch. **46**, 90 (1933).

Nasini, A. G. u. P. L. May: Atti X. Congr. int. Chim. Roma **3**, 441 (1938); durch C. **112 I**, 1199 (1941).

Recknagel, G.: Ann. Phys.: [2] **2**, 291 (1877).

Schloesing, Th. jun.: C. r. **121**, 525 (1895). — Severyns, J. H., E. R. Wilkinson u. W. C. Chhumb: Ind. eng. Chem. Anal. Edit. **4**, 371 (1932). — Sieverts, A. u. R. Brandt: Angew. Sc. **29 I**, 402 (1916).

Treadwell, W. D. u. Th. Zürrer: Helv. **16**, 1180 (1933). — Troost, L. u. L. Ouvrard: C. r. **121**, 394 (1895).

Vogel, E.: Z. techn. Phys. **20**, 222 (1939).

Warburg, E.: Ann. Phys. [2] **40**, 1 (1890). — Weizel, W.: Z. techn. Phys. **19**, 147 (1938).

§ 2. Bestimmung des Gesamtgehalts an Edelgasen durch Abtrennung der Nichtedelgase auf physikalischem Wege.

Allgemeines.

Weitere Möglichkeiten für die Isolierung des Edelgases bieten die physikalischen Verfahren. Sie sind nicht wie die chemischen Verfahren für alle Edelgase ohne weiteres anwendbar.

Für die Auswahl der geeigneten Verfahren sind die physikalischen Eigenschaften der Edelgase maßgebend, die eine genügende Verschiedenheit aufweisen müssen, wenn eine Trennung möglich sein soll. Die Verschiedenheit muß ferner einseitig sein, d. h. die zahlenmäßig bestimmten physikalischen Konstanten der abzutrennenden Nichtedelgase müssen also entweder größer oder kleiner sein als diejenigen aller im Gemisch vorkommenden Edelgase. Liegt ein Gemisch sämtlicher Edelgase vor, so können z. B. durch Rektifikation oder fraktionierte Adsorption nur solche Verunreinigungen entfernt werden, die entweder einen höheren Siedepunkt als das höchst siedende Edelgas oder ein höheres Adsorptionsvermögen als dieses aufweisen. Nur wenn Helium und Neon als schwerst adsorbierbare Gase überhaupt abwesend sind, können auch tiefer als alle Edelgasbestandteile siedende oder schwerer adsorbierbare Verunreinigungen durch physikalische Behandlung entfernt werden.

Eine technisch sehr häufig vorkommende Aufgabe besteht in der Ermittlung der Konzentration von bestimmten Edelgasgruppen in ihren Gemischen mit Nichtedelgasen. Sowohl die Gruppe der leichten als auch die Gruppe der schweren Edelgase ist durch physikalische Behandlung von den Nichtedelgasen isolierbar, wobei die Art der anzuwendenden Methode je nach der Art dieser Gruppen verschieden ist. Es ist also entweder notwendig zu wissen, welche Edelgasgruppe vorliegt, oder es hat eine Zerlegung in mehrere Fraktionen zu erfolgen, wobei in der einen z. B. nur die schweren Edelgase, in den anderen nur die leichten Edelgase vorhanden sind. Wie die Tabelle „Eigenschaften der Edelgase sowie einiger Begleitgase“ auf S. 96 zeigt, erscheint sowohl die Abtrennung der leichten Edelgase Neon und Helium, als auch der schweren Edelgase Krypton und Xenon, z. B. von den Hauptbestandteilen der Luft, auf physikalischem Wege möglich. Dagegen ist es unwahrscheinlich, daß das dem Stickstoff physikalisch ähnliche *Argon* auf physikalischem Wege in einfacher Weise vollständig abgetrennt werden kann. Für das *Radon* bestehen besondere Verhältnisse, die am Ende des Kapitels (s. S. 95) besprochen werden sollen.

Trennungsverfahren.

Die bekanntesten, in der Edelgasanalyse bisher benutzten physikalischen Trennungsmethoden für Gasgemische sind

1. die fraktionierte Kondensation bzw. Verdampfung;
2. die Rektifikation als Fortentwicklung der fraktionierten Kondensation und Verdampfung;
3. die fraktionierte Adsorption und Desorption;
4. die Diffusionstrennung von HERTZ;
5. das Trennrohrverfahren von CLUSIUS.

I. Trennung durch fraktionierte Kondensation.

Die fraktionierte Kondensation findet insbesondere für die Reinheitskontrolle von Edelgasen Anwendung und ist als Trennverfahren besonders geeignet, wenn die zu trennenden Bestandteile sehr weit auseinanderliegende Siedepunkte aufweisen. *Voraussetzung für eine genaue Bestimmung des abzutrennenden Bestandteils ist, daß sein Dampfdruck bei der Kondensationstemperatur so klein ist, daß der*

Bestandteil praktisch vollkommen im Kondensat verbleibt. Eine weitere Voraussetzung ist eine geringe Löslichkeit des abzutrennenden flüchtigeren Gasbestandteils im abgeschiedenen Kondensat.

Die Entfernung des Quecksilbers und des Wassers bildet zwei typische Beispiele für eine Kondensationstrennung, die für alle Edelgase anwendbar ist. Bereits bei mäßig gesenkten Temperaturen, z. B. bei der Temperatur des festen Kohlendioxyds (— 78°) ist der Dampfdruck des Wassers und noch mehr derjenige des Quecksilbers so niedrig, daß eine vollständige Abscheidung dieser Verunreinigungen möglich ist.

Zur Niederschlagung des Quecksilbers wird auch gelegentlich die Eigenschaft des Goldes benutzt, mit Quecksilber Amalgame zu bilden, über denen bei reilichem Goldüberschuß ein stark reduzierter Quecksilberdampfdruck herrscht.

Die Entfernung dieser beiden praktisch am meisten vorkommenden Dämpfe (Wasser- und Quecksilberdampf) durch Kondensation ist aus allen Edelgasen möglich.

Die Wasserentfernung durch Kondensation wurde bereits kurz beschrieben und soll hier etwas eingehender betrachtet werden. Sie ist in vielen Fällen der Wasserentfernung auf chemischem Wege überlegen, da bei genügend gesenkter Temperatur absolut trockene Gase erzielt werden. In geschlossenen Apparaturen und dort, wo tiefe Temperaturen angewendet werden können, sieht man häufig einfache, gekühlte *U*-Rohre, die sowohl zur Wasser- als auch zur Quecksilberentfernung dienen. Bereits bei der Temperatur des verdampfenden festen Kohlendioxyds ist der Wasserdampfgehalt kleiner als 0,001 g/m^3, so daß diese Trocknung für viele Zwecke bereits genügt. Das Mitreißen von festen Eisteilchen ist durch geeignete Filter, z. B. aus Glaswatte oder Fritten, zu unterbinden. Für höhere Anforderungen sind tiefere Kühltemperaturen anzuwenden. Die Temperatur der siedenden flüssigen Luft genügt als Kühltemperatur den höchsten Ansprüchen an den Trockenheitsgrad der Edelgase, ist aber nur bei den leichten Edelgasen Neon und Helium zur fraktionierten Abtrennung des Wassers anwendbar, da Krypton, Xenon und auch Argon in größerer Konzentration bei diesen Temperaturen kondensiert werden. Will man trotzdem diesen Weg einschlagen, so nimmt man zweckmäßig eine Totalkondensation des Gasgemisches vor und saugt bei der Kühltemperatur die Edelgase vollkommen wasserfrei ab.

Die vollständige Entfernung von tiefer siedenden Gasen wie z. B. von Stickstoff und Sauerstoff aus den leichten Edelgasen durch Kondensation ist nur unter Kühlung mit Bädern aus siedendem flüssigen Wasserstoff möglich, wie sie DEWAR für die Analyse des Heliums vorgeschlagen hat.

II. Trennung durch fraktionierte Destillation.

Will man eine unter bestimmten Bedingungen mögliche Trennung durch fraktionierte Destillation vornehmen, so ist verschiedenes zu beachten. Die Trennungstemperaturen sollen einerseits tief sein, da dann das Verhältnis der Dampfdrucke der zu trennenden Bestandteile größer ist als bei höheren Temperaturen. Der höher siedende Bestandteil soll bei dieser Temperatur einen verschwindend kleinen Dampfdruck besitzen, damit die Verluste an dieser Komponente beim Absaugen gering sind. Andererseits ist der Gesamtdruck bei tiefen Temperaturen niedrig und die Abtrennung des leicht siedenden Gasbestandteils wird weiter dadurch erschwert, daß sein Partialdruck bei zunehmender Verdünnung im Kondensat stark erniedrigt wird, so daß zum Abpumpen hohes Vakuum erforderlich ist. Bei festen Kondensaten machen sich ferner Adsorptionskräfte geltend, die eine Abtrennung der leichter siedenden Komponente erschweren. Die Absaugung des leichter siedenden Bestandteils ist abzubrechen, sobald der Gesamtdruck sich dem Partialdruck des zurückbleibenden schwerer siedenden Bestandteils nähert (s. z. B. Abtrennung des Kryptons vom

Xenon; § 3, S. 94). Im allgemeinen haben die Verfahren der fraktionierten Destillation kondensierter Gemische zum Zwecke ihrer Trennung nur in Verbindung mit anderen physikalischen Trennverfahren Bedeutung erlangt. [Ihre Verwendung zusammen mit der Trennung durch Adsorption wird weiter unten noch beschrieben werden (s. S. 91).]

III. Trennung durch Rektifikation.

Die Rektifikationsverfahren haben selbständige Bedeutung und finden hauptsächlich in der Technik der Edelgaserzeugung ihr Vorbild (s. S. 49 bis 51). Die edelgashaltigen Gasgemische, insbesondere Luft und Erdgas werden durch Tiefkühlung (partielle Kondensation), Auswaschung mit tiefsiedenden Waschflüssigkeiten und Rektifikation der Kondensate zerlegt.

Die technische Zerlegung der edelgashaltigen Gasgemische, insbesondere der Luft, bietet die Möglichkeit, deren Gehalt an den kleinen Edelgasmengen durch Aufstellung einer Gasbilanz zu ermitteln, da die Rektifikationssäulen des Edelgaszerlegungsapparates in verschiedenen Stufen eine Anreicherung teilweise im Verhältnis $1:10^6$ durchführen. Aus den Mengen von Rohgas-, Reingas- und Zwischenfraktionen, deren Zusammensetzung gesondert ermittelt wird, ergibt sich die Rohgaszusammensetzung.

Die Rektifikationsanalyse eignet sich auch für die Bestimmung kleiner Mengen von Verunreinigungen in Edelgasen. So werden z. B. kleine Mengen von leichter siedenden Verunreinigungen, wie Stickstoff, in höher siedenden Edelgasen, wie z. B. in *Argon*, dadurch bestimmbar, daß man das Gemisch in gemessener Menge kondensiert und in einer geschlossenen Rektifikationssäule einige Zeit rektifiziert, bis sich am Kopf der Säule eine mit den Verunreinigungen angereicherte Fraktion angesammelt hat. Diese wird nach Entnahme nach einer der noch zu beschreibenden Methoden analysiert (s. S. 50).

Schwerer als die Edelgase *siedende Verunreinigungen* reichern sich im Sumpf der Rektifikationssäule an und können dort nach dem Abtrennen durch Rektifizieren einer größeren Menge der abzutrennenden Edelgase in dem restlichen Edelgas angereichert und mit größerer Genauigkeit als im Ausgangsgas bestimmt werden (s. A, § 3 und S. 50). Falls ein Gemisch aus mehr als zwei Komponenten (z. B. Krypton mit wenig Xenon und Stickstoff) vorliegt, kann die Rektifikation so geführt werden, daß sowohl am Kopf als auch aus dem Sumpf der Säule ein binäres Gemisch entnommen wird, z. B. unten eine kleine Fraktion Xenon und Krypton (frei von Stickstoff), oben eine kleine Fraktion Krypton- und Stickstoff, frei von Xenon. Diese kleinen mit Xenon bzw. Stickstoff stark angereicherten Fraktionen können nach einer der später zu beschreibenden Methoden (s. A, § 3) ohne weitere Trennung analysiert werden. Die Rektifikationsmethoden bieten den Vorteil, daß bei genügender Größe der Säulen sehr große Gasmengen verarbeitet und dementprechend genaue Bestimmungen durchgeführt werden können.

IV. Trennung durch fraktionierte Adsorption und Desorption.

1. Bedingungen und Voraussetzungen für die Anwendung.

Eine häufig angewendete Methode für die Abtrennung von Edelgasen bzw. von bestimmten Edelgasgruppen aus ihren Gemischen mit Nichtedelgasen benutzt die Adsorption, wobei je nach der Art der zu bestimmenden Edelgase eine Trennung bereits während des Adsorptionsvorganges oder erst durch einen besonders geleiteten Desorptionsprozeß stattfindet. Durch eine Aneinanderreihung beider Vorgänge können sämtliche Edelgase fast in einem Arbeitsgang ermittelt werden (s. S. 92).

Die Adsorption entspricht der fraktionierten Kondensation, die Desorption der fraktionierten Destillation bzw. Rektifikation, wenn sie in besonderer Weise geführt wird. Adsorption und Desorption führen vielfach zu wesentlich schärferen Trennungen als Kondensation und Destillation und sind wegen ihrer vielseitigen, in weiten Temperatur- und Druckgebieten möglichen Anwendbarkeit bei relativ einfachen Hilfsmitteln für die Edelgasabtrennung außerordentlich geeignet. Beschränkt anwendungsfähig ist die Methode der fraktionierten Adsorption. Sie ist unter bestimmten Voraussetzungen lediglich für die Abtrennung der Nichtedelgase aus ihren Gemischen mit den leichtesten Edelgasen Neon und Helium geeignet.

Vorbedingung für die Anwendbarkeit der Adsorptionsmethode ist ein so großer Unterschied in der Adsorbierbarkeit der Nichtedelgase und der Edelgase, daß der Gleichgewichtsdruck der vom Adsorptionsmittel aufgenommenen Verunreinigungen bei tieferen Temperaturen Null ist, während die schwer adsorbierbaren Edelgase noch nicht merklich adsorbiert werden.

2. Grundlagen der Adsorptionsmethoden.

Im allgemeinen verlaufen Adsorbierbarkeit und Kondensierbarkeit parallel, d. h. das höher siedende Gas wird bevorzugt adsorbiert. In zweiter Linie beeinflussen das Molgewicht und die chemische Konstitution den Grad der Adsorbierbarkeit.

Das wirksamste Adsorptionsmittel ist aktive Kohle. Auch das für die Gasadsorption geeignete aktive Kieselgel besitzt eine beachtliche Oberfläche und Adsorptionswirkung. Im übrigen zeigt jede Grenzfläche das Bestreben, Gase auf ihrer Oberfläche zu verdichten. Die Adsorption an Gefäßwänden oder an fein verteilten, festen Niederschlägen muß daher bei der Adsorptionstrennung sowie auch bei anderen Edelgas-Analysenverfahren berücksichtigt werden, wenn sehr exakt gemessen werden soll.

Als Hauptmerkmal der Adsorption ist anzusehen, daß sie im gesamten Temperaturbereich erfolgt und von einer Vorbeladung der adsorbierenden Oberfläche abhängig ist. Wenn die Oberfläche mit einem bestimmten Gas bereits abgesättigt ist, erfolgt eine weitere Beladung erst dann, wenn der Druck gesteigert oder die Temperatur gesenkt wird. Bei einem bestimmten oberen Grenzdruck bleibt die Beladbarkeit bei festgehaltener Temperatur konstant, d. h. eine weitere Drucksteigerung bewirkt keine weitere Aufnahme von Gas durch das Adsorbens.

Sinkende Temperatur erhöht, wie bereits erwähnt, die Aufnahmefähigkeit. Das Maximum der Aufnahmefähigkeit des adsorbierenden Stoffes ist bei der Kondensationstemperatur und dem dazugehörigen Kondensationsdruck, also beim Taupunkt, erreicht und kann unter diesen Verhältnissen unabhängig von der jeweiligen Taupunktstemperatur bei ein- und demselben Gas in erster Annäherung als konstant angesehen werden. Annähernd quantitative Voraussagen über die Trennungsbedingungen sind bei Kenntnis der Adsorptionsisothermen, -isobaren und -isosteren möglich.

Den Einfluß des Druckes auf die Adsorption bei festgehaltener Temperatur zeigen die Isothermen (s. z. B. die von Peters und Weil aufgenommenen Isothermen von Xenon, Krypton und Argon), den Einfluß der Temperatur auf den Gleichgewichtsdruck über dem Adsorbens bei festgehaltener Beladung die Isosteren, und schließlich den Einfluß der Temperatur auf die Beladungsfähigkeit bei festgehaltenem Druck die Isobaren. Die Isobaren können bei Verwertung mehrerer Isothermen über das gleiche Druckgebiet aus den letzteren leicht konstruiert werden, wobei die Darstellung im doppelt logarithmischen Maßsystem besonders geeignet ist. Derartige Darstellungen sind für die Beurteilung der Trennungsmöglichkeiten von großem Wert. So erlaubt z. B. die Kenntnis der Isostere bei einer bestimmten Beladung die Grenztemperatur festzustellen, bis zu der das Adsorptionsmittel erwärmt werden kann, ohne daß der Gleichgewichtsdruck über dem Adsorbens merklich wird (Peters und Weil).

Die Isotherme eines abzutrennenden Gasbestandteils gibt die obere Grenze an, bis zu welcher bei der betreffenden Temperatur das Adsorptionsmittel mit einem abzutrennenden, leichter adsorbierbaren Gasbestandteil *a* beladen werden kann, ohne daß in der vom schwerer adsorbierbaren Gas *b* gebildeten Gasphase wesentliche Bestandteile des ersteren verbleiben. Sehr zu beachten ist, daß die Beladungsfähigkeit mit dem Gas *a* durch mitadsorbiertes Gas *b* gegenüber der Isotherme zurückgeht.

3. Statische Adsorption und isotherme Desorption.

Erfolgt die Beladung des Adsorptionsmittels statisch, d. h. aus einer über ihm *ruhenden* Gasatmosphäre, so nimmt der Partialdruck der Gase, insbesondere des leicht adsorbierbaren *a*, allmählich ab, da sie (Gas *a* vollständig, Gas *b* teilweise) am Adsorbens gebunden werden, während der Gleichgewichtsdruck von minimalen Werten allmählich ansteigt. Je geringer die Beladung des Adsorbens mit dem betreffenden Gas bzw. je größer die Adsorbensmenge ist, um so geringer ist auch der Gleichgewichtsdruck in der Gasphase. Er steigt mit zunehmender Beladung des Adsorbens, bis der Partialdruck im Gas und der Gleichgewichtsdruck über dem Adsorbens einander gleich geworden sind. Dieses hat sich nunmehr entsprechend der Endzusammensetzung des ruhenden Gases beladen.

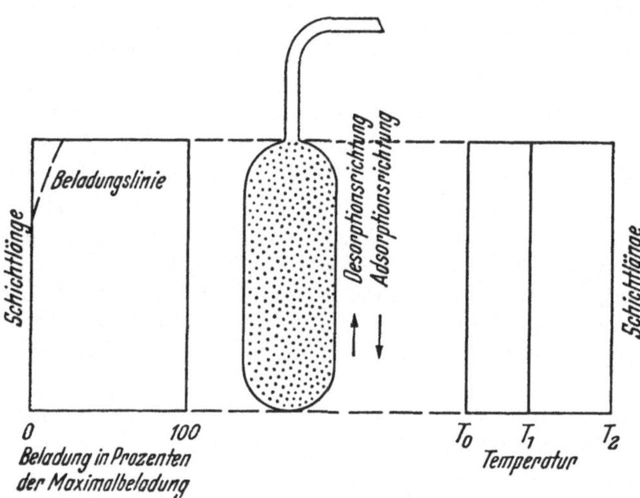

Abb. 27. Statische Adsorption und isotherme Desorption nach PETERS und WEIL.

T_0 Konstante Temperatur während des Adsorptionsvorgangs; T_1 konstante Temperatur während der ersten Absaugestufe für den am leichtesten flüchtigen Gasbestandteil; T_2 konstante Temperatur während der zweiten Absaugestufe für den nächst flüchtigen Gasbestandteil.

Die beschriebenen Verhältnisse stellt Abb. 27 dar. Das Gas wird über den oberen Rohranschluß dem Adsorbens zugeführt und verbleibt darin, bis sich das Adsorbens mit ihm ins Gleichgewicht gesetzt hat, wobei die Beladung der Endzusammensetzung des Gases entspricht. Beim ersten Einleiten des Gases zunächst entstehende Beladungsverschiedenheiten — s. Beladungslinie Abb. 27 — müssen durch Diffusion über den Gasraum ausgeglichen werden. Die eingeleitete Gasmenge ruht, soweit sie nicht adsorbiert ist, bei diesem Verfahren über dem Adsorbens. Das leicht adsorbierbare Gas wird dabei vollkommen aufgenommen, das schwerst adsorbierbare nur zu einem Teil. Die anschließende Desorption erfolgt entgegengesetzt zur Richtung der vorhergehenden Gaszufuhr und setzt voraus, daß die oben erwähnten Beladungsverschiedenheiten nach einer gewissen Zeit ausgeglichen sind. Zur Abtrennung eines schwer adsorbierbaren Gasbestandteils *b* aus einem Gemisch im Anschluß an diese Arbeitsweise (statische Adsorption) haben PETERS und WEIL ein Verfahren angegeben, bei dem die einzelnen Gasbestandteile in der Reihenfolge ihrer Flüchtigkeit bei bestimmten Temperaturstufen, z. B. T_1 und T_2 (s. Abb. 27), isotherm abgesaugt werden. Das Absaugen erfolgt bei niedrigen Drucken und durch Vorversuche festgelegten, konstant gehaltenen Temperaturen (T_1 und T_2) derart, daß bei jeder Temperaturstufe lediglich der flüchtigste Bestandteil *b* der Gase desorbiert wird, während der leichter adsorbierbare Bestandteil *a* noch am Adsorbens

(Kohle) haftet. Das Verfahren sei hier als dasjenige der *isothermen Desorption (Stufendesorption)* bezeichnet. Die Trennung gelingt z. B. bei der Abtrennung des Argons von Krypton nach PETERS und WEIL vollkommen, wenn die Kohle nicht mehr als 1 cm³ Gas/g Kohle insgesamt gebunden hat. Die Folgen dieser geringen Beladung sind allerdings niedrige Gleichgewichtsdrucke auch für das flüchtigere Gas *b*. Da es wesentlich ist, daß das Absaugen unter diesen Drucken stattfindet, sind die Absaugezeiten dementsprechend groß. Aus den Ausführungen der Autoren ist mit einem Zeitaufwand von mehreren Stunden für die Durchführung einer Analyse zu rechnen. (Näheres s. S. 58.)

4. Dynamische Adsorption und Verdrängungsdesorption.

Anders als das Verfahren der statischen Adsorption und anschließenden isothermen Desorption bei verschiedenen Temperaturstufen arbeitet das von KAHLE

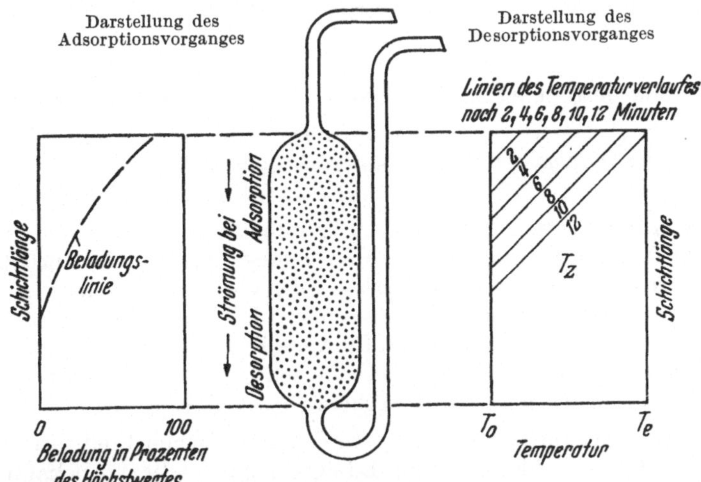

Abb. 28. Dynamische Adsorption und Verdrängungsdesorption nach KAHLE.
T_0 Kühltemperatur (bei der Adsorption); T_e Endtemperatur (nach der Desorption); T_z variable Zwischentemperaturen nach 2, 4, 6, 8, 10, 12 Min. (während der Desorption).

angegebene Verfahren der Verdrängungsdesorption. Das zu adsorbierende Gas wird dem einen Ende gestreckter Adsorbensschichten zugeführt und an deren anderem Ende bei der Desorption entnommen. Bei dieser dynamischen Arbeitsweise stellt sich durch den Beladungsvorgang zunächst am Schichteingang ein Gleichgewichtszustand ein, der der ursprünglichen Zusammensetzung des Gases entspricht, während am Schichtende nur die am schwersten adsorbierbare Komponente sitzt. Das Adsorbens kann offenbar in seinen vorderen Teilen wesentlich höher beladen werden als bei statischer Adsorption, ohne daß am Adsorbensende leichter adsorbierbares Gas erscheint. Von besonderem Interesse sind in dieser Hinsicht wiederum die Beladungswerte für die leichter adsorbierbaren Gasbestandteile (s. Abb. 28), die aus der Gasphase verschwinden sollen. Die gestreckte Schicht des Adsorbens bedingt bei der dynamischen Adsorption im Gegensatz zum Verfahren der statischen Adsorption, einen Beladungsabfall gegen das Adsorbensende, der aufrecht erhalten werden soll und es ermöglicht, nach der Adsorption sofort mit der Desorption zu beginnen. — Erfolgt die Adsorption bei tiefen Temperaturen, also z. B. in einem Kühlbad, so wird mit Rücksicht auf die folgende Desorption die Anordnung derart getroffen, daß beim allmählichen Herausziehen des Adsorbens aus dem Kühlbad das durch Erwärmung freigemachte Gas über die adsorbierende Schicht abwärts strömen muß (s. Abb. 28). Die Desorption erfolgt hier also durch fortschreitende Erwärmung von der Seite des Gaseintritts her unter Entnahme der desorbierten Anteile an der anderen Seite. Dabei steigt in der gekühlten Zone die Aufnahmefähigkeit infolge des wachsenden Partialdruckes des Gases *a* noch an. Das flüchtigere Gas *b* wird durch das weniger flüchtige Gas *a* allmählich verdrängt; Gas *a* nimmt zunächst lediglich einen Platzwechsel vor, indem es an den kühleren Ad orbensschichten wieder adsorbiert wird, bis es schließlich in hoher Konzentration am Ende der Adsorbensschicht erscheint. Das zuletzt beschriebene Verfahren hat den Vorteil, daß man an keine extrem tiefen Drucke bei der Desorption gebunden ist, kleinere Adsorbensmengen verwenden kann und weniger Zeit für die Durchführung der Analyse benötigt.

Die Anwendung beider Verfahren für die physikalische Edelgasanalyse ist in den späteren Abschnitten (s. S. 58 bis 60) an Hand konkreter Beispiele näher ausgeführt. Sie werden im folgenden als das Verfahren der isothermen Desorption bzw. das Verfahren der Verdrängungsdesorption unterschieden.

Anwendungsmöglichkeiten der Adsorptions- und Desorptionsverfahren.

Die Anwendung der Adsorptionsverfahren für die gleichzeitige *Abtrennung der Gesamtheit der Edelgase* ist auf Sonderfälle beschränkt.

So ist eine Analyse durch fraktionierte Adsorption sämtlicher Nichtedelgase, unabhängig von ihrer Natur, lediglich bei heliumhaltigen Gemischen, z. B. heliumhaltigem Erdgas möglich, wobei das Helium unadsorbiert im Gas zurückbleibt. Die Abtrennung wird wesentlich erleichtert, wenn vorher alle leicht umsatzfähigen Nichtedelgase (insbesondere auch Wasserstoff) durch Verbrennung oder chemische Absorption entfernt werden. Der Grund für diese Regel ist die Tatsache, daß Wasserstoff sich schwer von Neon bzw. Methan sich schwer von Krypton trennen läßt, da die Siedepunkte dieser Gaspaare nicht erheblich verschieden sind.

Die Desorptionsverfahren finden in der technischen Edelgasanalyse für die Abtrennung bestimmter Edelgase und Edelgasgruppen, die vorbekannt sind, eine verbreitete Anwendung und werden in den entsprechenden Abschnitten behandelt. Die Analyse erfolgt durch totale Adsorption aller Gase außer Ne und He und anschließende fraktionierte Desorption.

V. Trennung nach dem Diffusionsverfahren von Hertz bzw. dem Trennrohrverfahren von Clusius.

Weitere Abtrennungsmöglichkeiten der Nichtedelgase von den Edelgasen bieten die neueren Verfahren der Diffusionstrennung nach Hertz sowie der Thermodiffusionstrennung nach Clusius. Die Anwendung dieser Verfahren für die Bestimmung des Gesamtgehaltes an Edelgasen unterliegt den gleichen Einschränkungen wie die der vorher beschriebenen Trennungsverfahren. Diese Methoden werden daher in Abschnitt B, § 2, S. 63 und 64 beschrieben werden.

Literatur.

Clusius, K.: Angew. Ch. **51**, 831 (1938).

Dewar, J.: Chem. N. **90**, 90 (1904).

Hertz, G.: Z. Phys. **79**, 108 (1932).

Kahle, H.: Gesellschaft für Lindes Eismaschinen A.G., D.R.P. 588885 (1933).

Peters, K. u. K. Weil: Angew. Ch. **43**, 608 (1930); Ph. Ch. A **148**, 1 (1930).

§ 3. Bestimmung von Edelgasen in Gemischen mit Nichtedelgasen ohne Abtrennung der letzteren.

Allgemeines.

In bestimmten Fällen kann eine Bestimmung des Gehaltes an Edelgasen in Nichtedelgasen auch ohne deren Abtrennung vorgenommen werden. Die hierfür angewendeten Methoden beruhen auf der Messung bestimmter physikalischer Eigenschaften der Gemische oder bestimmter Edelgase in den Gemischen.

Folgende Eigenschaften sind zur Bestimmung verwendbar:

1. Die Dichte.
2. Das Lichtbrechungsvermögen.
3. Die Wärmeleitfähigkeit.
4. Die Dampfdrucke kondensierter Gemische (bei zwei Bestandteilen!).
5. Der Schmelzpunkt.
6. Die Aussendung von Strahlen (Emissionsspektralanalyse).
7. Die Atommasse.

Unter 1 bis 4 sind Eigenschaften angeführt, die sich additiv aus denen der Einzelkomponenten zusammensetzen. In gewissen Fällen (besonders hinsichtlich der Wärmeleitfähigkeit) sind Abweichungen von der Regel der Additivität vorhanden, so daß der Messung eine Eichung mit synthetischen Gemischen aus den in Frage kommenden Bestandteilen vorausgehen muß.

Zur teils quantitativen, teils qualitativen Analyse werden die Eigenschaften 5 bis 7 verwendet. Additivität liegt hier nicht vor. Jedoch sind bei Benützung der auf diesen Eigenschaften beruhenden Methoden quantitative Messungen ohne Beschränkung der Zahl der Gemischbestandteile möglich, z. B. bei Anwendung der Emissionsspektralanalyse. Ähnliches gilt für die Messung von Atommassen.

Für die Anwendung der Methoden 1 bis 4 sind folgende Voraussetzungen zu erfüllen:

1. Art und Zahl der Bestandteile des Gemisches müssen bekannt sein.
2. Die Zahl der Gemischbestandteile ist auf zwei oder drei beschränkt.
3. Die Konzentrationen derselben müssen annähernd vergleichbar, zum mindesten höher sein, als die Genauigkeitsgrenze der Methode.
4. Die Unterschiede der physikalischen Eigenschaften müssen so groß sein, daß eine genügende Genauigkeit der Analyse erzielt werden kann.

Bei zwei Gemischbestandteilen genügt die Bestimmung *einer* Eigenschaft.

Bei drei Gemischbestandteilen ist die Messung zweier verschiedener Eigenschaften erforderlich. Hier muß außer den obigen Bedingungen noch die Voraussetzung erfüllt sein, daß die Unterschiede zwischen den Eigenschaften der Bestandteile 1 und 2 bzw. 2 und 3 nicht gleich groß sein dürfen.

I. Die Bestimmung der Dichte.

Die Bestimmung der Dichte von edelgashaltigen Gemischen erfolgt in vielen Fällen nach den Methoden der Wägung, z. B. durch Absolutwägung nach der Methode von Regnault und dem Schwebewaage-Prinzip von Stock und Ritter. Für Schnellbestimmungen ist das Prinzip des Gewichtsvergleichs gleichlanger Gassäulen geeignet. Für Dichtemessungen kleiner Gasmengen wurden ferner dynamische Methoden, z. B. die Effusionsmethode von Bunsen verwendet.

1. Statische Methoden.

a) Wägungsmethode von Regnault. Die bekannte Wägemethode (nach Regnault) gehört zu den genauesten für die Dichtebestimmung herangezogenen Methoden und beruht darauf, daß ein Gasvolumen unter einem bekannten Druck und bei bekannter Temperatur in einem ausgewogenen und ausgemessenen Gefäß gewogen wird. Zur Erzielung großer Genauigkeit sind die bei dieser Methode möglichen Fehlerquellen wie Temperaturschwankungen, wechselnde Luftfeuchtigkeit, ungenaue Einstellung des Druckes beim Ausgleich mit der äußeren Atmosphäre, zu plötzlicher Druckausgleich, auszuschließen.

b) Methode von Karwat. Eine wesentliche Steigerung der Genauigkeit dieser Methode ist nach einem in neuerer Zeit von Karwat (a) angegebenen Verfahren möglich, wenn das zu untersuchende Gas in einer Menge von etwa 2 l sowie unter Druck vorhanden ist. Bei einer Abwandlung dieses Verfahrens kann letztere Bedingung entfallen, wenn das Gas leicht kondensierbar oder adsorbierbar ist.

Das Prinzip der Methode beruht auf der genauen Volumenmessung bei genau eingestellter Temperatur einer genau gewogenen Gasmenge bei einem genau einzustellenden Druck. Das Gewicht des Gases (etwa 3 bis 4 g) wird in einer verchromten Metallkugel nach Einfüllung unter einem bestimmten höheren Druck (8 kg/cm^2) bestimmt.

Das Gas wird darauf in den genau ausgemessenen Raum der Volumenmeßeinrichtung (deren Hauptraum auf 0° gekühlt ist) entspannt und schließlich das Volumen derselben mit einer Korrektureinrichtung meßbar so geändert, bis der einzustellende Druck erreicht ist. Aus Druck, Volumen und Temperatur in der Meßeinrichtung sowie dem ermittelten Gewicht errechnet sich die Dichte des Gases unter den Verhältnissen der Volumenmessung.

Steht das Gas nicht unter Druck, so füllt man die Volumenmeßapparatur bei dem dort einzustellenden Meßdruck und bringt das Gas im Anschluß hieran restlos in die evakuierte und tief gekühlte sowie zweckmäßig mit einer kleinen Menge aktiver Kohle gefüllte Metallkugel, in der es zur Wägung gelangt.

c) Schwebewaage-Methode von Stock und Ritter. Auf dem Prinzip der Wägung der verdrängten Menge eines zu untersuchenden Gases beruht die Schwebewaage-Methode von Stock und Ritter. Gemessen wird der Auftrieb, den ein abgeschlossener Hohlkörper bekannten Volumens in dem zu messenden Gas erfährt. Der Hohlkörper bildet die eine Seite eines Waagebalkens und wird durch einen Körper ähnlicher Oberfläche und ähnlichen Gewichtes auf der anderen Seite des Waagebalkens in der Schwebe gehalten. Die Auftriebsänderungen können also durch Kompensationsgewichte wieder ausgeglichen oder durch Veränderung der Federspannung angezeigt werden. Eine weitere Möglichkeit besteht in der Änderung des Druckes des zu untersuchenden Gases und schließlich in dem magnetischen Ausgleich von Lageveränderungen bzw. in der Anzeige und Messung der Kräfte, die zur Kompensierung solcher Lageveränderungen nötig sind. (Dieses Prinzip liegt einigen registrierenden Geräten des Handels zugrunde.)

d) Dichtebestimmung durch Gewichtsvergleich zweier gleichlanger Gassäulen. Eine geeignete Methode für die Messung der Dichte einer größeren Anzahl von Gasen nebeneinander beruht auf dem von Recknagel angegebenen Prinzip des Gewichtsvergleiches zweier gleichlanger *Gassäulen*, deren jede auf einen Schenkel eines Mikromanometers drückt. Die Gassäulen befinden sich in langen Rohren von 10 bis 15 m Länge, die oben gegen die Atmosphäre offen sind. Ordnet man mehrere solcher gleichlanger Rohre nebeneinander an und sorgt dafür, daß das untere Ende eines jeden nach Belieben mit einem Schenkel eines zweischenkligen Flüssigkeits-Mikromanometers verbunden werden kann, so können beliebig viele Gase kurz nacheinander (durch Betätigung von Umschalthähnen) untersucht werden (s. auch Pollitzer).

Gemessen wird bei den älteren Instrumenten der Ausschlag des Mikromanometers, bei einer schematisch dargestellten (Abb. 29) neueren von Kahle (c) angegebenen Bauart die Neigungsänderung des Manometerschenkels bis zur Kompensation des Ausschlages (Prinzip der sog. Gassäulenlibelle; s. auch Toepler).

Die Empfindlichkeit dieser Libelle kann in weiten Grenzen geändert werden und die Ablesung z. B. in Einheiten der gesuchten Dichte oder in Prozenten des

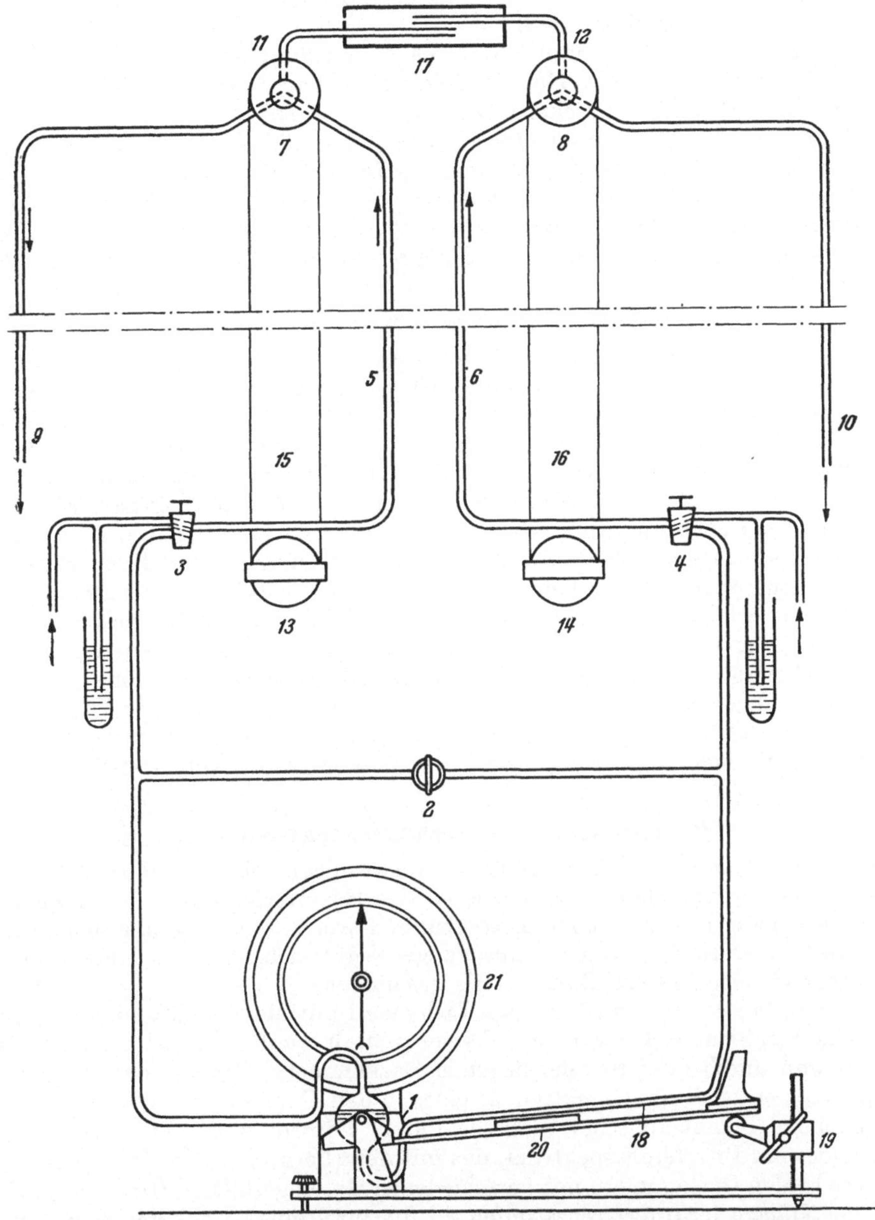

Abb. 29. Dichtemessung von Edelgasen an der Libelle (mit Gasrückführung) nach KAHLE. *1* Libelle; *2* Kurzschlußhahn; *3* und *4* Doppelweghahne fur Vergleichsgas bzw. zu messendes Gas; *5* und *6* Steigleitungen; *7* und *8* Umschalthähne; *9* und *10* Rückfuhrungsleitungen zu Gasbehältern; *11* und *12* Verbindungsleitungen zum Ausgleichsgefäß; *13* und *14* Umschalthebel; *15* und *16* Seilzugübertragung; *17* Ausgleichgefäß; *18* Meßschenkel; *19* Transportschlitten auf erster Zahnstange; *20* Nullschieber; *21* Kreisskala.

gesuchten Bestandteils einer Mischung erfolgen. (Anwendung z. B. für die Analyse von Krypton-Xenon-Sauerstoff- und Argon-Stickstoff-Sauerstoff-Gemischen).

Für jedes zu messende Gas ist eine eigene sog. Steigleitung von etwa 10 bis 15 m Höhe vorzusehen, die mit dem gemessenen Gas gespült werden muß. Bei

Umschaltung wird bei jeder dieser Gassäulen der Gasstrom abgestellt und die Verbindung mit einem Meßschenkel des Mikromanometers hergestellt. Die Steigrohre müssen von dem zu messenden Gas dauernd durchspült werden, wenn die Einrichtung jederzeit meßbereit sein soll.

Um bei kostbaren Edelgasen den durch die Spülung verursachten Verlust auszuschalten, wurde an einer Helium-Reinigungsanlage die im Schema (Abb. 29) skizzierte Einrichtung vorgesehen. Das über *3*, *5*, *7* bzw. *4*, *6*, *8* gespülte Gas wird über *9* bzw. *10* zu einem Gasometer zurückgeführt oder falls möglich dem Rohgas wieder zugesetzt. Durch Seilzugübertragung *15* bzw. *16* wird kurz vor der Messung das obere Ende der Steigleitung anstatt mit dem Gasbehälter über *11* bzw. *12* mit der Außenluft bei *17* durch einen Dreiwegschalthahn *7* bzw. *8* verbunden. Die Bedienung erfolgt vom unteren Ende der Steigleitung *5* bzw. *6* aus durch Schalthebel *13* bzw. *14*.

2. Dynamische Methoden.

a) Dichtebestimmung mittels der „Gaswippe“ nach Kahle (a). Speziell für die Analyse kleiner Mengen von kostbaren Edelgasen wurde die „Gaswippe“ konstruiert, ein Gerät, dem das Bunsensche Gesetz zugrunde liegt, daß die Strömungszeit verschiedener Gase durch enge Öffnungen sich proportional mit der Wurzel aus der Dichte ändert. Bei der Gaswippe geht das Gas nicht verloren, sondern strömt in einem Kreissystem aus einem Behälter in einen anderen von Quecksilber als Sperrflüssigkeit freigegebenen Raum ein, wobei es eine zwischen den zwei Behältern des Kreissystems gelegene Düse durchströmt. Die Strömung kann durch Schwenken der Apparatur auch in umgekehrter Richtung herbeigeführt werden, wobei erneut eine Messung erfolgt. Dieses Verfahren kann beliebig wiederholt werden. Ein feststehendes Gerät dieser Art eignet sich für den Einbau in geschlossene Apparaturen.

b) Dichtebestimmung durch Schallgeschwindigkeitsmessung. Eine genaue für Edelgasmessungen allerdings noch nicht beschriebene Methode der Dichtebestimmung beruht auf der Messung der Schallgeschwindigkeit in zwei zu vergleichenden Gasen. Theorie und Ausführungsform dieser Methode wurde von Gmelin angegeben.

II. Bestimmung des Lichtbrechungsvermögens.

Ein wenig Gas erforderndes, für Schnellmessungen sehr brauchbares Gerät zur Messung des Lichtbrechungsvermögens ist das Gasinterferometer von Haber und Löwe, das meist in seiner kurzen, tragbaren Form zur Anwendung gelangt. Das Lichtbrechungsvermögen von Gasmischungen setzt sich ebenfalls additiv aus den Brechungsvermögen seiner Bestandteile zusammen.

Aus dem auf einen Spalt fallenden Licht wird mittels eines Kollimatorrohrs ein paralleles Strahlenbüschel erzeugt. Dieses geht hierauf durch einen Doppelspalt und alsdann durch zwei parallel liegende Gaskammern. Infolge der Beugung am Doppelspalt entwirft die Objektivlinse eines in den Gang der aus den Gaskammern austretenden Strahlenbüschel eingeschalteten Fernrohrs anstatt des einfachen Spaltbildes ein Interferenzspektrum, das mit dem Fernrohrokular beobachtet wird. Sind die beiden Gaskammern mit verschiedenen Gasen gefüllt, so tritt eine Verschiebung der Nullage der Interferenzstreifen ein, die durch einen drehbaren Kompensator, dessen Drehung auf eine mit Skala versehene Trommel übertragen wird und dort abgelesen werden kann, wieder rückgängig gemacht wird. Die Größe der Verschiebung der Interferenzstreifen ist eine Funktion der optischen Weglänge bzw. des Unterschiedes der Brechungsindices des verglichenen Gaspaares. Man hat also durch eine Eichung nur festzustellen, welche Verschiebung eine bekannte Brechungsindexdifferenz bewirkt (bei konstantem Druck und konstanter Temperatur), um auf den Brechungsindex eines Gemisches Rückschlüsse ziehen zu können, das mit einem bekannten ersten Gas verglichen wird. Die Zusammensetzung dieses Gemisches kann daraus durch Anwendung der bekannten Mischungsregel ermittelt werden (siehe S. 44). Zu beachten ist hierbei der Effekt der Streifenüberschiebung [s. KARWAT (b)]. Da derselbe bei den schweren Edelgasen noch unbekannt ist, ist es zweckmäßig, die Eichungen mit den reinen im Gemisch vorkommenden Gasen vorzunehmen. Die verwendeten Gaskammern müssen bei einem zur Anwendung kommenden geringen Druck naturgemäß absolut gasdicht sein und eine genügende Länge besitzen, um auch geringe Brechungsindexdifferenzen genau anzuzeigen.

Auf die nähere Beschreibung der Apparatur und der Arbeitsweise kann hier verzichtet werden, da über die Verwendung des Gasinterferometers eine ausgedehnte Literatur vorhanden ist (vgl. HABER und LÖWE, LÖWE, RASSFELD, TAUSS und HORNUNG, sowie die Prospekte der Firma ZEISS, Jena).

III. Bestimmung der Wärmeleitfähigkeit.

Für die Registrierung ist die Wärmeleitfähigkeitsmessung besonders geeignet (s. S. 73, ferner ALLEN S. SMITH, GMELIN und GRÜSS, GRÜSS und SCHMICK, sowie SCHMICK). Zur Analyse kleinster Mengen von Edelgasgemischen wurde sie von PANETH und URRY verwendet (s. auch S. 69).

Die Methode beruht darauf, daß auch die Wärmeleitfähigkeit der Mischung sich additiv aus der Wärmeleitfähigkeit der Einzelkomponenten zusammensetzt; allerdings gilt hier im Gegensatz zu Dichte und Lichtbrechungsvermögen Additivität nicht ausnahmslos für alle Fälle. In diesen Ausnahmefällen muß daher vorherige Eichung des Gerätes mit synthetischen Gasmischungen erfolgen. Gasmischungen mit abweichendem Verhalten sind nach WACHSMUTH Argon und Helium, und nach IBBS und HIRST Argon und Wasserstoff. Für das Argon-Stickstoff-Gemisch ist zwar Additivität gegeben, aber ein nur geringer Unterschied der Wärmeleitfähigkeit der Einzelkomponenten läßt keine sehr große Genauigkeit der Bestimmung auf diesem Wege zu.

IV. Bestimmung des Dampfdruckes kondensierbarer Zweistoffgemische.

Auch die Dampfdrucke *kondensierbarer idealer* Zweistoffgemische setzen sich nach dem RAOULTschen Gesetz additiv aus den Dampfdrucken der Komponenten zusammen (s. S. 44), so daß die Dampfdruckmessung ein weiteres Hilfsmittel zur Ermittlung der Zusammensetzung von Gemischen bietet. Eine Ermittlung der Zusammensetzung von kondensierbaren binären Gemischen durch Messung ihrer Dampfdrucke wird in C § 2 bei Argon (S. 80) beschrieben.

Die Einrichtung zur Dampfdruckmessung entspricht im wesentlichen dem Aufbau der bekannten Tensionsthermometer zur Ermittlung der Temperatur auf Grund des Dampfdruckes bestimmter einheitlicher Stoffe (s. S. 80).

V. Bestimmung des Schmelzpunktes.

Für eine Reinheitskontrolle kann die Beobachtung des Schmelzpunkts (der Schmelztemperatur und des Schmelzdruckes bzw. des Tripelpunktsdruckes) verwendet werden. Als Maß für die Reinheit führten CLUSIUS und FRANK den Begriff der *Schmelzpunktsschärfe*[1] ein.

[1] Reine Substanzen schmelzen bei einer eindeutig scharfen Temperatur und bei gleichem Druck (dem Tripelpunktsdruck), wenn Schmelztemperatur und Schmelzdruck in einem gegen Wärmezustrom geschützten Gefäß gemessen werden. Verunreinigungen erniedrigen den Schmelzpunkt, der dann im Verlauf des Schmelzens um eine kleine Temperaturänderung ΔT ansteigt. Der Tripelpunktsdruck ändert sich nach der empirischen Formel

$$\Delta p = \frac{L}{R T^2} \cdot p \cdot \Delta T \approx 12\, p \frac{\Delta T}{T_e}.$$

Wird also lediglich der Druckanstieg Δp während des Schmelzens gemessen, so kann die sog. Schmelzpunktsschärfe ΔT aus der obigen Bestimmung errechnet werden. Der Versuch kann

Berechnungsmethoden zur Ermittlung der Zusammensetzung von Gemischen auf Grund der gemessenen additiven Eigenschaften.

Die allgemeingültigen, zur Anwendung kommenden Berechnungsmethoden, sollen hier kurz abgehandelt werden (s. auch EUCKEN: GMELIN und GRÜSS, a. a. O.).

Die Ausrechnung der Zusammensetzung eines aus zwei Komponenten bekannter Art mit der Dichte M_1 und M_2 bestehenden Gasgemisches mit der gemessenen Dichte M erfolgt unter Anwendung der bekannten Beziehung

$$x \cdot M_1 + (1 - x) M_2 = M.$$

Es folgt:

$$x = \frac{M - M_2}{M_1 - M_2}.$$

Hierin bedeutet x den Bruchteil (Gesamtgasmenge = 1) des Bestandteils mit der Dichte M_1 und $(1 - x)$ den Bruchteil mit der Dichte M_2. $(1 - x)$ kann bei Dreistoffgemischen auch den Anteil eines Edelgasgemisches mit der Mischdichte M_2 darstellen. Bei Vornahme von Messungen des Lichtbrechungsvermögens bzw. des Wärmeleitvermögens treten an die Stelle von M, M_1 und M_2 die entsprechenden Werte N, N_1 und N_2 für die Lichtbrechungsvermögen des Gemisches und der Bestandteile bzw. W, W_1 und W_2 für das Wärmeleitvermögen des Gemisches und der Komponenten.

Diese Beziehung kann schließlich auch auf die Errechnung der Konzentration x eines Bestandteils des *kondensierten* Gemisches aus dem Gesamtdruck der Mischung P und den Partialdrucken P_1 und P_2 der reinen Bestandteile bei der Temperatur des Gemisches angewendet werden. Auch hier gilt

$$x = \frac{P - P_2}{P_1 - P_2}.$$

Der Dampfdruck eines bei der Temperatur T kondensierten Gemisches setzt sich also additiv aus den bei gleicher Temperatur gemessenen bzw. aus einem Dampfdruckdiagramm entnommenen Dampfdrucken P_1 und P_2 der reinen Bestandteile zusammen (s. auch S. 81).

Es ist Voraussetzung für die Anwendbarkeit dieser Methode, daß das Kondensat praktisch dieselbe Zusammensetzung hat, wie das Ausgangsgas. Der dampfförmig verbliebene Rest des Gemisches darf daher nur einen geringen Bruchteil des Gesamtgemisches ausmachen, da er anders zusammengesetzt ist als das Kondensat und Zusammensetzungsänderungen bedingt. Bei geringer Kondensatmenge verbleibt ein erheblicher Bruchteil des kondensierten Gases gasförmig, so daß dieser Teil, der anders zusammengesetzt ist wie das Kondensat, eine Abweichung der Kondensatzusammensetzung von der Zusammensetzung des gesamten verdampften Gemisches bedingt. Der Kondensatdampfdruck ist daher in diesem Fall kein Maß für die Zusammensetzung des Gesamtgemisches.

Während Dichte, Wärmeleitvermögen und Brechungsvermögen der Gemische zur Analyse binärer, oder bei bekanntem Verhältnis zweier Edelgase auch ternärer Gemische aus allen Edelgasen dienen — unter der bekannten Bedingung, daß ihre genannten Eigenschaften sich genügend unterscheiden —, ist die Dampfdruckbestimmung des Gemisches naturgemäß nur für kondensierbare Edelgase anwendbar. Selbstverständlich kann an Stelle eines Edelgases auch ein Nichtedelgas treten. Eine Ermittlung der Zusammensetzung eines ternären Gemisches auf Grund zweier

---

mit 0,2 bis 0,3 cm³ festen Kondensates vorgenommen werden. Man läßt dieses zunächst in einem engen Rohr oberhalb des eigentlichen Schmelzgefäßes durch Kondensation in flüssiger Luft oder flüssigem Stickstoff entstehen. Durch Anwärmung von außen fällt das Kondensat dann herunter und schmilzt innerhalb einer halben Stunde zusammen. Bei der Bestimmung des Kryptons wurde auf diese Weise z. B. eine Schmelzpunktsschärfe von 0,017° bei beobachtetem Druckanstieg von 1 mm gefunden.

physikalischer Messungen, z. B. der Dichte und des Lichtbrechungsvermögens, kann folgendermaßen vorgenommen werden:

Es handelt sich um die Gemischbestandteile Xenon, Krypton, Argon (bzw. Argon, Neon, Helium), mit den Anteilen X bzw. Y bzw. Z an der Gesamtmenge des Gemisches (= 1), den Brechungsindices N_x bzw. N_y bzw. N_z und den Dichten M_x bzw. M_y bzw. M_z der reinen Gase. Wird der gemessene Brechungsindex des Gemisches mit N bezeichnet, die gemessene Dichte des Gemisches mit M, so gelten folgende drei Gleichungen:

$$x + y + z = 1 \tag{1}$$

$$x N_x + y N_y + z N_z = N \tag{2}$$

$$x M_x + y M_y + z M_z = M. \tag{3}$$

Aus Gl. (1) folgt die Beziehung:

$$z = 1 - y - x$$

und durch Einsetzen dieses Wertes in Gl. (2):

$$x(N_x - N_z) + y(N_y - N_z) = N - N_z. \tag{4}$$

Setzt man:

$$N_x - N_z = a$$
$$N_y - N_z = b$$
$$N - N_z = c,$$

so folgt:

$$y = \frac{c - a x}{b}. \tag{5}$$

Desgleichen folgt aus Gl. (3) nach Einsetzen des Wertes für z aus Gl. (1) und für y aus Gl. (5) die Gl. (6):

$$x(M_x - M_z) + \frac{c - a x}{b}(M_y - M_z) = M - M_z. \tag{6}$$

Setzt man

$$M_x - M_z = a'$$
$$M_y - M_z = b'$$
$$M - M_z = c',$$

so folgt:

$$x = \frac{c' - \frac{b'}{b} c}{a' - \frac{b'}{b} a}. \tag{7}$$

Setzt man $\frac{b'}{b} = b''$, so ergibt sich Gleichung

$$x = \frac{c' - b'' c}{a' - b'' a}. \tag{8}$$

An dieser Stelle sei auch auf die Anwendung Gibbsscher Dreieckskoordinaten bzw. nomographischer Verfahren verwiesen, mit deren Hilfe die Zusammensetzung ternärer Gemische auf graphischem Wege ermittelt werden kann (s. Wulff).

VI. Nachweis und Bestimmung von Verunreinigungen in Edelgasen durch die Emissionsspektralanalyse.

Für den Nachweis von Verunreinigungen in Edelgasen sind unter gewissen Bedingungen die spezifischen Methoden der Emissionsspektralanalyse geeignet, da die Nichtedelgase im Gegensatz zu den scharfen Linienspektren der Edelgase Banden oder verwaschene Spektren erzeugen und kleine Mengen von Verunreinigungen erkennen lassen:

Bei bestimmten Verunreinigungen kann die Art derselben bereits aus der oberflächlichen Betrachtung ohne Spektroskop ermittelt werden. So kann z. B. die Anwesenheit geringer Mengen von Wasserdampf bzw. Wasserstoff an der Rotfärbung des Capillarlichts bei einiger Übung erkannt werden. Stickstoff färbt das Glimmlicht schwerer Edelgase fahlorange. Quecksilber gibt dem Glimmlicht eine blauweiße Färbung. Kohlenwasserstoffe erzeugen die bekannte Querschichtung des Glimmlichts. Wasserdampf und Wasserstoff liefern dieselben Spektren, da im Emissionsspektrum des Wasserdampfs nur die Linien des Wasserstoffs deutlich erkennbar sind, so daß diese beiden Gasbestandteile nicht unterschieden werden können. Auch die Quecksilberlinien sind außerordentlich charakteristisch und häufig im Edelgasspektrum sichtbar.

Verunreinigungen wie Stickstoff werden im Spektrum durch das Auftreten der sog. Stickstoffbanden zunächst im Grün und Rot, später auch im Blau erkannt.

Die Aussagen über die Mengen der Verunreinigungen können naturgemäß nur überschläglicher Art sein. Diese Nachweisgrenze ist sowohl je nach der Art der Verunreinigungen, als auch je nach der Art der Edelgase und je nach dem Druck verschieden. Vielfach werden Verunreinigungen bei hohen Drucken besser erkannt als bei geringem Gesamtdruck, da erst von einem bestimmten Mindestdruck an die Entladung im Spektralrohr einsetzt. So werden nach Collie und Ramsay 0,42% Stickstoff im Argon bei einem Druck von 0,17 Torr nicht mehr erkannt, wohl aber nur 0,08% Stickstoff bei einem Druck von über 1 Torr.

$5 \cdot 10^{-3}$ Vol.-% Wasserstoff bzw. Kohlenwasserstoffe wurden bereits bei einem Gesamtdruck von 0,05 bis 0,08 mm Quecksilber im Argonspektrum erkennbar (Heyne). Im Helium sind $1 \cdot 10^{-3}$% Wasserstoff noch bei allen Drucken nachweisbar.

Zu berücksichtigen ist eine etwaige Gasabgabe der Wandungen und Elektroden des Spektralrohres, besonders bei starker Erwärmung desselben. Daher ist ein jeweils nur kurzer Betrieb des Rohres ratsam. Besser ist es, die Spektralrohre vorher vollständig zu entgasen. Dieses kann sehr wirksam dadurch geschehen, daß die Spektralrohre eine Zeitlang mit schweren Edelgasen betrieben werden. Bei einer Füllung mit Xenon oder Krypton auf einen Druck von 2 bis 3 mm Quecksilber tritt beim Betrieb der Spektralrohre nach einiger Zeit eine starke Erwärmung ein, während im Spektrum Verunreinigungen sichtbar werden. Evakuiert man hierauf das Spektralrohr in heißem Zustand, so bleibt bereits bei der nächsten Füllung das Spektrum sauber. Neben dem Einfluß der Erhitzung und des Vakuums, ist offenbar auch die Verdrängungswirkung der schweren Edelgase die Ursache der schnellen Entgasung, die mit leichten Edelgasen unter gleichen Bedingungen nicht so schnell zu erreichen ist.

VII. Qualitative Ermittlung der Verunreinigungen in Edelgasen durch Erzeugung von Hochfrequenzentladungen in letzteren.

Eine andere Methode zur qualitativen Ermittlung von Verunreinigungen, die sich als Schnellprüfmethode, insbesondere von edelgasgefüllten Glasbehältern bewährt, ohne Verwendung von Spektralrohren und Innenelektroden ist die Erzeugung von Hochfrequenzentladungen in Edelgasen.

Das Verfahren bedarf jedoch zur richtigen Anwendung einer größeren Übung in der Beurteilung. Verunreinigungen werden, falls durch Anwendung eines Hochfrequenzinduktors Entladungen durch den abgeschlossenen Behälter erzwungen werden, durch Änderung der Entladungsform, wie auch der Farbe der Leuchterscheinungen erkannt.

Die Hochfrequenz-Glimmentladungen haben den prinzipiellen Vorteil, daß auch die Spektrallinien von Gasen höherer Anregungsspannung neben den leicht anzuregenden Gasen im Spektrum erscheinen (von besonderem Wert, z. B. bei der spektralanalytischen Untersuchung von Quecksilberdampf-Edelgas-Mischungen in Röhrenfüllgasen [SCHOBER]).

Die Leichtigkeit, mit der die Hochfrequenzentladungen bei gegebener Spannung einsetzen, ist ein Hinweis auf die Art des Edelgases und für die Menge der Verunreinigungen. Verunreinigungen in Edelgasen verhindern den Durchgang von Entladungen.

Bei höheren, etwa 1 Atmosphäre betragenden Drucken werden die Entladungen büschelförmig, bei kleinen Drucken erscheinen sie als ein die ganze Röhre erfüllendes Glimmlicht.

Neon gibt bei niedrigen Drucken rote, Helium stahlblaue, Argon rotviolette Entladungen. Bei höheren Drucken sind die Entladungen im Neon orange, im Helium blaßgelb, im Argon hellviolett. Krypton liefert ein schönes, tiefblaues Glimmlicht bei niedrigen Drucken und kräftige blaue Funkenentladungen bei höheren Drucken, während die Xenonentladungen in bestimmten Druckgebieten (z. B. bei 80 mm Quecksilber) ein schönes grünes Glimmlicht zeigen. Stickstoffbeimengungen in Helium oder Neon geben eine deutliche Blaustichigkeit der bei Helium gelben, bei Neon orangefarbigen Entladungen. Im Spektrum der Hochfrequenzentladung können nach KLAUER in Helium 0,1% Wasserstoff, in Argon 0,5% erkannt werden. Bei außerordentlich niedrigen Drucken (bis zu 10^{-6} mm Quecksilber) soll nach PETTERSSON durch Kurzwellenbestrahlung noch eine leuchtende Gasentladung erzielt werden können.

v. ANGERER und FUNK vermochten durch Elektronenstoß Helium unter einem Druck von 0,005 mm noch zum Leuchten zu bringen, so daß eine spektroskopische Prüfung erfolgen konnte.

Anwendung einiger der angeführten physikalischen Methoden zur Bestimmung von Edelgasgruppen in Fraktionen von Edelgasgewinnungsanlagen.

Einige der angeführten Analysenmethoden (insbesondere unter 1 bis 4) werden in der edelgaserzeugenden Industrie häufig angewendet, da viele Herstellungsprozesse auf diese Weise dauernd und schnell kontrolliert werden können.

Diese Analysen werden durch das Vorkommen von Edelgasgruppen ganz bestimmter Art und das Fehlen anderer wesentlich erleichtert. Man findet z. B. in den einzelnen, im Zerlegungsapparat erhaltenen Fraktionen des edelgashaltigen Gasgemisches entweder die leichten Edelgase Helium und Neon, oder die schweren Edelgase Krypton und Xenon und somit in jedem Fall den gesamten Edelgasgehalt der Mischung.

Das in der Mitte stehende Argon wird meist mit Stickstoff und Sauerstoff zusammen bestimmt. In den an Argon angereicherten Fraktionen ist sowohl die Gruppe der leichten Edelgase als auch diejenige der schweren Edelgase praktisch abwesend (s. Abschnitt C, § 2, Argon.)

Werden die Edelgase durch Luftzerlegung gewonnen, was mit Ausnahme des Heliums meist der Fall ist, so stehen sowohl die leichten Edelgase Helium und Neon als auch die schweren Edelgase Krypton und Xenon in einem ganz bestimmten, bekannten Verhältnis zueinander. Es kann also für das jeweilige Edelgaspaar von vornherein die Dichte, die Wärmeleitfähigkeit oder das Brechungsvermögen des Gemisches angegeben werden. Tritt ein drittes (seiner Art nach bekanntes) Gas dazu, so genügt auch in diesem Falle die Bestimmung einer der erwähnten Größen für eine Aussage über den Gesamtedelgasgehalt bzw. über die Konzentration des einzelnen Edelgases. Zweckmäßig ist die Aufnahme einer Eichkurve, bei der die gemessene Größe als Funktion der prozentualen Zusammensetzung aufgetragen ist.

Bei Registrierung wird gewöhnlich nur die letztere aufgezeichnet. Im Abschnitt C wird bei der Behandlung der einzelnen Edelgase auf die einschlägigen Methoden noch zurückzukommen sein.

Vereinfachung von Gemischen mit mehr als drei Komponenten zur Ermöglichung der Analyse durch physikalische Messungen.

Besteht das Gemisch aus mehr als drei Komponenten, so kann durch Anwendung eines vereinfachten Trennverfahrens, z. B. durch fraktionierte Adsorption oder Desorption, die Zerlegung in mehrere aus zwei Komponenten bestehende Gemische bewirkt werden, von denen also zur Ermittlung der Zusammensetzung nur je eine physikalische Konstante gemessen zu werden braucht; aus der Zusammensetzung der Fraktionen kann dann auch diejenige des Ausgangsgases berechnet werden. Zum Beispiel kann Stickstoff im Gemisch mit Argon, Krypton und Xenon dadurch bestimmt werden, daß man Krypton und Xenon durch Adsorption und fraktionierte Desorption von Argon und Stickstoff abtrennt und durch die Messung einer geeigneten physikalischen Größe (z. B. der Dichte) des Argon-Stickstoff-Gemisches dessen Stickstoffgehalt ermittelt.

Auch durch chemische Verfahren kann das Gemisch so weit vereinfacht werden, daß durch eine physikalische Messung sich die Konzentration seiner Komponenten bestimmen läßt. Es ist dabei auch nicht nötig, daß man das gleiche Gemisch, dessen physikalische Eigenschaft gemessen werden soll, chemisch behandelt, sondern es genügt, die physikalische Konstante des unzerlegten Gemisches zu bestimmen und in einer abgezweigten Parallelprobe das Volumen des absorbierbaren oder brennbaren Bestandteils zu ermitteln. Dichte und Lichtbrechungsvermögen sind in derartigen Fällen zur Bestimmung der Konzentration besonders geeignet.

Ein typisches Beispiel hierfür ist die Bestimmung des Argons in einem Gemisch Sauerstoff-Stickstoff-Argon. Die Methodik ist hier die, daß eine Dichtebestimmung des Gesamtgases vorgenommen und in einer besonderen Probe Sauerstoff durch Absorption bestimmt wird (s. C § 2, II, Argon).

Bestimmung geringer Edelgasmengen durch Messung physikalischer Konstanten des angereicherten Gemisches (Anreicherungsmethoden).

Vorbemerkung. Im Abschnitt II wurde dargelegt, daß ein binäres Gemisch durch eine Messung einer seiner physikalischen Eigenschaften analysiert werden kann, daß ferner durch Messung zweier physikalischer Eigenschaften ein ternäres Gemisch und in besonderen Fällen auch ein Gemisch mit vier Bestandteilen bestimmt werden kann.

Voraussetzung für diese Messungen ist u. a. eine genügende Konzentration der Gemischteilnehmer.

Bei geringer Edelgaskonzentration muß daher eine Anreicherung durchgeführt werden. Der einfachste Fall ist der, daß ein einzelnes Edelgas mit Nichtedelgasen in größerer Menge gemischt vorliegt und daß durch die bekannten chemischen Methoden die Nichtedelgase mit Ausnahme des Stickstoffs entfernt werden. Von der Entfernung des Stickstoffs wird abgesehen, weil ein Gemisch aus einem Edelgas allein mit Stickstoff sich in einfacher Weise analysieren läßt, wenn z. B. die Dichte oder das Brechungsvermögen oder die Wärmeleitfähigkeit gemessen wird.

Unvermischt mit anderen Edelgasen kommen in der Technik meist Argon und Helium vor. Beim Argon tritt die Verunreinigung sowohl durch leichte als auch durch schwere Edelgase soweit zurück, daß sie meist vernachlässigt werden kann.

Soweit Helium allein vorkommt, stammt es in fast allen Fällen aus Erdgasen, Vulkan-, Quell- oder Grubengasen, in selteneren Fällen auch aus radioaktiven Gesteinen. Das etwa gleichzeitig in äußerst geringer Menge vorhandene Radon kann vernachlässigt werden. Da Luftbestandteile eben angeführten Naturgasen höchsten zufällig beigemischt sind, ist das Vorkommen anderer Edelgase meist ausgeschlossen.

Es genügt also zur Bestimmung von Helium bzw. Argon nach Entfernung der Nichtedelgase außer Stickstoff eine physikalische Konstante des Restgasgemisches zu ermitteln, um Rückschlüsse auf seinen Gehalt an Helium oder Argon zu ziehen.

Sowohl für die Bestimmung des Argons als auch für die des Heliums sind technische, zum Teil registrierende Methoden in Gebrauch, die nach diesem Meßprinzip arbeiten. Die nähere Beschreibung dieser Verfahren erfolgt in Abschnitt C in den von der Einzelbestimmung der betreffenden Edelgase handelnden Unterabschnitten.

Sehr kleine Edelgasmengen in großen Mengen anderer Gase sind soweit anzureichern, daß sie mit den bekannten Methoden nachgewiesen oder bestimmt werden können. Chemische Anreicherungsmethoden wurden S. 30 bereits angegeben.

1. Das Prinzip der technischen Edelgasgewinnung aus der Luft.

Ein Beispiel für die physikalische und chemische Vorbehandlung von Gemischen mit sehr geringen Edelgasgehalten zum Zweck ihrer Anreicherung gibt die Technik der Edelgasgewinnung aus Luft. Die technische Zerlegung von edelgashaltigen Gasgemischen ist in vieler Hinsicht ein Vorbild für die Ausbildung analytischer Verfahren, insbesondere derjenigen, bei denen sehr kleine Mengen von Edelgasen gefunden und vorher angereichert werden müssen. Das Prinzip der technischen Edelgasgewinnung sei daher kurz erläutert (vgl. auch CLAUDE, ferner MEISSNER sowie SIEDLER):

Das zu zerlegende Gasgemisch wird auf chemischem oder physikalischem Wege vorgereinigt und dabei von Bestandteilen, welche die Zerlegung stören, befreit, d. h. alle absorbierbaren und bei wenig erniedrigter Temperatur kondensierbaren Verunreinigungen, insbesondere Kohlendioxyd und Wasser, werden vorher ausgeschieden. Es folgt hierauf eine Abkühlung des Gasgemisches bis unter den Kondensationspunkt (der in der Technik durch Druckanwendung nach oben gerückt ist).

Je nach der Art der Zerlegungsanlage wird entweder das gesamte Gemisch oder ein größerer Bruchteil kondensiert. Falls eine Waschung mit verflüssigten Gasen vorgenommen wird, werden oft auch nur kleine Anteile des Gemisches verflüssigt. Das Kondensat oder Waschkonzentrat wird rektifiziert, wobei gleichzeitig seine Edelgasanteile angereichert werden. Die leichten Edelgase Neon und Helium werden durch vollständige Kondensation des Gesamtgemisches und anschließende Rektifikation des Kondensates in einer besonders ausgebildeten Rektifikationssäule als gasförmig verbleibende Anteile in stark angereicherter Form gewonnen, s. auch RAMSAY. Die Luft wird der Säule unter Druck stark vorgekühlt zugeführt und durch weitere Kühlung vollständig verflüssigt. Mit einem Teil der gebildeten Flüssigkeit wird die Säule berieselt, ein anderer Teil wird unter dem Kondensator flüssig entnommen. Am Kopf der Säule bleibt ein Neon-Helium-Stickstoff-Gemisch gasförmig zurück. Da die Menge der verarbeiteten Luft gemessen wird, so ist ihr Neon-Helium-Gehalt aus dem nunmehr bequem meßbaren Neon-Helium-Gehalt des Konzentrates am Kopf der Säule leicht zu errechnen, wenn dieses vollständig entnommen und gemessen wird. Auf diese Weise können vielfach unter Zuhilfenahme von Mengen- und Zusammensetzungsmessungen an den Konzentraten Analysenkontrollen durchgeführt werden.

Die Arbeitsweise bei der Gewinnung der schweren Edelgase (vgl. MEISSNER) ist die oben erwähnte Waschung des edelgashaltigen Gasgemisches mit edelgasfreien Waschflüssigkeiten und die Verarbeitung des Waschkonzentrates durch Rektifikation.

Hier wird nach Kondensation der höher siedenden Verunreinigungen wie Wasser und Kohlendioxyd, sowie nach Vorkühlung der Luft in durch kalte Zerlegungsprodukte weitgehend abgekühlten Kältespeichern eine Waschung der abgekühlten und gereinigten Luft mit edelgasfreier, verflüssigter Luft vorgenommen, die das auszuwaschende Edelgas vollkommen aufnimmt, während die Hauptmenge der gewaschenen, von Edelgas befreiten Luft abzieht. Die Waschflüssigkeit wird darauf durch Rektifikation weiter eingeengt, wobei schließlich in der sog. *ersten Anreicherungsstufe* eine Anreicherung des Kryptons und Xenons von einem Gehalt von $1:10^6$ in der Luft auf 0,1% in der Sauerstoff-Fraktion der rektifizierten, verflüssigten Luft erzielt wird.

Hierauf setzt eine chemische Behandlung des angereicherten Produktes zur Beseitigung des Methans, eines ständigen Begleiters des Kryptons ein, dessen Konzentration in der Luft zwar wechselt, aber sich etwa in der gleichen Größenordnung wie die des Kryptons hält. Die Entfernung der Kohlenwasserstoffe erfolgt, um die Bildung explosiver Gemische zu vermeiden, zusammen mit der des gelegentlich in der Luft vorkommenden Acetylens durch Verbrennen über erhitztem Kupferoxyd. Nach Entfernung der Verbrennungsprodukte wird der die Edelgase enthaltende Rückstand einer weiteren Anreicherung auf etwa 10 bis 20% in einer *zweiten Anreicherungsstufe* durch Rektifikation des durch Tiefkühlung wieder verflüssigten Gemisches unterworfen. Nach einer nochmaligen chemischen Behandlung über erhitztem Kupferoxyd — um auch die letzten Verunreinigungen, die bei der späteren Verwendung des Kryptons als Lampenfüllgas stören könnten, zu entfernen — erfolgt die letzte *Anreicherung in einer dritten Stufe* und die Gewinnung des zu 100% aus reinem Edelgas, d. h. Krypton und Xenon bestehenden Endprodukts.

Das beschriebene Verfahren läßt erkennen, in welchen Konzentrationen die Edelgase in den einzelnen Stufen anfallen und in welcher Art von Gemischen sie vorliegen. Je nachdem, ob die Probe aus dem Ausgangsgas der ersten, zweiten oder dritten Anreicherungsstufe stammt, sind Konzentrationen der schweren Edelgase von etwa 0,0001, 0,1, 10% oder praktisch 100% zu bestimmen. Die Analysenmethoden werden im einzelnen im Abschnitt C, § 3 beschrieben.

2. Anwendung des Arbeitsprinzips der technischen Edelgasgewinnung auf die Edelgasanalyse.

Die *Analyse der Edelgase nach dem Vorbild des technischen Zerlegungsverfahrens* ist für alle Edelgase durchführbar. Der Hauptwert derartiger Verfahren liegt darin, daß zur Anreicherung bestimmter Edelgasbestandteile oder Verunreinigungen in Edelgasen innerhalb verhältnismäßig kurzer Zeit große Gasmengen verarbeitet werden können. Man geht bei der Analyse also derart vor, daß große Mengen des zu untersuchenden Gasgemisches kondensiert und in einer wirksamen Rektifikationssäule unter hohem Umsatz in dieser rektifiziert werden. Zur Vermeidung von Verlusten wird die volle Leistungsfähigkeit der Säulen nicht ausgenutzt, sondern eine kleinere Gasmenge entnommen, als der theoretischen Leistung der Säule entspricht. Dieses gilt insbesondere dann, wenn die am Kopf der Säule abziehende Fraktion edelgasfrei sein soll. Auch das physikalisch schwer zu behandelnde Gemisch Argon-Stickstoff, z. B. mit geringem Stickstoffanteil, kann derart behandelt werden, daß am Kopf der Säule eine stark mit Stickstoff angereicherte Fraktion entnommen und im Anschluß daran durch eine der beschriebenen physikalischen Messungen auf ihre Zusammensetzung untersucht wird.

In der gleichen Säule können kleine Argonmengen z. B. im Sauerstoff im unteren Teil der Säule angereichert und im Anschluß daran bestimmt werden.

Dem Vorteil dieser Arbeitsweise, große Gasmengen in kurzer Zeit verarbeiten zu können, steht der Nachteil gegenüber, daß sie eine ständige Aufmerksamkeit erfordert. Der Experimentierende zieht aber meist solche Methoden vor, bei denen der Erfolg mehr von der Art der Anordnung als von der Art der Durchführung des Versuches abhängt.

So können z. B. bei der Adsorptionstrennung von Gasgemischen so viele Vorsichtsmaßregeln getroffen werden, daß auch bei nicht vollständiger Erfüllung der günstigsten Versuchsbedingungen der Analysenerfolg nicht gefährdet ist (s. Abschn. C § 3, III). Sehr zweckmäßig ist es, dem Vorbild der technischen Verfahren folgend, eine Vorkondensation des zu untersuchenden Gases vorzunehmen, das dann im Anschluß hieran über gekühlte Adsorptionsmittel fraktioniert verdampft wird. Dieses Vorgehen trägt wesentlich zur Verstärkung des Trenneffektes bei [KAHLE (b); s. Abschnitt C, § 3, „Schwere Edelgase"].

Literatur.

ALLEN, S. SMITH: Rep. of investigations, U. S. Bureau of Mines. 1934. — ANGERER, E. v. u. H. FUNK: Ph. Ch. B 20, 368 (1933).

CLAUDE, G.: Z. ges. Kälteindustrie 47, 1 (1940). — COLLIE, J. N. u. W. RAMSAY: Pr. Roy. Soc. London Ser. A 59, 257 (1895). — CLUSIUS, K. u. A. FRANK: Ph. Ch. B 34, 420 (1936).

GMELIN, P.: Mechanische Methoden, in „Der Chemie-Ingenieur", herausgegeben von A. EUCKEN u. M. JAKOB, a. a. O. S. 46ff. — GMELIN, P. u. H. GRUSS: Thermische Methoden, in dem Werk „Der Chemie-Ingenieur", herausgegeben von A. EUCKEN u. M. JAKOB, a. a. O. S. 75ff. — GRUSS, H. u. H. SCHMICK: Wiss. Veröffentl. Siemens-Konzern 7, 202 (1928).

HABER, F. u. F. LÖWE: Angew. Ch. 23, 1393 (1910). — HEYNE, G.: Z. techn. Phys. 6, 292 (1925).

IBBS, T. L. u. A. A. HIRST: Pr. Roy. Soc. London Ser. A 123, 134 (1929).

KAHLE, H.: (a) Angew. Ch. 41, 876 (1928); (b) GESELLSCHAFT FÜR LINDES EISMASCHINEN A.G., D.R.P. 588885 (1933); (c) Die im Laboratorium der GESELLSCHAFT FÜR LINDES EISMASCHINEN A.G. entstandene Arbeit ist nicht veröffentlicht. — KARWAT, E.: (a) Die chemische Fabrik 14, 432 (1941). (b) Instrumentenkunde 1933, 17 bis 21, 70 bis 78. — KLAUER, F.: Ann. Phys. [5] 20, 145 (1934).

LÖWE, F.: Phys. Z. 11, 1047 (1910).

MEISSNER, E.: Z. VDI 83, 1003 (1939).

PANETH, F. u. W. D. URRY: Mikrochemie, EMICH-Festschr. S. 233. 1930. — PETTERSSON, H.: Ber. Wien. Akad. 142 IIa, 325 (1933). — POLLITZER, F.: Angew. Ch. 37, 459 (1924).

RAMSAY, a. a. O. S. 18. — RASSFELD, P.: Angew. Ch. 40, 669 (1927). — RECKNAGEL, G.: Wied. Ann. 2, 291 (1877). — REGNAULT, V.: A. Ch. (3) 63, 45 (1861).

SCHMICK, H.: Phys. Z. 29, 633 (1928). — SCHOBER, H.: Z. techn. Phys. 16, 67 (1935). — SIEDLER, PH.: Angew. Ch. 51, 799 (1938). — STOCK, A. u. G. RITTER: Ph. Ch. 119, 333 (1926).

TAUSS, J. u. G. HORNUNG: Z. techn. Phys. 8, 388 (1927). — TOEPLER, M.: Wied. Ann. 67, 233 (1924).

WACHSMUTH, J.: Phys. Z. 9, 235 (1908). — WULFF, P.: Anwendung physikalischer Analysenverfahren in der Chemie. Munchen 1936.

B. Bestimmungsmethoden für das einzelne Edelgas im Gemisch mit anderen reinen Edelgasen.

§ 1. Bestimmungsverfahren ohne Trennung der Edelgase.

1. Ermittlung der Zusammensetzung von binären und ternären Edelgasgemischen auf Grund von physikalischen Messungen.

a) Anwendung der Rechenmethoden zur Berechnung der Zusammensetzung binärer bzw. ternärer Edelgasgemische auf Grund einer physikalischen Messung. Liegt ein Gemisch aus zwei reinen Edelgasen vor, so kommen die oben schon erwähnten Verfahren der Messung physikalischer Konstanten des Gemisches in Frage. Häufig vorkommende Gemische sind diejenigen der leichten Edelgase (Neon und Helium) und der schweren Edelgase (Krypton und Xenon), deren Zusammensetzung schnell und einfach, z. B. durch die Messung der Dichte oder des Brechungsvermögens des Gemisches ermittelt werden kann. Bei den kondensierbaren Edelgasen, insbesondere Krypton, Xenon und Argon, dürfte auch die Bestimmung des Dampfdruckes der kondensierten Mischung bei einer bekannten, konstant gehaltenen Temperatur für einzelne Fälle in Frage kommen.

In den Fraktionen der Edelgasgewinnungsanlagen ist das Verhältnis der leichten Edelgase zueinander und ebenso das der schweren Edelgase vielfach konstant. Wenn man dieses Verhältnis also einmal oder in Abständen ermittelt und bestätigt hat, können auch Gemische aus drei Edelgasen durch eine einzige physikalische Messung analysiert werden. Die Berechnung der Einzelkomponenten der Mischung auf Grund der Messung sei kurz angegeben.

Es handele sich um ein Xenon-Krypton-Argon-Gemisch. Das Verhältnis Xenon : Krypton sei $a:b$. Die Dichte der Mischung sei M_2.

Nach S. 44 ist der Argonanteil (Dichte M_1) $x = \frac{M - M_2}{M_1 - M_2}$, der Xenon-Krypton-Anteil $= 1 - x$ am Gesamtgas mit dessen gemessener Dichte M. Xenon allein macht nach obigem den Anteil $\frac{a}{a+b} \cdot (1 - x)$, Krypton den Anteil $\frac{b}{a+b}(1 - x)$ aus. Die gesuchte Mischdichte M_2 errechnet sich, wenn das Verhältnis von Xenon:Krypton $= a:b$ ist, aus $a M_{\mathrm{Xe}} + b M_{\mathrm{Kr}} = (a + b) \cdot M_2$. Es folgt $M_2 = \frac{a M_{\mathrm{Xe}} + b M_{\mathrm{Kr}}}{a+b}$ oder wenn a und b so umgerechnet werden, daß $a + b = 1$ wird $M_2 = a M_{\mathrm{Xe}} + (1 - a) M_{\mathrm{Kr}}$.

b) Anwendung der Rechenmethoden zur Berechnung der Zusammensetzung ternärer Edelgasgemische auf Grund zweier physikalischer Messungen. Will man von Schwankungen des Verhältnisses der leichten bzw. der schweren Edelgase zueinander unabhängig sein, so wird die *Messung zweier physikalisch meßbarer Eigenschaften* herangezogen, um die *Konzentration von drei Gemischbestandteilen* nach der auf S. 45 angegebenen Berechnungsweise zu ermitteln.

Beispiele für die Gemische Xenon-Krypton-Argon sowie Argon-Neon-Helium seien in der folgenden Tabelle 1 angeführt.

In der Tabelle 1 sind für die Gemische I und II die Brechungsindices sowie die Dichten mit den für die Rechnung notwendigen Differenzen dieser Werte eingetragen bzw. bereits ausgerechnet. Unter Einsatz der daraus zu entnehmenden Werte und nach Berechnung der Werte c und c' unter Verwendung der gemessenen Brechungsindices und Dichten des Gemisches errechnet sich der Anteil x an Argon aus den

Tabelle 1. Analyse ternärer Edelgasgemische auf Grund von Messungen der Dichte M bzw. des Brechungsvermögens N des Gemisches.

I. Argon — Neon — Helium
II. Xenon — Krypton — Argon

(x) (y) (z): Anteile der einzelnen Edelgase
(N_x) (N_y) (N_z): Brechungsvermögen der einzelnen Edelgase
(M_x) (M_y) (M_z): Dichten der einzelnen Edelgase.

	N_x	N_y	a	N_z	b	M_x	M_y	a'	M_z	b'	$b'' = \frac{b'}{b}$	$b''a$
I.	282,3	67,1	247,4	34,9	32,2	39,95	20,2	35,95	4,0	16,2	0,503	124,4
II.	706,6	430,8	424,3	282,3	148,5	131,9	83,88	91,95	39,95	43,93	0,296	125,4

$$a = N_x - N_z \qquad a' = M_x - M_z \qquad b'' = \frac{b'}{b}$$
$$b = N_y - N_z \qquad b' = M_y - M_z$$
$$c = N - N_z \qquad c' = M - M_z$$

Für M bzw. N sind die jeweils gemessenen Werte einzusetzen und daraus c und c' zu ermitteln. Es ist also

$$x = \frac{c' - b''c}{a' - b''a}.$$

Werten der Horizontalspalte I bzw. an Xenon aus denen der Horizontalspalte II. Der Neon- bzw. Kryptonanteil (y) wird nach der Gleichung $y = \frac{c - a\dot{x}}{b}$ durch Einsetzen des Wertes für x und schließlich der Helium- bzw. Argonanteil (z) aus der Gleichung: $z = 1 - (x + y)$ berechnet.

Auf die gleiche Weise kann die Zusammensetzung eines Krypton-Argon-Stickstoff-Gemisches ermittelt werden. Die Werte von M_x und M_z bzw. N_x und N_z ändern sich zwar nicht gleichsinnig, aber da $M_y > M_z$, und $N_y < N_z$ ist, wird b'' negativ und somit werden in der Gleichung die Minusglieder positiv.

2. Das Verfahren der Massenspektrographie von ASTON.

Unter den physikalischen Methoden zur Konzentrationsermittlung ohne Abtrennung der Edelgase in schwierig zu analysierenden Isotopengemischen ist an dieser Stelle das von ASTON entwickelte Verfahren der Massenspektrographie zu nennen, das einen bedeutsamen Fortschritt auf dem Gebiete der Isotopenforschung darstellt (vgl. EUCKEN; s. HAHN).

Während die bisher erwähnten Verfahren sich mit den Eigenschaften der Summe der Einzelmoleküle des Edelgases befassen, baut sich dieses Verfahren auf der Eigenschaft des Einzelatoms selbst auf.

Das Prinzip dieses Verfahrens ist folgendes: In einer elektrischen Entladungsröhre werden Atome der unter geringem Druck stehenden Edelgasfüllung an der Anode positiv aufgeladen und wandern als Ionenstrom in der Richtung auf die Kathode, wo ein kleiner Teil derselben durch eine enge, kanalartige Bohrung der Kathode fliegt, falls seine Flugrichtung mit der Richtung dieses Kanals zusammenfällt. Den Strom der austretenden positiv geladenen Atome oder Ionen bezeichnet man als Kanalstrahlen.

Diese unterliegen nunmehr nacheinander der Einwirkung eines elektrischen und eines magnetischen Feldes. Die Einwirkung besteht in einer Ablenkung der Ionen aus ihrer Flugrichtung, wobei diese Ablenkung um so größer ist, je kleiner deren Masse und Geschwindigkeit sind und je größer ihre Ladung ist. Das Ziel der Trennung der Atome gleicher Masse von denen anderer Masse wird — trotz der Schwierigkeit, daß Teilchen gleicher Masse verschiedene Geschwindigkeiten haben können — durch die doppelte Ablenkung erreicht. Teilchen von gleicher Masse, aber mit verschiedener Geschwindigkeit werden zwar durch die erste Ablenkung im elektrischen Feld getrennt, durch die zweite Ablenkung dagegen wieder vereinigt. Das gleiche geschieht mit der Gruppe jener Atome, die infolge ihrer anderen Masse eine andere Ablenkung erfahren und sich in einem anderen Punkt vereinigen. Die Vereinigungspunkte machen sich durch Lichtpunkte auf einer photographischen Platte bemerkbar, die in der Vereinigungsebene angebracht wird. Die Abstände dieser Lichtpunkte voneinander sind also ein eindeutiges Kennzeichen der Massenunterschiede der Atome. Aus Lage und Intensität der Lichtpunkte bzw. der Linien des Massenspektrogramms kann demnach auf die Zusammensetzung des Isotopengemisches geschlossen werden.

3. Anwendung der Emissionsspektralanalyse zur Feststellung und Bestimmung von Edelgasbestandteilen im Gemisch mit anderen Edelgasen.

Ein anderes zuverlässiges Hilfsmittel zur Feststellung der Art der Komponenten eines Edelgasgemisches ist die Emissionsspektralanalyse. Bei Abwesenheit von Nichtedelgasen, die durch Banden und verwaschene Färbung im Spektrum charakterisiert sind, ist das Edelgasspektrum durch Klarheit und Schärfe der Linien sowie durch tiefschwarze Zwischenräume ausgezeichnet. Um die Wellenlänge der charakteristischen Spektrallinien möglichst genau festzustellen und daraus Rückschlüsse auf die Zusammensetzung des Edelgases ziehen zu können, ist es daher zweckmäßig, alle Nichtedelgase in der bereits S. 16 beschriebenen Weise restlos zu entfernen. (Über die qualitative spektralanalytische Feststellung der Art der Verunreinigungen vgl. S. 55.)

Es muß an dieser Stelle auf die apparativen Voraussetzungen für die Ausführung der Spektralanalysen etwas näher eingegangen werden, zumal da gelegentlich die Anfertigung von Spektralaufnahmen zur Erfüllung bestimmter analytischer Forderungen notwendig sein wird.

Die erste Voraussetzung für die Durchführung derartiger Analysen ist das Vorhandensein einer mit hochvakuumdichten Hähnen ausgestatteten Glasapparatur mit Spektralrohr und Manometer. Zur Reinigung des zu untersuchenden Gases von dampfförmigen Verunreinigungen kann ein gekühltes Kondensationsgefäß, das im einfachsten Fall aus einem U-förmig gebogenen Glasrohr besteht, verwendet werden. Quecksilber kann durch das Zwischenschalten eines Gefäßes mit Goldfolie entfernt werden. Ferner benötigt man eine gute Hochvakuumpumpe sowie einen Transformator zur Erzeugung einer Wechselspannung von etwa 2000 Volt, die zur Ionisierung der zu untersuchenden Gase bei geringen Drucken ausreicht. Eine Hochfrequenzspule ist von Vorteil, wenn der Entladungsbereich vergrößert werden soll. Als Spektralrohr ist ein solches in der Form eines *H* zweckmäßig, wobei die senkrechten Äste aus Glaszylindern von etwa 15 mm Durchmesser bestehen, der waagerechte Balken aus einer Capillare von etwa 1 mm lichtem Durchmesser gebildet wird. Die Beobachtung des Spektrums erfolgt in der Verlängerung der Capillare, wo die höchste Lichtintensität zu erwarten ist. Die Elektroden sind am oberen Ende der beiden senkrechten Glaszylinder eingeschmolzen. Ein gebräuchliches, allerdings etwas zerstäubendes Elektrodenmaterial ist Platin; auch im Vakuum geglühtes Eisen kann verwendet werden. Aluminium und Kupfer-Elektroden wurden ebenfalls verwendet, schmelzen jedoch leicht und nehmen Hg-Dämpfe auf.

Für die Beobachtungen der Spektren genügt ein einfaches handelsübliches Handspektroskop, zweckmäßig ein solches mit Wellenlängenskala. Mit diesem leichten Instrument, das sich bequem auf einer Kamera mit doppeltem Bodenauszug befestigen läßt, können auch Spektrogramme der zu untersuchenden Gasgemische hergestellt werden.

Zur Herstellung von Spektralaufnahmen ist eine sorgfältige Vorbereitung der Apparatur notwendig, die naturgemäß absolut dicht und sauber sein muß. Vor dem Einlassen der aufzunehmenden Gase ist vollkommen auszupumpen. Da manche Elektroden hartnäckig Gase zurückhalten, die bei gewöhnlicher Temperatur auch im höchsten Vakuum nicht abgegeben werden, ist es zweckmäßig, während des Abpumpens auch zu erhitzen. Am besten füllt man eine kleine Menge Edelgas in das Spektralrohr ein und läßt Entladungen hindurchgehen, bis sich die Elektroden gut erhitzt haben, worauf man vollkommen evakuiert. Will man die Elektroden besonders gut und schnell entgasen, so kann das nach unveröffentlichten Beobachtungen von Kahle vermittels kleinster Mengen schwerer Edelgase, insbesondere Xenon, erfolgen, welche die okkludierten Gase schnell verdrängen. Pumpt man nämlich bis zur Entladefreiheit, läßt dann eine kleine Menge Xenon bis zu einem rDuck von etwa 1 mm Hg in das Spektralrohr eintreten, so beobachtet man bald eine Verunreinigung des vorher sauberen Spektrums. Pumpt man den Gasinhalt fort, sobald sich die Elektroden genügend erwärmt haben, und wiederholt diese Maßnahme noch einmal, so wird man feststellen können, daß die Verunreinigungen nahezu oder ganz verschwunden sind, gegebenenfalls wiederholt man das Verfahren noch einmal. Eine Überhitzung der Elektroden ist zu vermeiden, zumal wenn das Elektrodenmaterial Aluminium ist.

Sowohl für eine Konzentrationsermittlung der einzelnen Edelgase als auch für eine qualitative Feststellung kleiner Mengen bestimmter Edelgase ist eine Spektralaufnahme erforderlich. Sie ist mittels einer normalen Aufnahmekamera — zweckmäßig einer solchen mit doppeltem Bodenauszug — mit verhältnismäßig einfachen Mitteln möglich. Das Spektroskop wird auf der Kamera befestigt und diese in der günstigsten Stellung befestigt und so eingestellt, daß auf der Mattscheibe das scharfe Spektrum mit seiner größten Helligkeit erscheint. Zur Scharfeinstellung verändert man wie gewöhnlich die Spaltbreite am Spektroskop und die Scharfeinstellungsvorrichtung der Kamera. Die Belichtungszeit schwankt je nach Helligkeit und Anregungsbedingungen für das Spektrum, was jeweils durch Ausprobieren festzustellen ist. Die Wellenskala wird jeweils mitphotographiert, um eine Auswertung schnell vornehmen zu können.

Zur Auswertung der Aufnahmen ist die Kenntnis der Wellenlängen der wichtigsten Spektrallinien unerläßlich. Diese mittels eines Taschenspektroskopes von den reinen Edelgasen mit der oben geschilderten Einrichtung aufgenommenen Wellenlängen (nach unveröffentlichten Arbeiten von KAHLE) sind aus der nachstehenden Tabelle 2 (1. Vertikalspalte) ersichtlich.

Da die mit einem Taschenspektroskop erzielbare Genauigkeit nur etwa 1 mμ beträgt, kennzeichnet eine zweite Zahlenaufstellung die aus Literaturwerten entnommenen genauen Wellenlängen (in Å-Einheit) mit ihren Intensitätsangaben (Spalte 3 bzw. 4).

Die Auswertung wird durch die im Spektrum sichtbare Wellenlängenskala außerordentlich erleichtert. Man notiert zweckmäßig die Wellenlänge aller deutlichen

Tabelle 2. Spektrallinien der reinen Edelgase, Helium, Neon, Argon, Krypton und Xenon.

Reinheit: Höher als 99,5%, Nichtedelgase unter 0,01%. Fülldruck 4 mm; Anregung mit Hochspannungstransformator 2000 Volt, aus Wechselstrom 220 Volt 50 Perioden. Aufnahme durch Handspektroskop von LEITZ mit Wellenlängenskala, aufgesetzt auf normale Handkamera 9 × 12 mit doppeltem Bodenauszug.

Spalte 1: Vermessene Wellenlänge der Spektrallinien in mμ = Å/10 (1 mμ = 10Å).

Spalte 2: Geschätzte Intensität der Spektrallinien (0,5—10); 10 = höchste Intensitätsstufe.

Spalte 3 und 4: Literaturwerte in Å (KAYSER) nebst Intensitäten (4).

Spalte 5: Bemerkungen bezüglich der Autoren der verschiedenen Messungen (KAYSER). B = BALY; D = DEWAR; E = EDER und VALENTA; K = KAYSER; P = PASCHEN und RUNGE; W = WATSON.

1 Å/10	2	3 Å	4 Å	5	1 Å/10	2	3 Å	4	5
				Helium (4 mm Fülldruck).					
587	5	5876	10	P	434	3			
578	3				431,5	1			
576	3				418	1	4169	1	P
546	4				415,5	3			
505	3	5048	2	P	412,5	4			
501,5	4	5016	6	P	408	2			
492	4	4922	4	P	403	4			
486	2				403	6	4026	5	P
471	7	4713	1	P	401,5	1			
447	10	4472	6	P	396,5	4	3965	4	P
444	3				392	1	3927	1	P
438,5	5	4388	3	P	388	9	3889	10	P
436	6				386	1	3868	2	P
435	3								

Tabelle 2. (Fortsetzung.)

1 Å/10	2	3 Å	4 Å	5	1 Å/10	2	3 Å	4	5
				Neon (5 mm Fülldruck).					
615	1	6150	3	W	514	1			
608	1				511	1	5106	1	W
606	1	6065	3	W	506	1	5074	4	W
602	1				503	1	5039	6	W
596	2	5962	2	W	486	1	4863	3	W
594	3						4853	2	W
588	4	5869	3	W	475	1			
584	4	5853	10	W	471	3	4709	5	W
580	1	5805	5	W			4705	5	W
575	4	5748	4	W	460	0,5			
		5761	4	W	457	0,5			
570	1				454	2	4541	3	W
567	1				442,5	1			
564	2	5653	2	W	435,5	7			
555	1,5	5563	4	W	434	2			
		5539	1	W	431,5	1,5	4306	1	W
545	3	5449	2	W	428	1	4276	2	W
540	3	5401	4	W	408	2	4080		D
534	3	5331	8	W	404,5	4	4047		D
				Argon (1,5 mm Fülldruck). „Rotes“ Spektrum.					
578	3	5773	1	K	436	10	4364	4	E
576	3				435	5			
564	1	5642	2	K	434	5			
560	2	5607	8	E	433	4	4335	4	K
556	1	5559	5	K	432,5	1			
555	2				432	0,5			
549	1				431,5	4	4312	2	K
545	5	5458	4	E	430	4	4300	6	K
518	0,5				429,5	1			
516	0,5				429,0	1	4288	1	K
491	1				428,5	1			
485,5	4				427,5	3	4278	1	K
480	1				427,2	3	4272	6	K
476	0,5				426,8	3			
473,5	1				426,0	2			
472	0,5				421,12	5	4212	2	K
471	0,5						4210	2	
470	3	4703	4	K	420,2	4	4208	9	K
462 5	2	4629	3	K	419,5	4	4198	5	K
459	2				417,5	3	4182	9	E
452,5	2	4522	3	K	416,9	4	4164	5	K
451,5	4	4511	5	K	411,3	0,5			
443,5	0,5	4424	1	KK	410,8	1			
443	1				408,0	3			
440,2	1				404,7	6	4046	7	K
438	1				395,3	3			
				Krypton (1 mm Fülldruck).					
587	4	5871	1	B	451,0	5	4519	1	B
580	4				447,5	5	4475	7	B
577	3	5772	1	B	448,5	4			
565	2				442,5	0,5	4432	4	B
557	7	5570	3	B	441,8	0,5			
546	7	5468	2	B	440,8	3	4404	1	B
516	1				438,5	5	4385	1	B
492	1	4916	1	B	436	8	4356	10	B
486	1	4857	1	B	435	2			
481	1	4812	4	B	434,5	1	4344	1	B
474	1	4739	7	B	432,5	6	4323	4	B

Tabelle 2. (Fortsetzung.)

1 Å/10	2	3 Å	4 Å	5	1 Å/10	2	3 Å	4	5
Krypton (1 mm Fülldruck). (Fortsetzung.)									
471,5	1	4728	1	B	431,8	1	4318	5	B
470	1	4700	2	B	430,8	1	4305	2	B
467	2	4674	1	B	429,2	2	4295	2	B
		4681	4		427,5	4	4274	2	B
462,5	1,5	4620	1	B	428,5	5	4282	1	B
		4619	6		408,5	3	4083	4	B
458	0,5						4088	8	B
455,5	0,5	4557	4	B	405,5	6	4057	8	B
453,0	0,5								
Xenon (3 mm Fülldruck).									
576	2	5759	4	B			4652	6	B
		5777	3	B	461,5	4	4620	1	B
574	2				457,0	1	4581	1	B
544	5				452,0	2			
490	1	4920	4	B	449,5	3	4501	2	B
483	1	4823	6	B	438,0	1	4393	10	B
481,5	1	4823			435,5	8			
479,5	2	4807	1	B	434,2	1			
472,5	3	4731	3	B	433,5	1			
468,5	2	4698	5	B	420,0	4	4209	4	B
		4693	1	B	407,5	3	4056	1	B
466,0	5	4658	3	B	404,5	6	4053	2	B

Für eine Auswertung ziehe man vor allem die durch Literaturwerte bestätigten Linien heran.

Linien mit den geschätzten Intensitäten und vergleicht sie mit der Aufstellung zwecks Identifizierung[1].

Während sich auf diese Weise die Zusammensetzung von Edelgasgemischen qualitativ bequem angeben läßt, ist zur Konzentrationsbestimmung der Edelgaskomponenten eine Messung der Intensitäten ihrer Linien erforderlich, wozu sich im allgemeinen wohl die intensivsten Linien am besten eignen, zumal sie auch in größerer Verdünnung noch gut sichtbar sind. Die Analysenmethodik ist erstmals von Moureu für Gemische von Xenon, Krypton und Argon angegeben worden. Der Genannte fand, daß die Intensität der gelben Kryptonlinie 5871 und der grünen Kryptonlinie 5571 sich in regelmäßiger Weise mit der Konzentration des Kryptons ändert. Dieselbe Beziehung gilt für die blauviolette Linie 4671 des Xenons. Im einzelnen wird auf diese Untersuchungen auf S. 93 eingegangen. Bezüglich der verschiedenen Methoden der Spektrophotometrie zur quantitativen Auswertung der Linienintensitäten vgl. Kohlrausch.

Ein ganz besonders nützliches Hilfsmittel ist die Spektralanalyse bei der auf S. 91 beschriebenen Trennung der Edelgase auf physikalischem Wege. Die spektroskopische Beobachtung erlaubt es hierbei nahezu verzögerungslos den Fortschritt der Trennung des Edelgasgemisches in seine reinen Komponenten nach einer der weiter unten beschriebenen Methoden (s. S. 93) messend zu verfolgen. Die verzögerungslose Anzeige der Zusammensetzung des strömenden Gases wird einerseits durch das frühzeitige Auftreten der intensivsten Linien jedes einzelnen Edelgases, andererseits durch den niedrigen Druck bedingt, bei dem eine für die Beobachtung geeignete Entladung einsetzt. Durch zweckmäßige Formgebung und Verkleinerung des Spektralrohres sowie dadurch, daß man die Gase das Spektralrohr selbst durchströmen läßt, wird die Anzeige noch weiter beschleunigt (s. Abb. 51 und 32).

[1] Dabei beachte man, daß die Linien 546, 436, 408 und 404, die häufig erscheinen, meist Hg zugeschrieben werden müssen, und von einer Bewertung zweckmäßig ausgeschlossen werden.

Die beiden zuletzt erwähnten Verfahren geben zwar die Möglichkeit, auch geringe Konzentrationen einzelner Edelgase im Gemisch mit anderen festzustellen, dürften aber wegen apparativer Schwierigkeiten nicht überall anwendbar sein, so daß man besonders kleine Konzentrationen bestimmter Edelgase lieber abtrennt und durch Volumenmessung bestimmt (gegebenenfalls unter Zuhilfenahme der Spektralanalyse zur Identifizierung der abgetrennten Komponente).

Literatur.

ASTON, F. W.: Isotope, S. 45ff. Leipzig 1923.
EUCKEN, A.: Lehrbuch der chemischen Physik, S. 658, 688, 691. Leipzig 1930.
HAHN, O.: Angew. Ch. **41**, 516 (1928).
KAHLE, H.: Die im Laboratorium der GESELLSCHAFT FÜR LINDES EISMASCHINEN entstandene Arbeit ist nicht veröffentlicht. — KAYSER, H.: Handbuch der Spektroskopie, Berlin 1913. — KOHLRAUSCH, F.: Lehrbuch der praktischen Physik, S. 484. Leipzig 1935.

§ 2. Bestimmungsverfahren mit Abtrennung der Edelgase.

Allgemeines.

Edelgasgemische mit mehr als drei Komponenten in unbekanntem Verhältnis zueinander lassen sich außer durch Massenspektroskopie (bei Isotopengemischen) und Spektralanalyse nicht mehr ohne Abtrennung analysieren. Auch für geringe Konzentrationen eines Bestandteils eines binären oder ternären Gemisches ist zum mindesten eine teilweise Trennung zum Zwecke der Anreicherung erforderlich, wobei die schwache Komponente möglichst vollständig in einer kleinen Fraktion gesammelt wird.

Eine *Trennung durch partielle Kondensation* (von Neon-Helium-Gemischen) bei sehr tiefen Temperaturen haben MEISSNER und STEINER durchgeführt. Hierbei wird das Neon nahezu heliumfrei flüssig abgeschieden und das Helium in der Gasphase stark angereichert, da der Neondampfdruck z. B. bei der Temperatur des siedenden Wasserstoffs gering ist (37 Torr). Diese Tatsache haben die gleichen Autoren auch für die (S. 75) beschriebene Bestimmung von sehr geringen Heliumbeimengungen nach einem gleichen Verfahren benutzt. Da jedoch flüssiger Wasserstoff als Hilfsmittel bei dieser Trennungsmethode nicht allgemein zugänglich ist, so bleibt die Kondensationstrennung auf Ausnahmen beschränkt. Sie ist bei schweren Edelgasen wegen ihres gegenseitigen Lösungsbestrebens unvollständig.

Die *Trennung durch fraktionierte Verdampfung* ist aus den gleichen Gründen nur beschränkt anwendungsfähig. Als Beispiel ist weiter unten die Trennung von Krypton und Xenon geschildert.

Die *Rektifikation als analytisches Trennungsverfahren* kommt nur für die drei schweren Edelgase in Betracht, wurde aber in der Literatur bisher noch nicht beschrieben. Die vollständige Zerlegung des Gemisches in Fraktionen aus den reinen Komponenten ist nicht möglich, da sich gegen Ende der Rektifikation eine Vermischung der Restbestandteile der Komponenten nicht vermeiden läßt.

Für die Bestimmung kleiner Mengen einer Komponente oder zweier Komponenten neben einer Hauptkomponente ist die *Rektifikation als Anreicherungsmittel* in Verbindung mit physikalischer Messung der angereicherten Fraktion sehr geeignet. Dabei wird der größte Teil der Hauptkomponente rein abgetrennt, ein zweiter kleinerer Teil zusammen mit der kleinen angereicherten Komponente bestimmt.

Die allgemeinste Verwendung haben die Methoden der *Trennung durch Adsorption und fraktionierte Desorption* gefunden, deren Prinzip auf S. 58ff. eingehend beschrieben wird.

Trennungsverfahren.

1. Methode der isothermen Desorption von PETERS und WEIL.

Die Trennung eines Gemisches aus den drei häufig zusammen vorkommenden Edelgasen Xenon, Krypton und Argon nach der Methode der isothermen Desorption haben PETERS und WEIL beschrieben. Die Methode der genannten Autoren beruht auf der Beobachtung, daß bei kleinen Gasbeladungen (1 cm³/1 g Kohle) für jede Gasart erst bei bestimmten Temperaturen eine Gasabgabe durch das Adsorbens beginnt und bei bestimmten höheren Temperaturen innerhalb kürzerer Zeit vollständig ist. So wird Argon unter obigen Bedingungen zwischen — 130 und — 109,5° vol ständig abgepumpt. Die Abgabe von Krypton beginnt bei — 92°, diejenige von Xenon bei — 72°. Xenon kann erst bei Temperaturen über 0° in nicht zu langer Zeit vollständig desorbiert werden.

Das Prinzip der auf dieser Beobachtung beruhenden Analysenmethode ist folgendes: Das Gasgemisch wird zunächst bei tiefer Temperatur an einer größeren Kohlemenge in einem Bade von flüssiger Luft statisch adsorbiert, so daß 1 g Kohle mit nicht mehr als 1 cm³ Gas beladen wird. Bei einer bestimmten durch Vorversuch ermittelten Temperatur wird Argon abgesaugt und sobald keine merkliche Gasabgabe mehr erfolgt, die Temperatur auf die nächst höhere, ebenfalls vorher durch Versuch ermittelte Stufe gesteigert und das nächst höher siedende Gas abgesaugt.

Durch einen Versuch wird gezeigt, daß beim Abpumpen von Argon reines Krypton zurückbleibt und somit eine saubere Abtrennung der einzelnen Fraktionen gewährleistet ist.

Arbeitsvorschrift. Die benutzte **Apparatur** ist aus Abb. 30 ersichtlich.

In einem größeren Blockthermostaten *A* mit Heizrohr *E* (zum Durchblasen warmer Luft) und Kühltasche *C* befindet sich in einem kupfernen Gefäß *B* mit eisernen Zuleitungen eine größere Kohlemenge (38 g), die mit der Reinigungsapparatur, der Pumpe und der Meßvorrichtung für die zu entfernenden Gase verbunden werden kann. Die Temperatur des Kühlblockes wird durch ein Widerstandsthermometer in Block *A* gemessen.

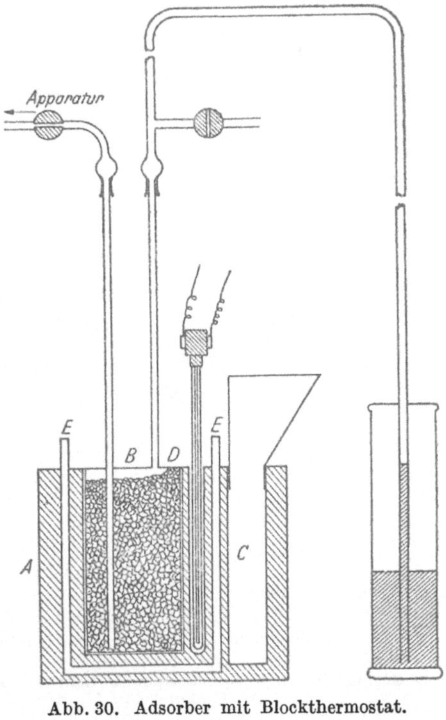

Abb. 30. Adsorber mit Blockthermostat. *A* Blockthermostat; *B* Kupfergefäß mit Aktivkohle; *C* Kühltasche; *D* Bohrung mit Widerstandsthermometer; *E* Heizkanal.

Im einzelnen geschieht die **Ausführung des Versuchs** wie folgt: Sobald die Kohle in *B* (s. Abb. 30) durch flüssige Luft auf — 190° gekühlt ist, wird das zu untersuchende Gasgemisch nach vorheriger Reinigung in der Reinigungsapparatur (Abb. 31) der Kohle zugeführt und dort vollständig adsorbiert. Die Temperatur wird nun auf — 93° gesteigert und auf dieser Temperatur konstant gehalten. Es wird Gas („Argon") abgesaugt, so lange noch eine merkliche Gasabgabe stattfindet (bis $3 \cdot 10^{-3}$ mm Quecksilber). Das abgesaugte Gas wird in einer Bürette *G* mit Quecksilber als Sperrflüssigkeit zur Messung gebracht und kann durch Einführen in eine Schwebewaage *J* (STOCK und RITTER sowie STOCK) auf seine Reinheit geprüft werden bzw. kann seine Zusammensetzung auf dem Wege über die Dichtemessung ermittelt werden.

Bemerkungen. Durch Steigerung der Temperatur auf — 73° müßte es nach den angeführten Untersuchungen gelingen, auch das Krypton durch quantitatives Absaugen rein zu gewinnen. Die Reinheit der Fraktionen wird durch Messung der Kondensatdampfdrucke kontrolliert. Bleiben diese trotz Absaugen bei einer bestimmten Temperatur konstant, so ist das Kondensat als einheitlich bzw. rein zu bezeichnen.

Die Analyse erfordert zur Ausführung der Bestimmung eines Gasbestandteils durch Absaugen einige Stunden und führt zu Resultaten, deren Genauigkeit offenbar von der genauen Einhaltung der zulässigen Beladungshöhe bzw. der Temperaturen sowie von der Genauigkeit der Druckmessungen abhängt. In einem Belegversuch wurde nach 110 Min. langem Absaugen für das abgesaugte Argon eine Dichte von 1,378 gemessen (entsprechend reinem Argon). Das noch adsorbierte Gas war zunächst noch ein Krypton-Argon-Gemisch, konnte aber nach Fortsetzung des Absaugens getrennt werden.

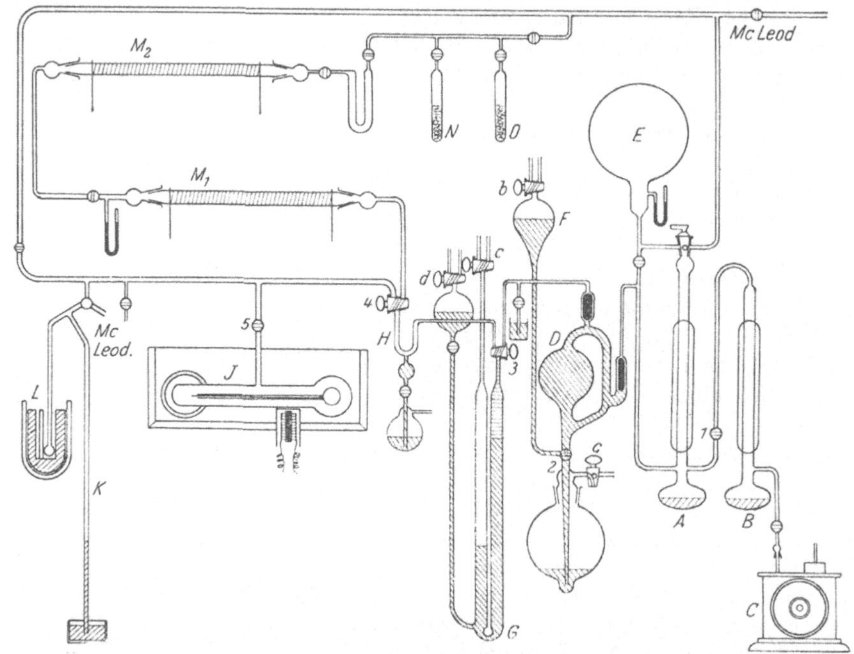

Abb. 31. Trennung von schweren Edelgasen durch isotherme Desorption nach PETERS und WEIL. *A* Diffusionspumpe; *B* und *C* Vorpumpen; *D* Quecksilberhubpumpe; *E* Dreiliterkolben; *F* Niveaugefäß; *G* Gasburette; *H* Quecksilberfalle; *J* Schwebewaage; *K* Manometer; *L* Gefaß fur Adsorptionsmessungen; M_1 Calciumrohr; M_2 Kupferrohr; *N* und *O* Rohre mit Aktivkohle.

2. Methode der Verdrängungsdesorption von KAHLE.

Die Trennung nach dem Prinzip der Verdrängungsdesorption (s. S. 37) wurde von KAHLE für technische Zwecke als Schnellmethode[1] entwickelt. Sie ist für die Trennung beliebiger Edelgasgemische geeignet. Als Beispiel soll die Trennungsmethode für ein Gemisch aller Edelgase geschildert werden.

Das Prinzip der Analyse des Gemisches der Edelgase Xenon, Krypton, Argon, Neon und Helium ist folgendes. Das abgemessene Gasgemisch wird zunächst durch ein tief gekühltes Kondensationsgefäß (78° abs.) geführt, in dem die schweren Edelgase größtenteils kondensiert werden. Die nicht kondensierten Edelgase Argon, Neon und Helium gehen durch das Aktivkohlerohr, wo Argon in einem auf etwa 163° abs. gekühlten Spiritusschmelzbad adsorbiert wird, während Neon und Helium in das letzte auf 78° abs. gekühlte Kohlerohr gelangen. Darauf wird das Kondensat fraktioniert verdampft und über die Kohle geführt, wobei das Argon teilweise verdrängt wird und gegebenenfalls seinerseits im folgenden Kohlerohr die leichten Edelgase verdrängt. Diese werden in der Reihenfolge Helium, Neon bei niedrigen

[1] Die in dem Laboratorium der GESELLSCHAFT FÜR LINDES EISMASCHINEN A.G. entstandene Arbeit ist nicht veröffentlicht.

Drucken abgesaugt, wobei der Durchbruchspunkt des nächst schwereren Edelgases im nachgeschalteten Spektralrohr erkannt wird. Die bis zum Durchbruchspunkt ausgetretenen Mengen des reinen Gases werden gemessen. Durch anschließende fortschreitende Erwärmung des ersten Kohlerohrs vom Eintrittsende her werden nacheinander Neon, Argon, Krypton und zum Schluß Xenon desorbiert.

Arbeitsvorschrift. **Apparatur.** Die für die Analyse der Edelgasgemische und besonders für deren Trennung bewährte Einrichtung zeigt Abb. 32.

1 ist das Gasmeßgefäß für das Ausgangsgas, *2* ein Kondensationsgefäß, *3* ein Überdruckmanometer, *4* ein mit etwa 20 g Adsorbens (aktiver Kohle) gefülltes zu einer Spirale aufgewundenes langes Rohr, *5* ein kleines Rohr mit etwa 2 g Adsorbens, *6* ein Spektralrohr, *7* ein McLEOD-Manometer (Übersetzung 10- bis 100fach), *8* ein

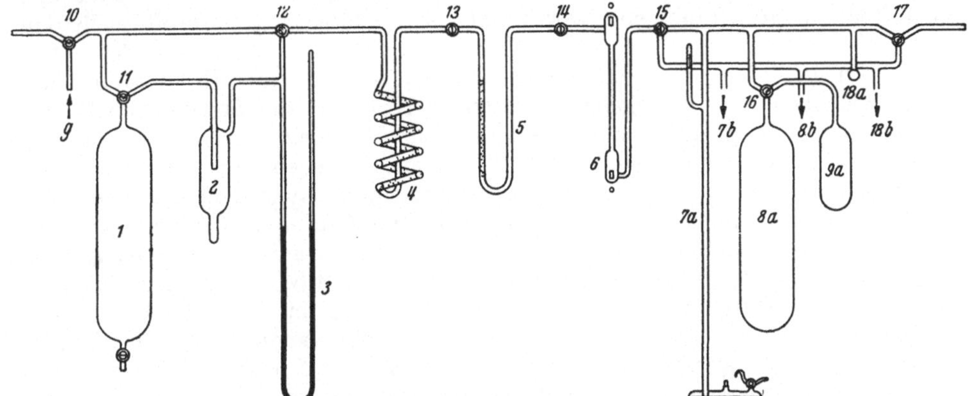

Abb. 32. Trennung von Edelgasen durch Verdrangungdesorption nach KAHLE.
1 Behälter fur Rohgas; *2* Kondensationsgefaß; *3* Manometer; *4* Rohr mit 20 g Adsorbens (Aktivkohle); *5* Rohr mit 2 g Adsorbens (Aktivkohle); *6* Spektralrohr; *7a* Manometer mit McLEOD-Ansatz; *8a* Behalter für abgesaugtes Gas; *9a* Rohr mit etwa 10 g Adsorbens; *18a* Kondensationskölbchen; *7b, 8b, 18b.* Bei diesen Ansätzen sind die gleichen wie unter *7a, 8a, 18a* angegebenen Teile in einer Parallel-Leitung angeschlossen; *10* bis *17* Hähne (bei *10* und *17* ist Vakuum angeschlossen; bei *g* Gaseinfullung).

Vorratsbehälter für das abgesaugte Gas, nebst Kondensationskolben *9*. Über zwei Hähne *10* und *17* ist die Apparatur mit einer Vakuumleitung verbunden. Die übrigen Hähne dienen zur Trennung der einzelnen Räume je nach Bedarf.

Zwischen den Hähnen *10* und *12* liegt eine Kurzschlußleitung.

Die Analyse wird wie folgt vorgenommen: Nach Ausheizen der Kohle im Vakuum und Evakuieren der Apparatur wird das zu analysierende Gas über Hahn *10* und *11* in den Kolben *1* geführt, Hahn *10* geschlossen und der Druck am Manometer *3* abgelesen. Das Kondensationsgefäß *2* und das Kohlerohr *5* kühlt man durch flüssigen Stickstoff, das Spiralkohlerohr *4* durch ein Spiritusschmelzbad (— 110°). Das abgemessene Gas wird darauf im Kondensationsgefäß *2* kondensiert, bis der Kolben *1* vollständig entleert ist oder das Manometer *3* einen konstanten Druck anzeigt (nicht kondensiertes Restgas, vor allem Ar, Ne, He). Dann wird Hahn *12* vorsichtig und langsam gegen das Rohr *4*, Hahn *13* gegen das kleine Rohr *5* geöffnet, Hahn *14* bleibt geschlossen. Die nicht kondensierten Edelgase Helium, Neon und ein großer Teil des Argons gehen nunmehr in und durch die Kohlerohre. Ist Druckausgleich eingetreten, so schließt man Hahn *12* und stellt den Restdruck in den Gefäßen *1* und *2* am Manometer *3* fest; dann wird Hahn *11* ebenfalls geschlossen. Nun öffnet man vorsichtig Hahn *14*, während die Hähne *16* und *17* noch geschlossen sind. Es erscheint, sobald der Druck etwas angestiegen ist, bei Gegenwart von Helium das Heliumspektrum. Jetzt wird Hahn *15* zu Raum *7a* usw. geöffnet. Tritt viel Helium auf, so wird über Hahn *16a* noch Raum *8a* dazugeschaltet. Nach Druckausgleich werden mittels Hahn *15* die evakuierten Räume *7b*, *8b* und *18b* angeschlossen. In

7a usw. wird der Druck gemessen. Danach werden die Räume *7a* und *8a* usw. über Hahn *17* evakuiert. Ist inzwischen in den Räumen *7b* usw. wieder Druckausgleich erfolgt und tritt weiter Helium aus, so wird wieder umgeschaltet und in derselben Reihenfolge verfahren wie oben. Treten die Linien des Neons im Spektrum auf, so wird sofort auf den evakuierten Raum umgeschaltet und der Druck im vorher angeschlossenen Raum abgelesen und notiert. Die Summe der abgelesenen Drucke ergibt nach Umrechnung die abgesaugte Heliummenge. Kleine Drucke von 1 bis 0,01 mm werden unter Benutzung des capillaren Ansatzes (s. S. 12) 10- bis 1000fach übersetzt abgelesen. Es wird nun in gleicher Weise das Neon abgesaugt bis entweder Argonlinien im Spektrum erscheinen, oder falls zu wenig Argon vorhanden ist, der Druck soweit abgesunken ist, daß ein weiteres Abpumpen zuviel Zeit erfordert. Nun wird, falls das Kondensat im Gefäß *2* noch nicht verdampft ist, das Gefäß *2* aus dem Stickstoffbad herausgenommen. Der Inhalt des Gefäßes *2* verdampft nach dem Rohr *4*.

Sobald Argonlinien im Spektrum erscheinen, schaltet man Hahn *15* um und verfährt wie oben. Der Neongehalt wird aus der Summe der abgelesenen Drucke errechnet. Dann wird Argon desorbiert und zur Beschleunigung der Desorption das Rohr *5* allmählich aus dem Stickstoffbad herausgezogen. Tritt auch bei ganz erwärmtem Rohr *5* kein Argon mehr aus, so wird unter dauerndem Absaugen über Hahn *15* unter allmählichem Herausziehen des Rohres *4* aus dem Kühlbad das Argon verdrängt, bis es vollkommen vorgetrieben ist und Kryptonlinien im Spektrum erscheinen, worauf wieder umgeschaltet und der Argongehalt bestimmt wird. Krypton wird nun bis zum Durchbruch von Xenon desorbiert. Ist bis zur vollständigen Erwärmung von Rohr *4* auf Zimmertemperatur noch kein Xenon durchgebrochen, so wird Rohr *4* auf 100° erwärmt und schließlich auch Rohr *5* fortschreitend erwärmt bis die Xenonlinien erscheinen, worauf wie oben verfahren und Krypton gemessen wird.

Bemerkungen. Die Analyse kann weiter beschleunigt werden, wenn die Fraktionen von Argon aufwärts in die gekühlten Kohlerohre *9a* bzw. *9b* abgesaugt werden, bis der Durchbruch des nächst schwereren Gases eintritt, worauf auf die Paralleleinrichtung umgeschaltet und das nächste Gas in gleicher Weise durch das hier befindliche, tiefgekühlte Kohlerohr gesaugt wird. Die Messung des adsorbierten Gases erfolgt nach Erwärmung der Kohle auf 20° und Druckmessung des in den Kolben *8* desorbierten Gases. Eine vorher aufzunehmende Adsorptionsisotherme für jede einzelne Fraktion ergibt die für den zurückgehaltenen adsorbierten Betrag einzusetzende Korrektur.

Die in Abb. 32 dargestellten bzw. angedeuteten Behälter *8a* bzw. *8b* können zur Durchführung von Dampfdruckmessungen und damit zur physikalischen Analyse der abgesaugten Fraktionen Verwendung finden.

Die **Genauigkeit** der beschriebenen Analysenmethode beträgt bezüglich Neon + Helium etwa ± 0,0003%, bezüglich Argon bzw. der übrigen Edelgase etwa ± 0,1% bezogen auf das Gesamtgas. Der Übergang von reinem Helium auf reines Neon, vom Durchbruch an gerechnet, ist bei der Schwierigkeit der Trennung dieser beiden leichten Edelgase unscharf. Etwa 50% des Heliums werden aus einem Neon-Helium-Gemisch mit 75% Neon als reines Gas abgezogen, der Rest ist zunehmend mit Neon vermischt. Es ist daher zweckmäßig, Neon und Helium gemeinsam anzugeben. Erst bei wesentlich tieferen Temperaturen sowie höherem Verhältnis Helium : Neon ist die Neon-Helium-Trennung möglich.

Bei Voraussetzung einiger Übung ist die vollständige Edelgasanalyse in 2 Std. durchführbar.

Die beschriebene Analysenmethode findet bei den Einzelanalysen, wie der Bestimmung des Heliums in Erdgas, des Helium-Neon-Gemisches in Luft, des Argon-Stickstoff-Gemisches in Krypton usw. in entsprechend abgekürzter Form Anwendung und wird unter Bezugnahme auf die im vorausgehenden dargestellte Gesamtanalyse in den einzelnen Abschnitten erwähnt werden. Die Trennung der Edelgasgemische ist in der beschriebenen Weise nicht allzu schwierig, da die Edelgase sich in ihren physikalischen Eigenschaften genügend unterscheiden.

3. Diffusionsmethode von HERTZ.

Edelgasgemische aus Komponenten mit nahe beieinanderliegenden Eigenschaften, wie z. B. die Isotopengemische, können weder durch die Adsorptions- und Desorptionsverfahren, noch durch Rektifikationsverfahren befriedigend getrennt werden. Diese Aufgabe haben erst die neueren Verfahren der Diffusionstrennung von HERTZ sowie besonders CLUSIUS zu lösen vermocht. Das von HERTZ angegebene Verfahren ist auf der Beobachtung aufgebaut, daß die Diffusionsgeschwindigkeiten verschiedener Gase durch poröse Wände in das Vakuum sich umgekehrt verhalten wie die Wurzeln

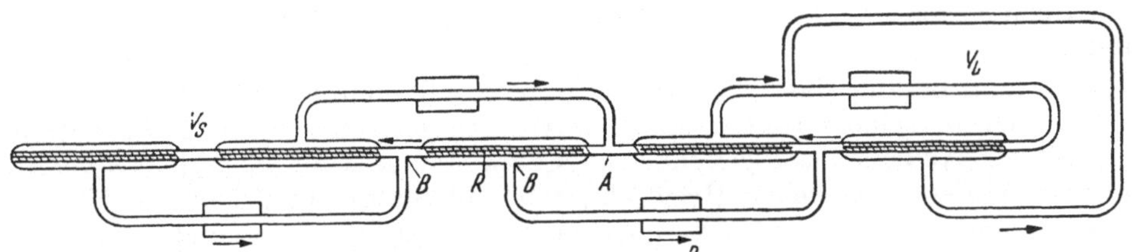

Abb. 33. Diffusionstrennung von Edelgasen nach HERTZ.
A Eintritt von Rohgas; B Absaugerohr; P Quecksilberdampfstrahlpumpe; R Tonrohre; V_S Vorratsbehalter fur die schwere Fraktion; V_L Vorratsbehälter fur die leichtere Fraktion.

aus den Molekulargewichten. Legt man um ein Rohr aus porösem Material ein konzentrisches Rohr, aus dem das hindurchdiffundierende Gas ständig abgesaugt wird, so erhält man eine Anreicherung an leichterem Gas in der abgesaugten Fraktion, während im Innern des porösen Rohres das schwerere Gas angereichert zurückbleibt.

Durch eine Aneinanderreihung mehrerer solcher Anreicherungsstufen und Rückführung des abgesaugten Gases nach einem Ende der Einrichtung (z. B. nach rechts in Abb. 33), ist es gelungen, auch schwierig zu trennende Gemische, wie Neon-Helium-Gemische und insbesondere Isotopengemische in ihre reinen Komponenten zu zerlegen bzw. in Fraktionen, die die einzelnen Komponenten weitgehend angereichert enthalten.

Der Aufbau der Apparatur geht aus der schematischen Abb. 33 hervor. Die Wirkungsweise ist durch Pfeile gekennzeichnet. Wird bei A z. B. ein Neon-Helium-Gemisch zugeführt, so ist das bei B abgesaugte Gas heliumreicher. Es wird durch eine Pumpe dem Rohr C zugeführt. Das im Mittelrohr R strömende Gas wird dagegen zunehmend neonreicher. Da das abgesaugte Gas nach rechts gepumpt wird, muß im Rohrinnern eine linksgerichtete Strömung herrschen. Um weitgehende Trennung, insbesondere von Isotopengemischen zu erzielen, läßt man die Apparatur selbsttätig arbeiten und sieht zu diesem Zweck an den bezeichneten Stellen Vorratsgefäße für das leichtere Gas (V_L) bzw. für das schwerere Gas (V_S) vor. Das Gas macht einen aus vielen Einzelkreisläufen bestehenden großen Kreislauf, wobei sich das leichte Gas infolge der jeweiligen Rückführung der leichteren Fraktionen allmählich in der rechten Apparatseite und das schwerere Gas in der linken Apparatseite anreichert.

Die aus porösem Material (Steatit) bestehenden Innenrohre haben die Abmessungen 5 · 1 · 300 mm und sind sehr feinporig. Am linken („schweren“) Ende weisen sie bei neueren Untersuchungen von HARMSEN unter Anwendung der Methode von

HERTZ auf eine kürzere Strecke eine Verengung auf etwa 3 mm auf, die eine die Trennung störende Längsdiffusion verhindern soll. Der Gesamtdruck in der Apparatur beträgt 10 mm Quecksilber. Das Absaugen erfolgt durch Quecksilberdampfstrahlpumpen.

Für die Neon-Helium-Trennung erwiesen sich 4 Rohre als ausreichend. Für die Trennung der Neon-Isotopen wurden 24 Trennungsglieder verwendet. Die erzielte Anreicherung wurde durch Beobachtung des Spektrums messend verfolgt, in dem die Isotopenfeinstruktur, die von HARMSEN gefunden wurde, den Maßstab für die Konzentration der einzelnen Komponenten bildet.

4. Trennrohrverfahren von CLUSIUS.

CLUSIUS und DICKEL (a), (b), (c), (d) bzw. CLUSIUS gelang es, mit dem Trennrohrverfahren von CLUSIUS sowohl die Isotopen des Neons, als auch die des Kryptons in hoher Reinheit abzutrennen, was bisher in diesem Maße noch nicht erreicht werden konnte.

Im Prinzip besteht das von ihm benutzte sog. Trennrohr aus einem Vertikalzylinder, der in seinem Innern einen zentral ausgespannten Heizdraht enthält, während der Außenmantel gekühlt ist [CLUSIUS und DICKEL (b)]. Durch die Temperaturdifferenz zwischen Heizdraht und Kühlmantel wird lebhafte Konvektionsströmung, und zwar aufwärts im Rohrinnern am Heizdraht und abwärts am gekühlten Rohrmantel hervorgerufen. Die beiden Gasströme verlaufen also entgegengesetzt zueinander, ohne voneinander durch eine Trennwand geschieden zu sein. Dadurch ist ein Stoffaustausch möglich. Offenbar erfolgt der Austausch der leichteren Atome bevorzugt vom absteigenden zum aufsteigenden Gasstrom und eine Diffusion der schweren Komponente zur kalten Wand sowie eine Ansammlung der leichteren Komponente am Oberteil des Trennrohres, der schweren dagegen an dessen Unterteil. Der Vorzug dieser Einrichtung besteht in dem prinzipiell einfachen Aufbau, der für alle Edelgasgemische im wesentlichen unverändert beibehalten wird. Lediglich die Länge des Trennrohres ist verschieden, ist aber weniger durch die Art des Gasgemisches, als durch die Verschiedenheit der Dichte seiner Komponenten bedingt. Je weniger verschieden diese sind, um so länger ist das Trennrohr zu wählen, und um so größer der Zeitaufwand bis zur Erzielung der gewünschten Trennung.

Die Methode bedarf wohl einer erheblichen Zeitdauer, dagegen einer sehr geringen Bedienung, da die Kreislaufströmung im Rohr vollkommen selbsttätig erfolgt.

Im übrigen ist die Entwicklung dieser Apparatur noch nicht abgeschlossen, so daß noch wesentliche Verbesserungen sowie Erweiterungen des Anwendungsbereiches erwartet werden dürfen.

5. Trennung im Glimmrohr nach SKAUPY und BOBEK.

Eine eigenartige Trennungsmethode wird von SKAUPY und BOBEK beschrieben. Die genannten Verfasser trennen binäre Edelgasgemische (Helium-Argon und Helium-Neon) in Gleichstromentladungsröhren.

Die dafür benutzte Einrichtung (s. Abb. 34) besteht aus einer mit 900 Volt Gleichstrom betriebenen Entladungsröhre von 8 mm Weite und 700 mm Länge, mit dem Gaszuführungsrohr in der Mitte der Röhre und den an den kugelförmigen Elektrodenräumen angeschlossenen TOEPLER-Pumpen zum Absaugen der abgetrennten Fraktionen.

Die Trennung erfolgt bei niedrigen Drucken von etwa 5 bis 10 mm und ist bei etwa 5 mm am wirksamsten. Die Messung der Fraktionen erfolgt bei niedrigen Drucken im Interferometer.

Eine vollkommene Trennung gelang allerdings nur in zwei Fällen. Bei 8 und 12% Argon in Helium wurde bei 4 bis 5 mm Druck ein 100%iges Helium an einem Ende der Röhre erzielt. Bei höherem Argongehalt war die Trennung unvollkommen. Die Methode ist daher für eine allgemeine Anwendung in der Analyse der Edelgase nicht ohne weiteres geeignet. Von besonderem Interesse sind die interferometrischen Gaszusammensetzungsmessungen, die bei niedrigen Drucken und mit einem sehr geringen Gasverbrauch durchgeführt wurden. Bei Anwendung längerer Gaskammern von 1 m Länge und genauer Messung der Drucke zwischen 1 und 10 mm Quecksilber

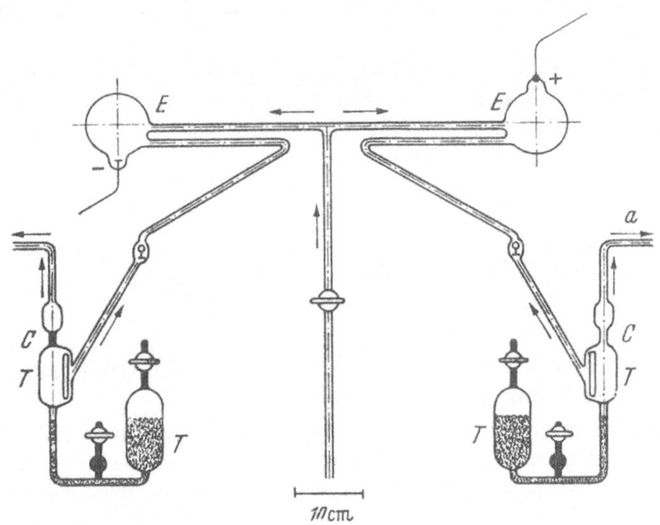

Abb. 34. Trennung von Edelgasen im Entladungsrohr nach SKAUPY und BOBEK. *E* Entladungsrohr; *T* TOEPLER-Pumpe; *C* Capillare; *a* zum Interferometer.

wird eine Fehlermöglichkeit der Analyse von $^1/_2$% angegeben. SKAUPY und BOBEK benutzten dazu das Gasinterferometer von LÖWE, in dem das S. 42 beschriebene Meßprinzip zur Anwendung gelangt.

Die Trennung eines Gemisches von 5% Helium und 95% Neon gelang vollkommen bei 2 mm Quecksilberdruck und einer Stromstärke von 1,4 Ampere, so daß im abgepumpten Neon keine Heliumlinien mehr nachzuweisen waren. (Die Nachweisgrenze wurde durch Vorversuche bei $^1/_2$% ermittelt. Ebenso konnte ein Gemisch von Helium mit 2% Neon noch vollkommen gereinigt werden. Die spektroskopische Nachweisgrenze von Neon in Helium liegt bei 0,1%.

Literatur.

CLUSIUS, K.: Angew. Ch. **51**, 831 (1938). — CLUSIUS, K. u. G. DICKEL: (a) Ph. Ch. B **48** 50 (1940); (b) B **44**, 397 (1939); (c) Naturwiss. **28**, 711 (1940); (d) **28**, 461 (1940).

HARMSEN, H.: Z. Phys. **82**, 589 (1933). — HERTZ, G.: Z. Phys. **79**, 108 (1932).

KAHLE, H.: Die im Laboratorium der GESELLSCHAFT FÜR LINDES EISMASCHINEN A.G. entstandene Arbeit ist nicht veröffentlicht.

LÖWE, F.: Phys. Z. **11**, 1047 (1910).

MEISSNER, W. u. K. STEINER: Z. f. d. gesamte Kälteindustrie **39**, 49, 75 (1932).

PETERS, K. u. K. WEIL: Ph. Ch. A **148**, 11 (1930).

SKAUPY, F. u. F. BOBEK: Z. techn. Phys. **6**, 284 (1925). — STOCK, A.: Ph. Ch. A **139**, 47 (1928). — STOCK, A. u. G. RITTER: Ph. Ch. **119**, 333 (1926).

C. Einzelbehandlung der Edelgase.

§ 1. Leichte Edelgase.

Helium.

Bestimmungsmöglichkeiten und Eignung der wichtigsten Verfahren.

Helium kommt vielfach als einziges Edelgas im Gemisch mit Nichtedelgasen vor. Die Analyse kann sowohl auf chemischem als auch auf physikalischem Wege erfolgen. Für die Reinheitsprüfung kommen u. a. die chemischen Methoden nach Abschnitt A, § 1 in Betracht.

Der große Unterschied der physikalischen Eigenschaften des Heliums gegenüber denen anderer Gase ermöglicht die Bestimmung in beliebigen Gasgemischen auf rein physikalischem Wege, in erster Linie durch die beschriebenen Adsorptions- und Desorptionsmethoden. Diese kommen vor allem dann in Frage, wenn lediglich die Gesamtsumme der Verunreinigungen interessiert. Stickstoff wird meist nach fraktionierter Adsorption bestimmt oder durch eine physikalische Messung ohne Abtrennung aus dem Gemisch ermittelt. Die beiden Methoden sind sowohl für Helium-Nichtedelgas-Gemische als auch für Gemische des Heliums mit anderen Edelgasen anwendbar.

Für die Bestimmung kleiner Heliumkonzentrationen wurde eine größere Anzahl von Analysenmethoden ausgearbeitet, in denen fast stets die fraktionierte Adsorption bzw. Desorption als Trennmittel verwendet wird.

Für Betriebsmessungen wurden Schnellmethoden und registrierende Methoden entwickelt, die im allgemeinen einen höheren Gasaufwand erfordern. Für wissenschaftliche Untersuchungen kommen unter Umständen Mikromethoden zur Anwendung.

I. Untersuchung auf Reinheit.

Häufige Verunreinigungen des Heliums sind vor allem Sauerstoff, Stickstoff und Kohlenwasserstoffe; seltener kommt Wasserstoff vor. Im Heliumspektrum sind nach Ramsay und Collie noch 0,001% Wasserstoff, 0,01% Stickstoff sowie 0,06% Argon zu erkennen (s. Spektrallinientabelle). Mit Hilfe von Kurzwellenanregung konnte Karlik in einer Quarzcapillare von 50 · 1,5 mm bei einem Gesamtdruck von 0,5 Torr noch $2{,}5 \cdot 10^{-5}$ Vol.-% Neon, $2 \cdot 10^{-4}$ Vol.-% Argon, $2 \cdot 10^{-5}$ Vol.-% Krypton und $3 \cdot 10^{-5}$ Vol.-% Xenon nachweisen.

1. Bestimmung von Stickstoff.

a) Bestimmung mit Hilfe von Adsorption und Desorption. Einer schnell durchführbaren von Kahle angegebenen Methode für die Bestimmung von kleinen Stickstoffmengen in Helium bzw. Helium-Neon-Gemischen liegt folgendes Prinzip zugrunde. Eine gemessene Menge des Edelgases (etwa 2 l) wird durch ein Gefäß mit ungefähr 2 g Kohle, das durch ein Bad von siedendem Stickstoff gekühlt wird, geführt.

Nach Beendigung des Überleitens wird das restliche Helium von der Kohle vollkommen abgesaugt. Die an der Kohle adsorbierten Gasbestandteile werden durch Erwärmen in einen größeren, ausgemessenen Raum desorbiert, und der Druck wird gemessen.

Arbeitsvorschrift. Eine zur Ausführung dieser Bestimmung geeignete *Apparatur* ist in Abb. 35 dargestellt und besteht aus folgenden Teilen:

1 ist der Vorrats- und Meßbehälter für das Ausgangs- oder Rohgas, *2* ein mit Adsorptionsmitteln gefülltes Rohr in einem Bad von flüssiger Luft, *3a* und *3b* sind Manometer und *4* ist ein Behälter für das Restgas. Die Hähne *5* und *9* dienen dem

Anschluß an die Vakuumleitung. Hahn *6* vermittelt den Zutritt des zu untersuchenden Gases über Hahn *7* zum Adsorptionsrohr *2*. Die Hähne *8* und *9* regeln den Austritt des Heliums zum Behälter *4*.

Die *Ausführung der Bestimmung* ist folgende: Das zu untersuchende Gas wird über Hahn *5* in die evakuierte Apparatur und über die durch flüssigen Stickstoff tiefgekühlte Kohle geführt, bis das gleichzeitig angeschaltete Manometer *3a* 1 Atmosphäre Druck anzeigt. Das Gas wird nunmehr unter dem Druck von 1 Atmosphäre langsam über die Kohle geführt, darauf über die Hähne *8* und *9* in den Behälter *4*

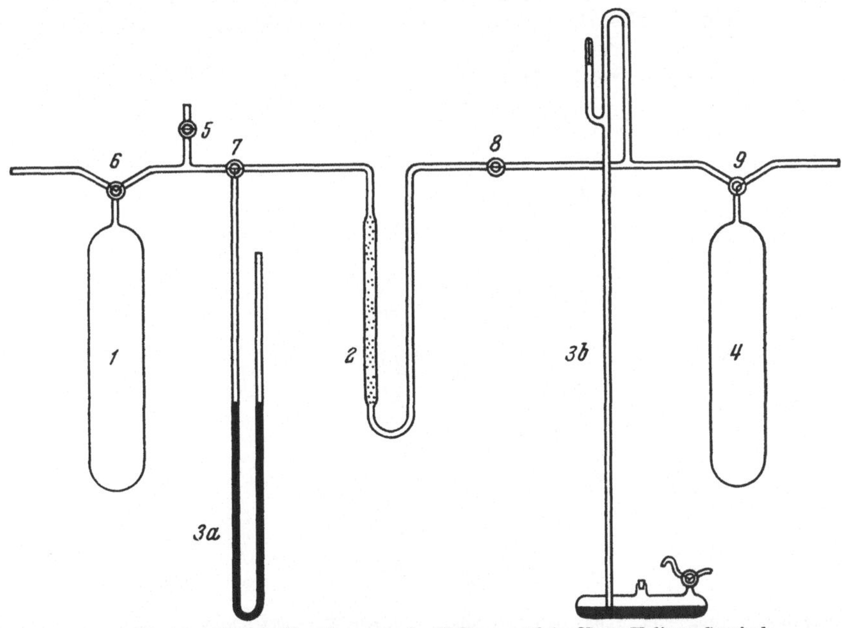

Abb. 35. Stickstoffbestimmung in Helium und in Neon-Helium-Gemisch.
1 und *4* Gasbehalter; *2* Rohr mit Adsorbens; *3a* und *3b* Manometer; *5* bis *9* Hähne; Hahn *5* bzw. *9* verbindet mit der Vakuumpumpe.

entspannt, bis auch in diesem Raum der Druck von 1 Atmosphäre, gemessen am Manometer *3*, erreicht ist. Die unter diesem Druck in den ausgemessenen Teilen *2* *3b* und *4* der Apparatur vorhandene Gasmenge wird durch einen Versuch mit reinem Helium bei gleichem Druck ermittelt. Im vorliegenden Fall kommt noch die Menge adsorbierten Stickstoffs hinzu. Um diese zu messen, wird zunächst das Edelgas bei tiefer Temperatur abgesaugt über den freien Ansatz des Hahnes *9* und, sobald Vakuum erreicht ist, Hahn *8* geschlossen, das Kohlegefäß *2* mit Manometer *3a* verbunden und die Kohle auf 20° erwärmt. Der entstehende Druck wird an Manometer *10* gemessen. Ist derselbe erheblich, so wird nach Bedarf über Hahn *6* der evakuierte und ausgemessene Behälter *1* dazugeschaltet. Ist der Druck dagegen sehr klein, so wird nach Öffnung von Hahn *8* — Hahn *9* bleibt geschlossen — das inzwischen evakuierte Manometer *3b* und gegebenenfalls Raum *4* dazugeschaltet. Eine bei 20° C aufgenommene Adsorptionsisotherme des Stickstoffs erlaubt zusammen mit der Druckmessung in den ausgemessenen Räumen eine Aussage über die Stickstoffmenge.

B e m e r k u n g e n. Kann außer Stickstoff noch ein anderes Gas, z. B. Argon, zugegen sein, so wird das adsorbierte bzw. ausgetriebene Gas mit der TOEPLER-Pumpe abgesaugt oder schneller abwechselnd in einen von den beiden jeweils evakuierten Behältern *4* bzw. *1* geführt und nach Druckausgleich der Druck gemessen. Der

Druck über dem Adsorbens wird auf diese Weise stufenweise rasch gesenkt und die Desorption vollkommen. Durch Steigerung der Kohletemperatur auf 100° C können auch leichter adsorbierbare Gasbestandteile vollständig desorbiert werden. Die gesamte adsorbierte Gasmenge wird nach Summierung der Druckmessungen in den ausgemessenen Räumen rechnerisch ermittelt.

b) Spektralanalytische Bestimmung. Spektralanalytisch kann Stickstoff in Mengen von mehr als 0,01 % bei Drucken von 3 mm nachgewiesen werden. Die Nachweisgrenze schwankt je nach Druck und Anregungsbedingungen, so daß es ratsam ist, für derartige Prüfungen unter den jeweiligen Bedingungen sich eine Vergleichsskala von Spektralröhren anzulegen, die mit synthetisch hergestellten

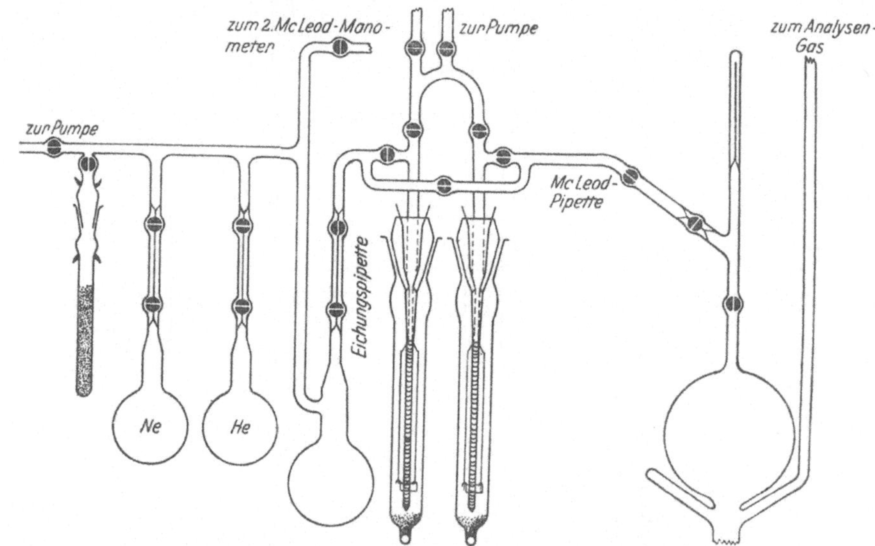

Abb. 36. Mikrobestimmung von Neon-Helium-Gemischen durch Wärmeleitfähigkeitsmessung nach PANETH und URRY.

Mischungen der jeweils in Betracht kommenden Gaspaare unter 3 mm Druck gefüllt sind und nach der Füllung zugeschmolzen und aufbewahrt werden. Neon ist noch in Konzentrationen von 0,1 % zu erkennen.

c) Bestimmung größerer Stickstoffmengen in Helium. Größere Mengen von Stickstoff (oder Edelgasen, z. B. Neon oder Argon) — wobei man wissen muß, welches Edelgas im Einzelfall vorliegt, — können durch physikalische Methoden ohne Abtrennung bestimmt werden. In erster Linie geeignet sind die Methoden der Bestimmung der Dichte und des Lichtbrechungsvermögens der Gemische. Durch Anwendung genügend empfindlicher Gasinterferometer (mit längeren Gaskammern) kann die Bestimmung des Lichtbrechungsvermögens sehr genau durchgeführt werden. Ist außer Stickstoff noch Sauerstoff zugegen, so wird derselbe in gesonderter Probe chemisch bestimmt und eine zweite sauerstofffreie Probe über das Interferometer geführt.

2. Bestimmung anderer verunreinigender Gase.

a) Bestimmung verunreinigender Nichtedelgase. Besteht die Verunreinigung aus Luft, so ist es zweckmäßig, den Sauerstoffgehalt gesondert zu ermitteln und aus diesem auf den Luftgehalt (das 4,77fache des Sauerstoffs) zu schließen. Besteht die Verunreinigung aus Sauerstoff und Stickstoff in unbekanntem Verhältnis, so ermittelt man den Sauerstoffgehalt in einer gesonderten Probe und leitet eine zweite Probe des Gases über erhitztes Kupfer in die vorher beschriebene Apparatur zur Bestimmung des Stickstoffgehalts.

Sind kleine Mengen brennbarer Gase zugegen, so bestimmt man auch diese gesondert und leitet eine neue Probe des gleichen Gases über erhitztes Kupferoxyd und Kupfer, dann durch ein Kohlendioxyd-Absorptionsmittel bzw. ein Trockenmittel in die Apparatur.

b) Bestimmung von Neon in Helium. Die Analyse von Neon-Helium-Gemischen, die in kleinsten Mengen vorliegen, wird durch PANETH und URRY beschrieben.

Mikromethode von PANETH und URRY. Die beiden Autoren wenden dazu die Methode der Wärmeleitfähigkeitsmessung von Gemischen an, von denen sie nur Mengen in der Größenordnung von 0,001 cm³ benötigen. Die Anwendung dieses Verfahrens dürfte dort Vorteile bieten, wo Edelgasgemische ohnehin in geschlossenen, vakuumdichten Apparaturen verarbeitet oder analysiert werden und im Verlauf der Trennung binäre Gemische (z. B. Zwischenfraktionen von Neon-Helium bei der Desorptionsanalyse) anfallen.

Die benutzte *Einrichtung* sowie das *Schaltschema* sind in den Abb. 36 und 37 wiedergegeben. In der Mitte der Abb. 36 befinden sich zwei genau symmetrisch angeordnete und geschaltete Hitzdrahtmanometer, von denen jedes sowohl als Kompensator als auch als Meßmanometer benutzt werden kann. Aus dem der Eichung dienenden linken Apparaturteil können beliebige Mischungen von Helium und Neon, deren Mengen man mittels der dargestellten, geeichten Meßcapillare bei den durch McLEOD-Manometer genau bestimmten Drucken dosieren und messen kann, in den mittleren Teil der Apparatur gebracht werden.

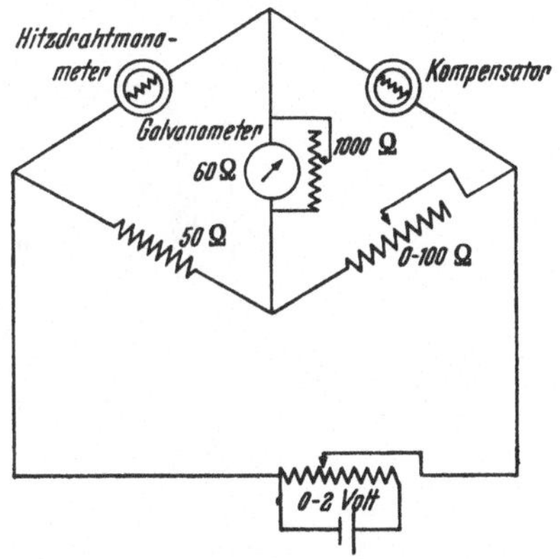

Abb. 37. Schaltschema.

Die *Eichung* erfolgt mit verschiedenen Neon-Helium-Mischungen. Für die reinen Gase sowie für die Mischungen werden die Galvanometerausschläge in Abhängigkeit vom Druck graphisch aufgetragen. Aus den verschiedenen Kennlinien für bestimmte Zusammensetzungen ergibt sich bei konstantem Druck als Kennzeichnung der Abhängigkeit des Galvanometerausschlages vom Mischungsverhältnis in der graphischen Darstellung eine gerade Linie, wodurch auch die Additivität der Eigenschaften der Komponenten bewiesen ist.

Die *Messungen* erfolgen bei Drucken zwischen 10^{-6} und 10^{-5} mm Quecksilber. Als *Genauigkeit* wird bei letzterem Druck etwa 2% der Zusammensetzung angegeben.

II. Bestimmung von Helium in Erdgasen.

Infolge der industriellen Bedeutung des Heliums als Ballonfüllgas ist die Bestimmung der kleinen Heliumkonzentrationen vor allem in Erdgasen Gegenstand zahlreicher Untersuchungen geworden. Die chemische Entfernung aller Nichtedelgase und die Messung des Heliumrestes bietet keine Vorteile und wird selten durchgeführt. Häufiger ist die Entfernung der Nichtedelgase auf physikalischem Wege und die Bestimmung des Volumens des Heliumrestes (meist auf dem Wege über die Druckmessung). In den meisten Fällen wird Helium nach Adsorption der Hauptbegleitgase im Erdgas, nämlich Stickstoff und Methan, als Rest bestimmt, der von der Kohle abgesaugt wird.

1. Bestimmung unter Messung des Restdruckes über der Kohle nach Adsorption der Nichtedelgase.

Verschiedene Forscher ermitteln nach Adsorption der Nichtedelgase den Restdruck über der Kohle, ohne das Helium abzusaugen, und überzeugen sich spektralanalytisch oder auch in anderer Weise von der Reinheit des Edelgases. Die geringe adsorbierte Edelgasmenge wird hierbei vernachlässigt, was bei sehr geringem Restdruck zugelassen werden kann.

Methode von v. Angerer und Funk. Die beiden Autoren messen den Restdruck über der Kohle nach Adsorption der Nichtedelgase und errechnen aus seinem Verhältnis zum Anfangsdruck den Heliumgehalt. Die Reinheit des restlichen Heliums wird dadurch geprüft, daß es durch Elektronenstoß zum Leuchten angeregt und spektroskopisch geprüft wird.

Die Apparatur ist aus Abb. 38 ersichtlich. Vorbereitung und Prüfung der Apparatur und der Adsorptionsmittel erfolgen in der üblichen Weise. Das Gas wird in den Raum V_1 eingeführt und nach Druckmessung und Kühlung des Kohlerohres

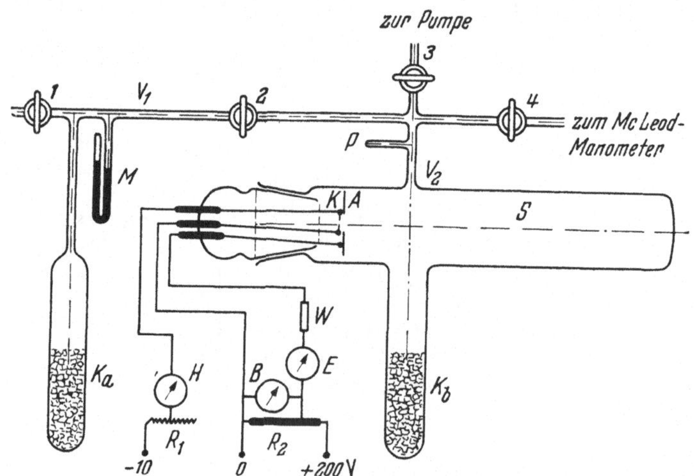

Abb. 38. Heliumbestimmung nach v. Angerer und Funk

A Anode; *B* Voltmeter; *E* 10-Ohm-Instrument fur die Messung des Elektronenstroms; *H* Amperemeter; *K* Wehnelt-Kathode; *Ka* und *Kb* Gefaße mit Aktivkohle; *P* zum Prytz-Verschluß; R_1 Widerstand; R_2 Hochohmwiderstand; *S* Elektronenstrahl; *W* Sicherheitswiderstand; *1* bis *4* Hähne.

adsorbiert. Nach Einstellung des Adsorptionsgleichgewichtes wird das McLeod-Manometer angeschlossen und der Restdruck gemessen, der sich in den Räumen V_1 und V_2 eingestellt hat. Erniedrigt sich bei der Abkühlung des zweiten Kohlegefäßes der Druck nicht merklich, so kann auf Abwesenheit anderer Gase als Helium geschlossen werden. *K* ist eine Glühkathode, die unter dem Einfluß einer Spannung von 200 Volt gegenüber der Gitteranode beschleunigte Elektronen aussendet, die ihrerseits die starke Lichtaussendung der Heliumlinie 5016 Å veranlassen. Mit dem Amperemeter *H* wird der Heizstrom der Glühkathode, mit dem Milliamperemeter *E* die Stärke des auf das Gitter der Anode treffenden Elektronenstromes (5 Milliampere) und mit dem Voltmeter *B* die am Potentiometer abgegriffene Spannung gemessen, unter deren Einfluß die Elektronen beschleunigt werden. Die Verfasser haben dabei die Beobachtung von Hanle und Larché verwendet, daß die grüne Heliumlinie 5016 Å (Termbezeichnung 2 S—3 P, Singulettlinie des Parheliums) mit der Anregungsspannung von 23 Volt bei Elektronengeschwindigkeiten von 120 bis 200 Volt das Maximum der Lichtaussendung besitzt, während alle anderen Gase unter diesen Bedingungen nur ein geringes Lichtaussendungsvermögen aufweisen. Die Heliumlinie 5016 Å ist daher auch bei einem Druck von 0,005 mm noch sehr gut sichtbar, während die normalen Spektralrohre bei derartigen Drucken nicht mehr ansprechen. Die Linien anderer Gase erscheinen erst wieder, wenn die Kathodenstrahlgeschwindigkeit auf etwa 20 Volt verringert wird, so daß es durch diese Maßnahme ermöglicht wird, Verunreinigungen zu erkennen.

Der erzeugte Elektronenstrahl wird in axialer Richtung mittels eines lichtstarken Spektrographen beobachtet; er leuchtet bei Anwesenheit von reinem Helium rein grün und läßt nur noch einige andere Heliumlinien schwach erkennen, nicht aber Linien anderer Gase.

Das beschriebene Heliumbestimmungsverfahren gibt bei niedrigen Drucken offenbar Ergebnisse genügender Genauigkeit. Bei höheren Restgasdrucken ist mit einer merklichen Heliumadsorption zu rechnen. In solchen Fällen ist es zweckmäßig, das Helium abzusaugen.

2. Bestimmung unter Absaugen des Heliums.

a) Methode von GERMANN, GAGOS und NEILSON. Ein handliches, transportables Gerät, das nach dieser Methode arbeitet, haben GERMANN, GAGOS und NEILSON (Abb. 39) entwickelt. Es besteht im wesentlichen aus einem McLEOD-Manometer, das als Pumpe und Gasbürette dient, sowie einem mit Kohle gefüllten Adsorptionsrohr *C*, das durch ein Rückschlagventil *4* gegen Quecksilberrückschlag gesichert ist. Zur Prüfung der Reinheit des Heliums dient das PLÜCKER-Rohr.

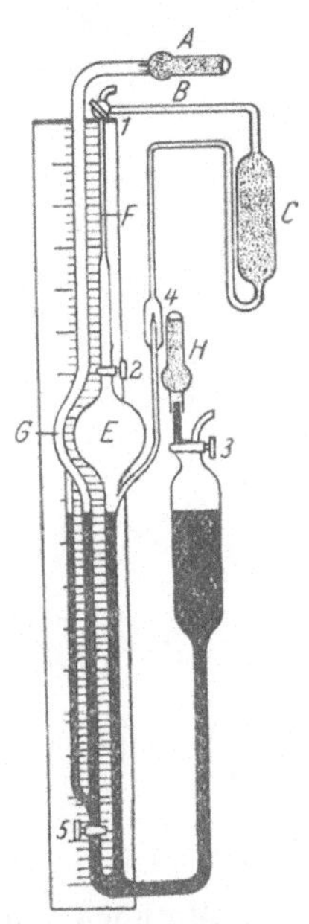

Abb. 39. Heliumbestimmung nach GERMANN, GAGOS und NEILSON.

A und *H* Chlorcalciumrohre; *B* PLÜCKER-Rohr; *C* Kohleadsorber; *E* McLEOD-Pumpe; *F* Feinmeßburette; *G* Steigrohr: *1* Verbindungshahn zur Pumpe und zur Gaseinfullung; *2* Absperrhahn fur die Feinmeßburette; *3* Doppelweghahn; *4* Hg-Rückschlagventil; *5* Hg-Absperrventil.

Nachdem das ganze System über Hahn *1* evakuiert und gleichzeitig die Kohle durch Erhitzen von Gasen befreit worden ist, erfolgt die Zuführung des Rohgases über Hahn *1* und die Messung im McLEOD-Manometer *E*. Das Kohlerohr ist dabei durch den Hahn *1* sowie das Rückschlagventil noch abgeschlossen. Es wird durch flüssige Luft gekühlt, bevor ihm das Gas über Hahn *1* zugeführt wird. Wenn die Adsorption beendigt ist, kann durch wiederholte neue Zugabe von Gas über Hahn *1* ein Vielfaches dieser Gasmenge in Anteilen auf die Kohle gebracht werden. Die Kohlemenge muß so groß bemessen werden, daß alle Nichtedelgase so restlos adsorbiert werden können, daß ihr Gleichgewichtsdruck in der Gasphase praktisch gleich Null wird. Der Restdruck wird dann nur von Helium ausgeübt, das durch Zirkulierenlassen über Kohle noch gereinigt wird. Zu diesem Zweck wird durch geeignete Stellung von Hahn *1* das Gas über das Quecksilberventil abgesaugt und über Hahn *1* wieder zugeführt.

b) Methode von CHLOPIN und LUKAŠUK. Diesem Verfahren ähnlich ist das von CHLOPIN und LUKAŠUK bereits 1925 beschriebene Verfahren.

Die benutzte Vorrichtung ist in Abb. 40 dargestellt, deren erster Teil im wesentlichen aus einem Kohlerohr zwischen zwei Hähnen *1* und *2* mit angeschlossenem PLÜCKER-Rohr *b* von 5 bis 10 cm³ Fassungsvermögen und einem Manometer *a* besteht. Der zweite Teil der Apparatur rechts vom Hahn *2* dient zur Absaugung des nichtadsorbierten Heliums mit einer McLEODschen Pumpe *B* und zur quantitativen Messung in der in $^1/_{100}$ cm³ geteilten Meßröhre *d*.

Zur Anwendung kommen etwa 100 bis 200 cm³ Gas, der Versuch dauert einschließlich Vorbereitung 3 bis 4 Std. Die Empfindlichkeit der Methode soll 0,0005 Vol.-% Helium betragen.

c) Methode von DEWAR. Prinzipiell im Vorteil sind diejenigen Verfahren, bei denen das Gas am einen Ende der Adsorbensschicht zugeführt wird, während das reine Helium am anderen Ende abgeführt wird. Derartige Bestimmungen sind schnell durchführbar, da das Gleichgewicht sich rasch einstellt. DEWAR, der als erster die Adsorptionstrennung von Gasgemischen beschrieb, hat auch dieses Prinzip der Heliumanalyse durch Adsorption im wesentlichen bereits angegeben. Er führte aus einem Behälter die Gase durch zwei gekühlte Aktivkohlerohre *2* und *3* und im Anschluß daran durch ein Spektralrohr *5* zu einem weiteren kleinen Kohlerohr *4* (s. Abb. 41).

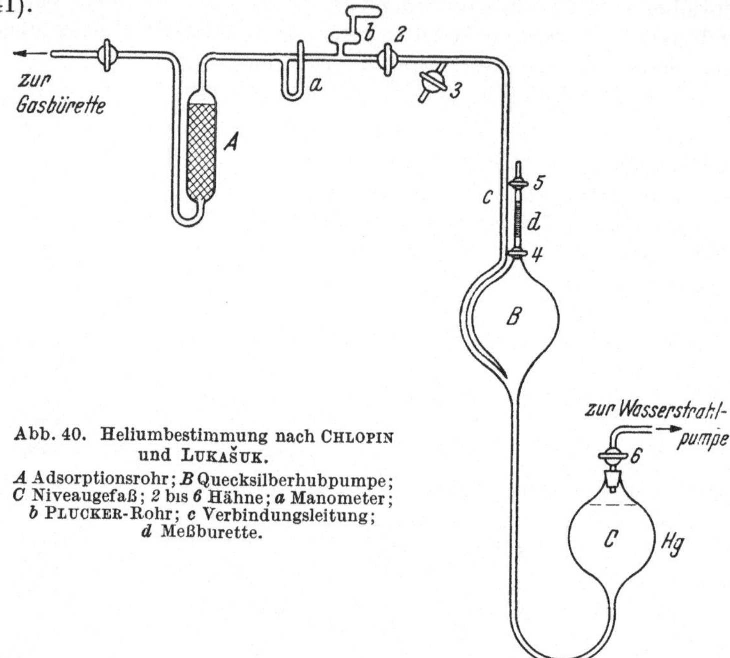

Abb. 40. Heliumbestimmung nach CHLOPIN und LUKAŠUK.
A Adsorptionsrohr; *B* Quecksilberhubpumpe; *C* Niveaugefaß; *2* bis *6* Hähne; *a* Manometer; *b* PLUCKER-Rohr; *c* Verbindungsleitung; *d* Meßburette.

d) Methode von CADY und FARLAND. Zweckmäßig, wenn auch nicht unbedingt erforderlich, ist eine Vorkondensation des Gases und die Überführung des nichtkondensierten Heliums zusammen mit den am leichtesten flüchtigen anderen Bestandteilen auf die gekühlte Kohle. In dieser Weise arbeiten CADY und MCFARLAND, die die heliumhaltigen Dämpfe aus dem Kondensat in das erste von zwei hintereinandergeschalteten, tiefgekühlten Rohren mit Aktivkohle führen. Nach einigen Minuten wird das nichtadsorbierte Gas in das zweite dahinter befindliche Kohlerohr geführt und nach weiteren 5 Min. Berührungsdauer mit dieser Kohle in einen mit einem Spektralrohr versehenen Raum geleitet und von dort aus mittels einer Wasserstrahlpumpe in ein Meßgefäß gepumpt. Wenn der Druck abgesunken ist, wird eine neue kleine Gasmenge aus dem Kondensationsgefäß in das erste Kohlerohr gebracht und der geschilderte Arbeitsgang wiederholt, bis kein Helium mehr freigemacht werden kann.

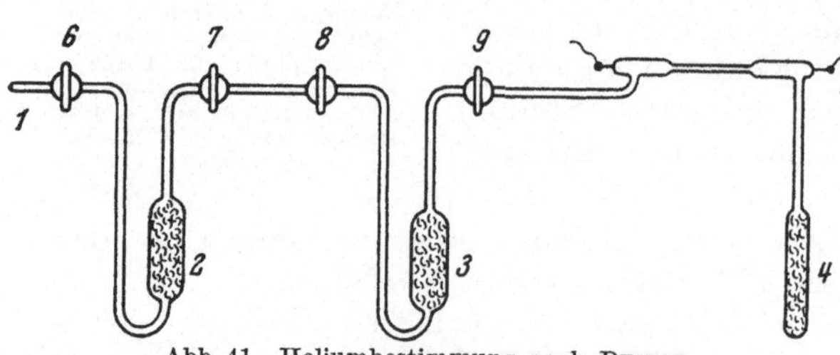

Abb. 41. Heliumbestimmung nach DEWAR.
1 Gaseinfuhrung; *2* bis *4* Kohlegefäße; *5* Spektralrohr; *6* bis *9* Hähne.

Diese etwas langwierige Arbeitsweise kann bei Benutzung der Verdrängungsdesorption und guter Vakuumpumpen wesentlich beschleunigt und die Genauigkeit der Bestimmung wesentlich erhöht werden (S. 37).

Man kondensiert zu diesem Zweck das gesamte Gas bei etwa 90° abs. und saugt das nichtkondensierte Gas aus dem Kondensat bei niedrigem Druck über eine längere, auf 90° abs. gekühlte Kohleschicht. Durch Anregung mit einem Hoch frequenzinduktor prüft man darauf den Gasraum über dem Kohleende, wo sich bei Gegenwart von Helium das charakteristische Glimmlicht des Heliums zeigt, während über der Kohleeingangsschicht ausschließlich das Stickstoffglimmlicht erscheint. Darauf führt man das nichtadsorbierte Helium zur Beobachtung durch ein Spektralrohr in einen anschließenden größeren Raum, der genau ausgemessen ist und in dem die Mengenbestimmung, wie oben beschrieben, durch Druckmessung erfolgt.

Durch Erwärmung der Kohle vom Eingangsende her und durch starke Drucksenkung wird das Helium schnell verdrängt, bis im Spektrum die ersten Stickstofflinien erscheinen, worauf die Desorption abgebrochen wird. Die Mindestmenge Helium, die für die Analyse im Erdgas benötigt wird, beträgt etwa 0,005 bis 0,01 cm³. Beträgt daher die Erdgasmenge 1 l, so kann eine Heliumkonzentration von 0,0005 bis 0,001% noch gefunden werden. (Genauigkeit etwa $\pm$ 0,0003%.) Bei einer Konzentration von 0,1% Helium im Gas werden 10 cm³ Gas, bei genaueren Bestimmungen 100 cm³ benötigt.

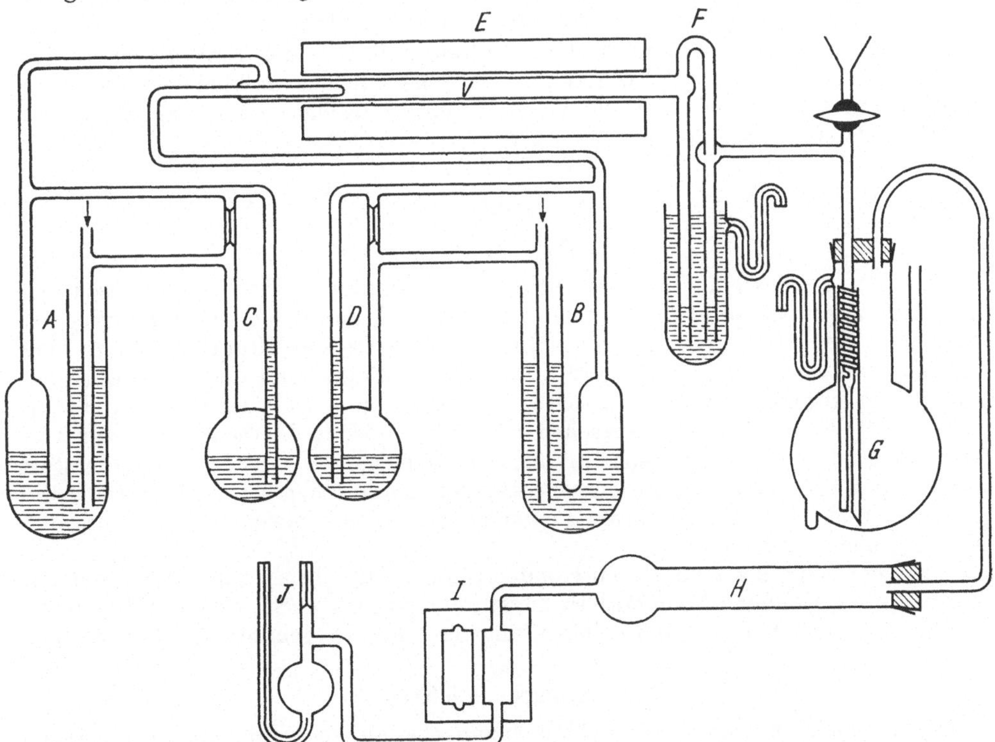

Abb. 42. Kontinuierliche Heliumbestimmung in Erdgas durch Registrierung der Wärmeleitfähigkeit nach ALLEN S. SMITH.

A und *B* Tauchvorlagen fur Sauerstoff bzw. Erdgas; *C* und *D* Strömungsmesser für Sauerstoff bzw. Erdgas; *E* Heizmantel; *F* Wasserabscheider; *G* Kohlensäureabsorber; *H* Trockenrohr; *I* Wärmeleitfahigkeitsmeßgerät; J Strömungsmesser fur das Restgas; *V* Verbrennungsrohr mit KupferII-oxyd.

III. Kontinuierliche Heliumbestimmung nach SMITH (Methode der Wärmeleitfähigkeitsmessung).

Zur kontinuierlichen Bestimmung des Heliumgehaltes in Erdgasen hat SMITH die Wärmeleitfähigkeitsmethode verwendet.

Das Arbeitsprinzip ist folgendes: Die Hauptmenge des langsam strömenden Gases, die aus Methan und Äthan besteht, wird zunächst an einem erhitzten Kobaltoxydkatalysator mit überschüssigem Sauerstoff oxydiert; hierauf werden die Verbrennungsprodukte durch Absorption entfernt (s. Abb. 42). Es bleibt ein Restgas zurück, das Helium neben überschüssigem Sauerstoff sowie den Stickstoff des Rohgases enthält. Dieses Gas wird durch eine Apparatur zur Messung und Registrierung der Wärmeleitfähigkeit von Gasen geschickt. Die Anordnung ist aus Abb. 42 ohne weiteres ersichtlich.

Da die Wärmeleitfähigkeit von Stickstoff und Sauerstoff einerseits und Helium andererseits sich erheblich unterscheiden (s. Tabelle 4, S. 96), ist eine recht genaue Bestimmung möglich, wenn die Zusammensetzung des Rohgases sich nicht ändert und die Restgasmenge konstant bleibt. Bei vorkommenden Schwankungen, insbesondere im Kohlenwasserstoffgehalt, ändert sich zwangsläufig auch der Stickstoffgehalt sowie der Sauerstoffüberschuß derart, daß eine Vermehrung des Kohlenwasserstoffgehaltes eine Verminderung des Stickstoff- und Sauerstoffgehaltes mit sich bringt. Die Folge ist eine Steigerung der relativen Heliumkonzentration im Restgas und eine Vortäuschung einer größeren Heliumkonzentration im Rohgas.

Mit Rücksicht auf derartige Möglichkeiten ist es daher erforderlich, die Apparatur von Zeit zu Zeit durch eine Einzelanalyse zu kontrollieren.

In dem von ALLEN S. SMITH dargestellten Fall war der Einfluß der an der Erdgasquelle beobachteten Schwankungen nicht erheblich, so daß bei dem von ihnen untersuchten Erdgas für die Heliumbestimmung im Rohgas eine *Genauigkeit* von $\pm$ 0,01% als erreichbar angegeben wurde.

Neon.

Allgemeines.

Neon ist fast ausschließlich atmosphärischer Herkunft. Es wird technisch aus Luft, und zwar als Nebenprodukt zusammen mit Helium bei der Luftzerlegung gewonnen. Bei der Vorzerlegung der Luft in eine Stickstofffraktion und in eine Fraktion von sauerstoffreicher Luft werden beide Fraktionen der Rektifikationssäule flüssig entnommen, während sich am Kopf der Säule (falls sie mit Einrichtung zur Neon-Helium-Gewinnung versehen ist) ein gasförmig bleibendes Polster von Stickstoff-Neon-Helium-Gemisch mit kleinen Mengen von Wasserstoff, Sauerstoff und Argon ansammelt und in Zwischenräumen entnommen wird. Höher als die genannten Gase siedende Verunreinigungen sind in Neon atmosphärischer Herkunft praktisch nicht vorhanden.

Das technisch reine, z. B. durch Kondensation bei der Temperatur des siedenden Wasserstoffs gewonnene Neon enthält meist nur Spuren von Stickstoff und Helium, auf die sich auch bei der Reinheitsprüfung das Hauptaugenmerk zu richten hat.

Bestimmungsmöglichkeiten.

Die Reinheitskontrolle wird gewöhnlich zunächst auf spektralanalytischem Wege vorgenommen. Ferner stehen für die Bestimmung von Spuren der Nichtedelgase die im Abschnitt A, § 1 beschriebenen chemischen Methoden zur Verfügung.

Kleine Mengen von Stickstoff werden in gleicher Weise wie bei Helium ermittelt.

Kleine Mengen von Helium in Neon können bei Vorhandensein von flüssigem Wasserstoff nach der Methode von MEISSNER und STEINER bestimmt werden.

Die Bestimmung größerer Stickstoff- bzw. Heliumgehalte in Neon erfolgt durch physikalische Messung von Gemischeigenschaften.

Kleinste Mengen derartiger Gemische werden nach der Mikromethode von PANETH und URRY analysiert.

Die Bestimmung kleiner Mengen von Neon bzw. von Neon-Helium-Gemischen in großer Verdünnung mit anderen Gasen erfolgt nach der S. 60 beschriebenen Desorptionsmethode.

I. Untersuchung auf Reinheit.

1. Allgemeine Untersuchungsmethoden.

a) Prüfung auf Grund der Entladungserscheinungen bei Hochfrequenzanregung. Neon in gläsernen Behältern kann durch Hochfrequenzanregung mittels Außenelektrode zum Leuchten gebracht werden und läßt durch die Farbe der Entladungen — die normalerweise ein helleres Rot mit geringem Gelbgehalt ohne jede Blaustichigkeit aufweisen — bereits eine geringe Verunreinigung erkennen.

b) Spektralanalytische Prüfung. Die spektralanalytische Reinheitskontrolle ist gewöhnlich die erste der angewendeten genauen Prüfungen, da sie verhältnismäßig schnell durchführbar ist und kleine Mengen von Verunreinigungen an ihren Spektrallinien eindeutig nachweist. Das Neonspektrum enthält im gelben und roten Gebiet eine Anzahl von Linien großer Intensität, welche die außerordentliche Leuchtkraft des Neonglimmlichtes bedingen. (Neon ist daher das begehrteste Gas für die Füllung von Leucht- und Reklameröhren. Technisch wichtig ist die Verwendung des Neons als Füllgas für Glimmlichtgleichrichter. Neon wird sowohl allein als auch im Gemisch mit anderen Edelgasen wie Helium, Argon, Krypton und Xenon verwendet.) Störende Verunreinigungen sind insbesondere solche, die die Leuchtfarbe des Neons ungünstig beeinflussen bzw. die Elektroden angreifen oder die Anregungsspannung heraufsetzen. Durch spektroskopische Prüfung wird eine Beimengung von 0,5% Helium sowie 0,3% Stickstoff gerade noch an dem Auftreten ihrer typischen Spektrallinien (s. Tabelle 2) erkannt. Die Konzentration dieser Verunreinigungen auf Grund der Intensität dieser Linien anzugeben, erfordert besondere Maßnahmen und übersteigt den Rahmen einer Reinheitskontrolle.

2. Bestimmung von Stickstoff.

Die Bestimmung von kleinen Stickstoffmengen in Neon erfolgt nach der für Helium (S. 66) beschriebenen Methode, jedoch unter Benutzung der Verdrängungsdesorption beim Absaugen des Neons. Man senkt zu diesem Zweck das Kühlbad so weit, daß nur noch $^1/_4$ des Adsorptionsrohrs eintaucht.

3. Bestimmung von Helium in Neon.

Bestimmung kleiner Heliummengen in Neon. Kleine Beimengungen von Helium in Neon bestimmen MEISSNER und STEINER in folgender Weise. Das Neon wird unter Kühlung mit flüssigem Wasserstoff kondensiert und der Dampfdruck gemessen. Ist kein Helium zugegen, so bleibt bei Verkleinerung des Dampfraumes über dem Kondensat der Druck unverändert. Bei Gegenwart von Helium steigt jedoch der Druck im Verhältnis der Volumenverkleinerung an, da offenbar die Löslichkeit des Heliums in Neon sehr klein ist. Die Verfasser geben einen Gehalt von 0,5% Helium in der bei 20,4° abs. ausgefrorenen Fraktion an. Neon ist bei der Temperatur des flüssigen Wasserstoffs (20,4° abs.) fest und hat einen Dampfdruck von 36,5 mm. Ein höherer Dampfdruck ist auf Heliumbeimengungen zurückzuführen und kann aus der beobachteten Druckerhöhung in dem bekannten ausgemessenen Raum errechnet werden.

Die *Apparatur* (Abb. 43) besteht aus einem kleinen Kondensationskölbchen mit einem angeschlossenen etwas größeren Gefäß, dessen Volumen durch aufsteigendes Quecksilber verkleinert werden kann und das mit einem Manometer verbunden ist. Der Heliumgehalt errechnet sich aus dem Verhältnis des Helium-Partialdruckes zum Gesamtdruck der unkondensierten Mischung.

Für die Methode wird die außerordentlich hohe *Empfindlichkeit* von $3 \cdot 10^{-6}$ Volumenteilen Helium in Neon angegeben. Etwa 350 cm³ des zu untersuchenden Gases werden für eine Bestimmung benötigt.

Für Mikrobestimmungen von Neon-Helium-Gemischen kann die bereits S. 73 beschriebene Wärmeleitfähigkeitsmethode herangezogen werden.

Übersteigt die Konzentration eines Bestandteils in Neon-Helium- oder Neon-Stickstoff-Gemischen den Wert von 1% wesentlich, so ist sowohl die Messung der Dichte als auch des Lichtbrechungsvermögens des Gemisches geeignet.

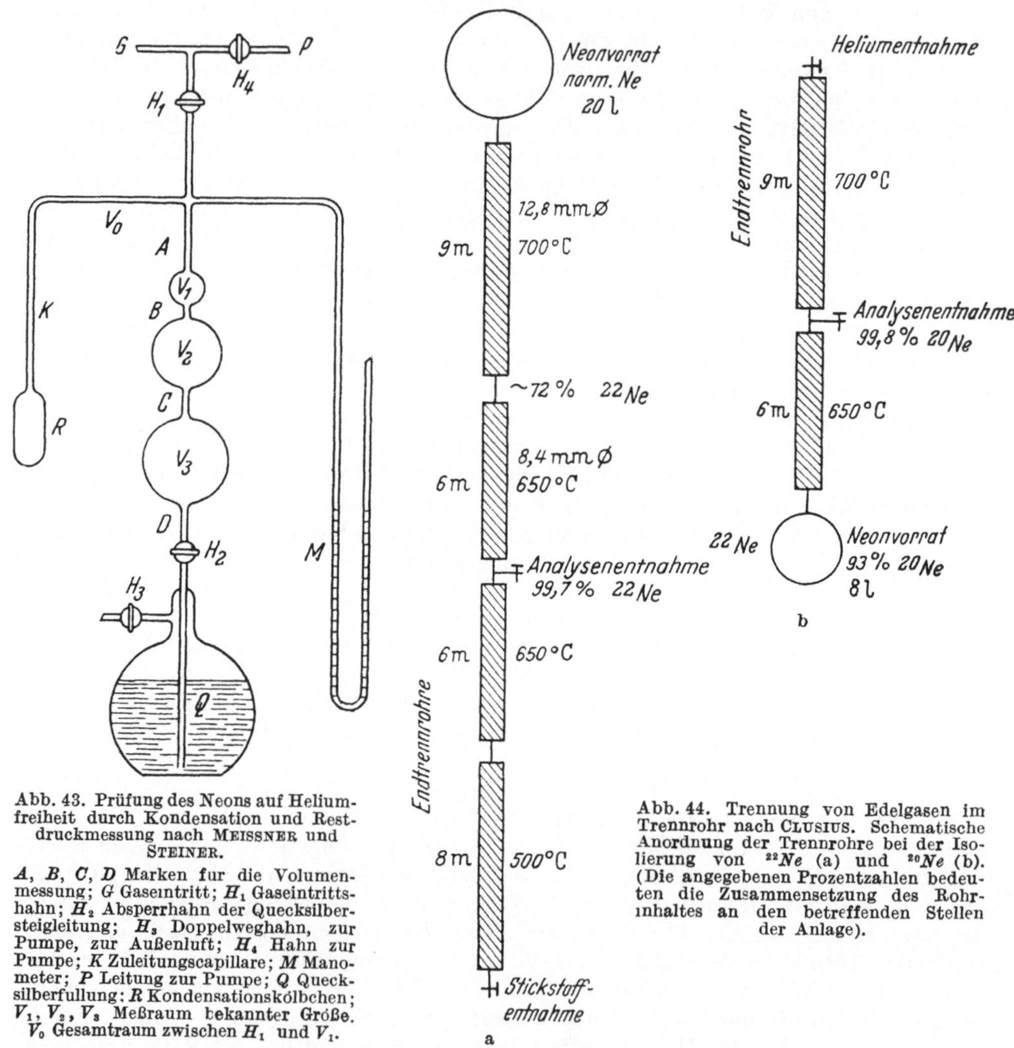

Abb. 43. Prüfung des Neons auf Heliumfreiheit durch Kondensation und Restdruckmessung nach MEISSNER und STEINER.

A, B, C, D Marken für die Volumenmessung; *G* Gaseintritt; H_1 Gaseintrittshahn; H_2 Absperrhahn der Quecksilbersteigleitung; H_3 Doppelweghahn, zur Pumpe, zur Außenluft; H_4 Hahn zur Pumpe; *K* Zuleitungscapillare; *M* Manometer; *P* Leitung zur Pumpe; *Q* Quecksilberfüllung: *R* Kondensationskölbchen; V_1, V_2, V_3 Meßraum bekannter Größe. V_0 Gesamtraum zwischen H_1 und V_1.

Abb. 44. Trennung von Edelgasen im Trennrohr nach CLUSIUS. Schematische Anordnung der Trennrohre bei der Isolierung von ^{22}Ne (a) und ^{20}Ne (b). (Die angegebenen Prozentzahlen bedeuten die Zusammensetzung des Rohrinhaltes an den betreffenden Stellen der Anlage).

II. Analyse von Neon-Helium-Gemischen von gleicher Konzentration der Bestandteile.

III. Analyse von rohem Neon-Helium.

Liegt ein sog. Roh-Neon-Helium zur Untersuchung vor, welches also außer Stickstoff (als Hauptverunreinigung) noch Wasserstoff und Sauerstoff in geringer Menge enthält, so kann mit einer Dichte- oder Brechungsindexmessung des über CuO und Cu gereinigten Gases eine Analyse des Neon-Helium-Gehaltes durchgeführt werden. Der Edelgasanteil des Gasgemisches besteht aus etwa 75% Neon und 25% Helium. Diesem Edelgasgemisch sind gewöhnlich etwa 50% Stickstoff und kleine Wasserstoffmengen zwischen 0,3 und 1% sowie Spuren Sauerstoff beigemengt. Nach Einsetzen der Neon-Helium-Mischdichte = 16,15 in die zur Ausrechnung der Zusammensetzung eines binären Gemisches dienende Gleichung (S. 44) ist der Stickstoffgehalt im gereinigten und getrockneten Roh-Neon-Gemisch zu ermitteln.

IV. Trennung eines Gemisches von Neonisotopen.

Die Trennung eines Gemisches von Neonisotopen haben CLUSIUS und DICKEL durchgeführt. Das Prinzip des benutzten Trennrohrs wurde bereits auf S. 64 beschrieben.

Die **Anordnung** ist schematisch in Abb. 44 wiedergegeben. Die verwendete **Arbeitsweise** ist folgende: Ein großer Vorrat von normalem Neon wird zur Gewinnung des schweren Neonisotops (^{22}Ne) am Kopf des Trennrohrs in einem größeren Behälter aufgegeben und nach und nach in den Kreislauf des darunter befindlichen Trennrohrs einbezogen. Der Kreislauf wird durch den zentral ausgespannten Glühdraht (in der Zeichnung nicht angegeben) im Rohrinnern vollkommen selbsttätig hervorgerufen. Die Außenwandungen der Rohre sind durch Wasser gekühlt (in der Abbildung nicht gezeichnet). Nachdem die ganze Einrichtung längere Zeit selbsttätig gearbeitet hatte, wurde an der bezeichneten Stelle das Isotop ^{22}Ne in einer Reinheit von 99,7% gewonnen. Im Neon noch vorhandene Stickstoffspuren werden am unteren Ende des sog. „Endtrennrohrs" angereichert entnommen. Zur Gewinnung des leichten Neonisotops ^{20}Ne wird der Vorratsbehälter mit dem Ausgangsgemisch sinngemäß am Fuße des Trennrohrs angeordnet; das Gasgemisch diffundiert von hier aus nach und nach in das Kreislaufsystem. Das reine Isotop wurde 6 m über dem Ausgangsort in einer Reinheit von 99,8% entnommen. Spuren von Helium werden angereichert am Kopf des Trennrohrs abgeführt. Die für diese Trennung benötigte Zeit beträgt mehrere Wochen.

Bemerkungen. **Anwendung des Trennrohrs in verkürzter Form zur Trennung der verschiedensten Gemische.** Das Trennrohr läßt sich in wesentlich verkürzter Form bei bedeutend geringerem Zeitaufwand auch zur Trennung der verschiedensten Gemische verwenden, wobei naturgemäß die Trennung der schwierig zu behandelnden Gemische, wie z. B. Neon und Helium bzw. Argon und Stickstoff, in erster Linie interessiert. Ein Vorzug dieser Einrichtung ist es, daß bei geeigneter Anordnung gleichzeitig auch Spuren anderer Beimengungen angereichert werden und in dieser Form einer physikalischen Messung leichter zugänglich sind.

V. Bestimmung kleiner Neon-Helium-Gehalte in der Luft.

Kleine Neon-Helium-Gehalte z. B. in Luft lassen sich als Summe der leichten Edelgase nach den Methoden der fraktionierten Desorption bestimmen. Bei Anwendung genügend großer Mengen von Adsorbens kann soviel leichtes Edelgas als Rest gewonnen werden, daß durch die beschriebenen physikalischen Messungen eine genaue Angabe der Neon- bzw. Heliumkonzentration möglich ist. Eine Verdünnung mit einem bekannten Gas in bekanntem Verhältnis läßt auch noch Bestimmungen mit kleinen Gasmengen zu. Die Anwendung geringer Drucke zur Herabsetzung des Gasbedarfs für die Messungen wurde mehrfach beschrieben.

Literatur.

ANGERER, E. v. u. H. FUNK: Ph. Ch. B **20**, 368 (1933).

CADY, H. P. u. D. F. MCFARLAND: Am. Soc. **29**, 1523 (1907). — CHLOPIN, W. u. A. LUKAŠUK: B. **58**, 2392 (1925). — CLUSIUS, K. u. G. DICKEL: Ph. Ch. B **48**, 50 (1940).

DEWAR, J.: Chem. N. **90**, 90 (1904).

GERMANN, F. E. E., K. A. GAGOS u. C. A. NEILSON: Ind. eng. Chem. Anal. Edit. **6**, 215 (1934).

HANLE, W. u. K. LARCHÉ: Naturwiss. **10**, 285 (1931).

KARLIK, B.: Ber. Wien. Akad. **145 II** a, 145 (1936).

MEISSNER, W. u. K. STEINER: Z. ges. Kälteindustrie **39**, 49, 75 (1932).

PANETH, F. u. W. D. URRY: Mikrochemie, EMICH-Festschr. S. 233, 1930.

RAMSAY, W. u. J. N. COLLIE: Proc. Roy. Soc. London Ser. A **80**, 599 (1908).

SMITH, ALLEN S.: Rep. of Investigations, U. S. Bureau of Mines 1934

§ 2. Mittelschweres Edelgas.

Argon.

Bestimmungsmöglichkeiten und Eignung der wichtigsten Verfahren.

Das Argon nimmt in der Edelgasanalyse eine Sonderstellung ein. Durch seine verhältnismäßig hohe Konzentration in der Luft von 0,937% überwiegt es gegenüber den anderen Edelgasbestandteilen der Luft derart, daß diese bei der Bestimmung des Argons bei der Luftanalyse meist vernachlässigt werden können. Die Analyse durch Entfernung aller Nichtedelgase auf chemischem Wege führt also ohne weiteres zur Ermittlung des Argons.

Sofern Argon aus Luft, z. B. durch Rektifikation aus Sauerstoff-Fraktionen einer Luftzerlegungsanlage, gewonnen wird, ist es vorwiegend mit Sauerstoff und Stickstoff vermischt.

Argon aus Verbrennungsabgasen enthält außer Stickstoff und kleinen Sauerstoffmengen Kohlenwasserstoffe, Kohlenoxyd und Kohlendioxyd. Argon aus Ammoniaksyntheserestgasen enthält Wasserstoff, Stickstoff, Methan sowie Spuren von anderen Kohlenwasserstoffen.

Die Methodik der Argonanalyse erhält ihre besondere Eigenart durch die Forderung extremer Reinheit des für die Füllung von Glühlampen benötigten Argons bzw. Argon-Stickstoff-Gemisches.

Für die Kontrolle des Fabrikationsvorganges werden betriebsbrauchbare Schnellmethoden benötigt.

Gelegentlich ist die Bestimmung kleiner Argonmengen in großer Verdünnung mit anderen Gasen erforderlich.

Für die Reinheitskontrolle des Argons stehen neben der Prüfung im hochfrequenten Wechselfeld, sowie durch die Spektralanalyse die für alle Edelgase geeigneten chemischen Prüfverfahren für die einzelnen in Betracht kommenden Arten von Verunreinigungen zur Verfügung. Die meisten Methoden sind dabei für die besonderen Erfordernisse der Argon verarbeitenden Glühlampenindustrie entwickelt worden (s. S. 24).

Die Bestimmung von Argon im Gemisch mit größeren Mengen anderer Gase erfolgt nach Abtrennung der brennbaren und absorbierbaren Bestandteile in bekannter Weise (s. S. 29).

Für die Bestimmung von Argon im Gemisch mit ein oder zwei anderen Bestandteilen bekannter und meßbarer Konzentration sind die physikalischen Methoden (vor allem die Messung der Dichte der Gemische) geeignet. Die Zusammensetzung der Gemische wird auf Grund der Messungen errechnet.

Kleine Argonmengen in Nichtedelgasen sind im Gegensatz zu den anderen Edelgasen nach chemischer Anreicherung zu bestimmen. Die Trennung von anderen Edelgasen erfolgt auf physikalischem Wege.

I. Untersuchung auf Reinheit.

a) Qualitative Reinheitsprüfung des Argons im hochfrequenten Wechselfeld. Die durch Hochfrequenzanregung erzeugten Entladungen in geschlossenen, Argon enthaltenden Glasbehältern werden durch Beimengungen von Nichtedelgasverunreinigungen verhindert.

b) Spektralanalytische Prüfung auf Stickstoff. Die spektrale Prüfung gestattet, Stickstoffgehalte über 0,3% zu erkennen.

c) Chemische Prüfverfahren. Die chemischen Prüfverfahren für kleine Mengen von Verunreinigungen in Edelgasen sind in Abschnitt A, § 1, III, S. 24 beschrieben, desgleichen die Bestimmung des Argons durch Volumenmessung nach Abtrennung der Nichtedelgase (A § 1, I u. II, S. 16 und 21).

II. Bestimmung des Argons in Gemischen mit größeren Mengen anderer Gase.

Eine Abtrennung des Argons ist nicht erforderlich, wenn in einem binären Gemisch, z. B. Stickstoff-Argon, beide Gasbestandteile in vergleichbaren Konzentrationen vorliegen. In diesem Fall kommen die S. 39 bis 43 beschriebenen Methoden zur Gaszusammensetzungsermittlung durch Bestimmung einer oder mehrerer physikalischer Konstanten des Gemisches zur Anwendung.

1. Analyse von Argon-Stickstoff-Gemischen auf Grund der Dichtebestimmung.

Die Bestimmung der Dichte von Argon-Stickstoff-Gemischen erlaubt auf Grund der Mischungsregel aus der Mischdichte den Gehalt der einzelnen Komponenten zu errechnen.

a) Methode von STOCK. Eine vielfach angewendete Dichtebestimmungsmethode geht auf das von STOCK (a) angegebene, seiner Schwebewaage zugrunde liegende Prinzip zurück. Zur Bestimmung der Dichte von Gasgemischen mißt STOCK (a) den Auftrieb, den ein Verdrängungskörper in dem zu prüfenden Gas erfährt. Die Methode gestattet absolute Messungen, wenn man dieselben an einem Waagebalkensystem vornimmt, dessen Nullpunkt bei dem Druck Null bestimmt wurde. Ist das Volumen des Verdrängungskörpers genau bekannt, und umgibt man die eine Seite des Waagebalkens, auf dem der Verdrängungskörper sich befindet, mit dem zu messenden Gas von genau gemessenem Druck und genau gemessener Temperatur, so kann der Auftrieb, den der Verdrängungskörper erfährt, gewichtsmäßig festgestellt und aus Volumen und Temperatur des verdrängten Gases die Dichte berechnet werden. Eine Kontrolle dieser Methode erfolgt durch Messung von Gasen bekannter Dichte.

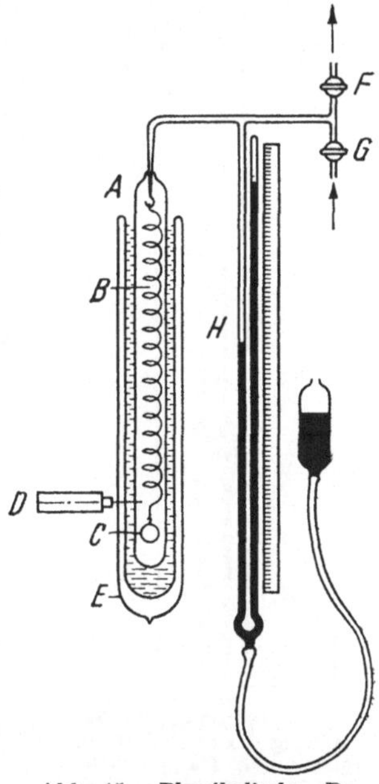

Abb. 45. Physikalische Bestimmung des Stickstoffs in Argon durch Dichtemessung nach HOLLEMAN.
A Meßröhre; *B* Molybdänspirale; *C* Auftriebsgefaß; *D* Mikroskop mit Fadenkreuz; *E* DEWAR-Gefaß; *F* Gasablaßhahn; *G* Gaseinfuhrung; *H* Manometer.

Anstatt den Auftrieb sich in einer Veränderung der Null-Lage auswirken zu lassen und durch Auflegen von Gewichten den Ausschlag auf Null zu kompensieren, wendeten STOCK und RITTER bzw. STOCK (b) später die magnetische Beeinflussung des Waagesystems an, wobei genau reproduzierbare und meßbare Kräfte auf das Waagesystem ausgeübt werden und die Null-Lage wieder eingestellt wird. Die Größe der aufzuwendenden Kräfte ist ein Maß für die Größe des Auftriebs.

b) Methode von HOLLEMAN. Nach HOLLEMAN wird der Verdrängungskörper an einer Feder aufgehängt (Abb. 45) und der Auftrieb, den der Körper erfährt und der sich in der Zusammenziehung einer Spiralfeder aus Molybdändraht bemerkbar macht, durch Variierung des Druckes solange verändert, bis sich eine an der Spiralfeder angebrachte Nullmarke auf den Nullpunkt einstellt. Offenbar ist es hierzu notwendig, vorher eine Eichung des Instrumentes mit einem Gas bekannter Dichte vorzunehmen, das man bis zu einem solchen gemessenen Druck einführt, daß die Feder auf den Nullpunkt einspielt. Wird soviel von einem unbekannten Gas eingeführt, daß die Feder gerade wieder auf Null einsteht und der dazugehörige Druck gemessen, so verhalten sich die Drucke offenbar umgekehrt wie die Dichten, so daß aus dieser Beziehung die Dichte des unbekannten Gases ermittelt werden kann. Das von HOLLEMAN benutzte Gerät besteht aus einem schmalen Gefäß A, in dem ein Spiraldraht B aus Molybdän von 1,2 mm ⌀ aufgehängt ist. Die Spirale besteht aus 17 Windungen von 28 mm Windungsdurchmesser. Daran hängt ein Verdrängungskörper *C* von 300 mg Gewicht mit einem Volumen von 15 cm³. Der in Luft bei 760 mm Druck und 0° C erzeugte Auftrieb beträgt 18 mg. Bei Änderung des Druckes um 1 mm erfolgt eine Verschiebung der Null-Lage am unteren Ende der Drahtwindungen um 0,02 mm. Dieser Ausschlag ist am Beobachtungsmikroskop *D* noch sichtbar und stellt die Empfindlichkeit des Gerätes dar. Da der Dichtebestimmung die Druckmessung zugrunde gelegt wird, beträgt die Genauigkeit also etwa 1‰ des Druckes bzw. des gemessenen Molgewichtes, was bei dem Vergleich von Argon gegen Stickstoff-Argon-Gemisch einem Prozentgehalt des Stickstoffs von etwa 0,3 entspricht.

Die Genauigkeit dieser Methode hängt unter anderem auch von der Art des Federmaterials und des Aufbaus ab. Die Feder darf keine elastischen Nachwirkungen zeigen, muß aber trotzdem eine sehr große Dehnung zulassen. Da die Dehnung dieser Spirale gegen Temperaturwechsel empfindlich ist, wird die ganze Einrichtung in ein wassergekühltes, versilbertes Vakuumgefäß (mit Schaustreifen) gesetzt[1], um Temperaturschwankungen auszuschließen; die Eichung erfolgt unter genau gleichen Bedingungen mit kohlendioxydfreier Luft unter dem Druck der Atmosphäre, der selbstverständlich genau gemessen werden muß.

c) Analyse von als Glühlampenfüllgas dienenden Argon-Stickstoff-Gemischen. Als Füllgas für Glühlampen wird vielfach ein Argon-Stickstoff-Gemisch verwendet, dessen Untersuchung sich durch eine physikalische Bestimmung, z. B. seiner Dichte leicht durchführen läßt.

Abb. 46. Physikalische Bestimmung des Stickstoffs in Argon durch Dampfdruckmessung nach HOLLEMAN. *1* Niveaugefäß; *2* Manometer für das reine Argon; *3* Manometer für das Argon-Stickstoff-Gemisch; *4* Kondensationsgefäß für das Rein-Argon; *5* Kondensationsgefäß für das Argon-Stickstoff-Gemisch; *6* DEWAR-Gefäß.

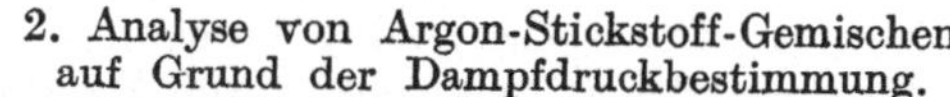

2. Analyse von Argon-Stickstoff-Gemischen auf Grund der Dampfdruckbestimmung.

Methode von HOLLEMAN. Eine schnell ausführbare Methode hat HOLLEMAN angegeben, um Argon-Stickstoff-Gemische mit einer Genauigkeit von ± 0,3% Stickstoff auf Grund des Dampfdruckes der kondensierten Mischung zu analysieren. Er benutzt dabei die Tatsache, daß der Dampfdruck des kondensierten Gemisches idealer Gase bei einer bestimmten Temperatur sich additiv aus den Dampfdrucken der Einzelbestandteile bei der gleichen Temperatur zusammensetzt (RAOULTsches Gesetz, s. S. 44). Die praktische Durchführung ist aus Abb. 46 ersichtlich. Die Dampfdruckmessung erfolgt in dem gleichen Bad *6*, in dem auch ein mit reinem Argon gefülltes Tensionsthermometer *4* eingetaucht ist. Das zweite Tensionsthermometer *5* wird vorher sorgfältig evakuiert und darauf mit dem Gemisch gefüllt, dessen Zusammensetzung ermittelt werden soll.

Es ist hier zu beachten, daß die Menge des Gemisches nicht zu klein sein darf, so daß die Kondensatmenge verglichen mit der gasförmig im Dampfraum verbliebenen Menge groß ist. Andernfalls tritt eine Verschiebung der Zusammensetzung im Kondensat gegenüber der im Ausgangsgas ein und bewirkt eine Fälschung des Resultates.

In Abb. 47 ist der Gleichgewichtsdruck für das kondensierte Gemisch Argon-Stickstoff dargestellt. Die nahezu gerade Linie stellt die Abhängigkeit des Gesamtdruckes der Mischung von der Zusammensetzung der Flüssigkeit bei 90° abs. dar.

[1] An zwei einander gegenüberliegenden Seiten des versilberten Vakuumgefäßes wird je ein schmaler senkrechter Streifen nicht versilbert, so daß durch diese Schaustreifen das Gefäßinnere beobachtet werden kann.

Die Endpunkte dieser Geraden liegen bei den Dampfdrucken der reinen Komponenten Argon und Stickstoff. Die Messungen sind genau, wenn die Zusammensetzung des Gases vor der Kondensation nicht sehr verschieden von derjenigen der Flüssigkeit ist. Bei einer Kondensatmenge, die nur wenig größer ist als die Dampfmenge, entspricht die Zusammensetzung des Kondensates derjenigen des Ausgangsgases nicht mehr, so daß es in diesem Falle falsch wäre, aus diesem Dampfdruck auf die Zusammensetzung des Ausgangsgases zu schließen. Dagegen ist bei großem Überschuß der Kondensatmenge über die Dampfmenge dieser Schluß zulässig.

Die Dauer einer derartigen Bestimmung ist gering. Sie wird insbesondere bedingt durch die Zeit, die verstreicht, bis das Gleichgewicht zwischen Dampf und Kondensat sich eingestellt hat. HOLLEMAN gibt einen Zeitaufwand von wenigen Minuten an. Als Genauigkeit der Bestimmung wird ± 0,3% Stickstoff bezogen auf das Ausgangsgas angegeben.

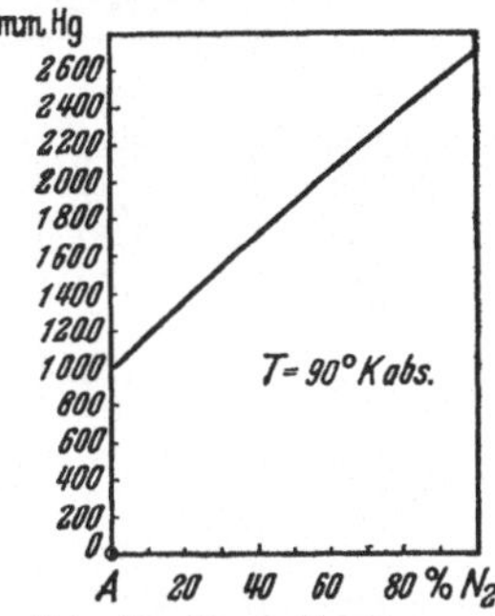

Abb. 47. Dampfdruck von Argon-Stickstoff-Gemischen bei 90° abs.

3. Analyse des Roh-Argons.

Technisch wichtig ist die Analyse des sog. Roh-Argons, das durch Rektifikation von Sauerstoff aus Lufttrennapparaten gewonnen wird und aus Sauerstoff, Argon und Stickstoff besteht. Hier wird Sauerstoff durch Absorption ermittelt. Ferner wird eine Dichtebestimmung des Gesamtgases vorgenommen. Der Anteil x des Argons (Dichte M_{Ar}) am Gesamtgas bzw. des Stickstoffs (Dichte M_{N_2}) kann aus dem gemessenen Bruchteil des Sauerstoffs y (Dichte M_{O_2}) und der Dichte M des Gesamtgases nach der S. 44 aus der Mischungsregel abgeleiteten Formel errechnet werden.

$$\text{Es ist } x = \frac{M - M_{\text{N}_2} - y\,(M_{\text{O}_2} - M_{\text{N}_2})}{M_{\text{Ar}} - M_{\text{N}_2}} = \frac{c' - y b'}{a'} \quad \text{(Aus den Gl. 1, 3 und 5 von S. 45).}$$

$$(a' = M_{\text{Ar}} - M_{\text{N}_2};\ b' = M_{\text{O}_2} - M_{\text{N}_2};\ c' = M - M_{\text{N}_2}).$$

4. Bestimmung des Argons in Stickstoff bzw. Sauerstoff.

a) Der **Stickstoff von Luftzerlegungsanlagen** und in noch höherem Maße der **Stickstoff von Verbrennungsabgasen** enthält Argon — in der Größenordnung von 0,01 bis zu 1%. Diese Argongehalte häufen sich z. B. bei der Ammoniaksynthese in störender Weise an, wenn größere Mengen des Stickstoffs mit Wasserstoff umgesetzt worden sind. An einem möglichst geringen Argongehalt des Stickstoffs sowie an der Untersuchung des verwendeten Stickstoffs besteht deshalb ein größeres Interesse.

Da der zu messende Stickstoff meist unter Druck steht, kann das auf S. 17 beschriebene Absorptionsverfahren mit Calcium als Absorptionsmittel verwendet und das Absorptionsgefäß unter Druck gefüllt werden. Zu beachten ist, daß bei größeren zu absorbierenden Stickstoffmengen die freiwerdende Reaktionswärme eine ständige Beobachtung der Temperatur und gegebenenfalls die Ausschaltung des anfänglichen Heizstromes erforderlich macht, da die Absorption des Stickstoffs außerordentlich schnell verläuft und zu erheblichen Temperatursteigerungen führt, wenn die Reaktionswärme nicht schnell genug abgeführt werden kann. So wurden in einem Fall von 28 l Stickstoff bei einem Arbeitsdruck von 40 Atmosphären in einem Zeitraum von 2 Min. 21 l durch 300 g Calcium in einer $^1/_2$-l-Stahlflasche absorbiert, wobei die Temperatur bei ausgeschalteter Heizung in dieser Zeit von 440 auf 600° stieg. Bei der Bemessung der Wandstärke der Behälter ist trotz des gleichzeitig schnell abnehmenden Druckes auf die erhöhte Temperatur Rücksicht zu nehmen. Nach 10 Min. blieb der Druck praktisch konstant, und nach 20 Min. wurde das Gasgemisch mit der TOEPLER-Pumpe abgesaugt und da seine Menge nicht zur Durchführung einer Messung seiner Dichte genügte, mit einem gemessenen Stickstoffvolumen verdünnt und dann gemessen. Argon wurde nach der Mischungsregel, s. S. 44, errechnet. Auf die beschriebene Weise können Argongehalte bis unter 0,01% noch genügend genau gemessen werden. Wird die Reinheit des Endproduktes kontrolliert, so ist eine vollständige Absorption des Stickstoffs nicht erforderlich, da zurückbleibende kleine Mengen ohnehin verdünnt werden müssen, wenn es der Gasbedarf der vorhandenen Analyseneinrichtung erfordert (s. Tabelle 3).

Tabelle 3. Absorptionskoeffizienten μ einiger Gase für Röntgenstrahlung verschiedener Wellenlängen.

Wellenlänge λ in Å	Absorptionskoeffizient μ		
	Sauerstoff	Stickstoff	Argon
0,121	2,02	1,79	5,83
0,139	2,37	1,91	6,10
0,174	2,77	1,97	6,87
0,209	2,90	2,28	9,00
0,245	3,30	2,60	11,0
0,280	3,79	2,83	16,4
0,315	4,25	3,09	19,4
0,350	4,62	3,33	25,0
0,385	5,38	3,59	34,1
0,421	6,23	3,98	39,6
2,287	520	—	6140
3,378	1670	995	18300
3,592	2015	1210	21600
3,927	2700	1510	2720
4,146	3170	1800	3110
4,359	3690	2080	3600

b) Im **Sauerstoff aus Luftzerlegungsanlagen** ist nicht etwa Stickstoff als Rest, sondern meist ein zu mehr als 90% aus Argon bestehendes Argon-Stickstoff-Gemisch vorhanden.

ZIMMER hat die bei bestimmten Wellenlängen um ein Vielfaches höhere Absorption von Röntgenstrahen durch Argon als durch Sauerstoff und Stickstoff benutzt, um eine Analysenmethode zur Bestimmung des Argons in Sauerstoff zu entwickeln.

Die Absorption von Röntgenstrahlung ist eine atomare Eigenschaft, die außer vom Gewicht des Atoms noch von der Wellenlänge der ausgesendeten Röntgenstrahlung abhängt. Das höhere Atomgewicht des Argons gegenüber dem des Stickstoffs und Sauerstoffs bedingt eine mehrfach höhere Absorption. Wenn man mit Röntgenstrahlung von maximaler Absorption durch das schwere Atom arbeitet, steigt das Verhältnis der Absorptionskoeffizienten der verschiedenen Atomarten nochmals auf ein Mehrfaches (s. Tabelle 3).

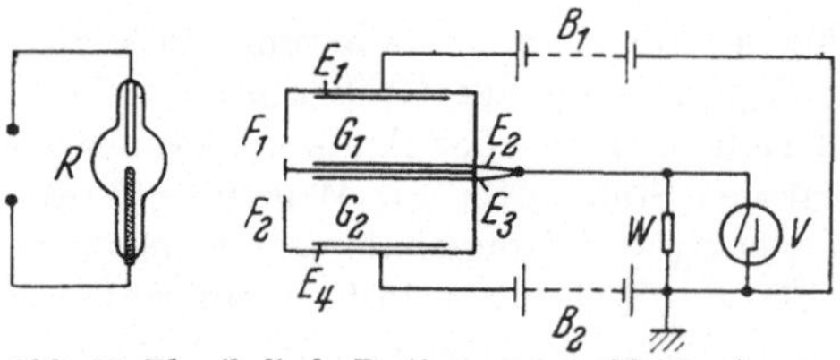

Abb. 48. Physikalische Bestimmung von kleinen Argonkonzentrationen in Sauerstoff (neben wenig Stickstoff) durch Messung der Absorption von Rontgenstrahlen nach ZIMMER.

B_1 und B_2 Batterien; E_1 bis E_4 Elektroden; F_1 und F_2 Cellophanfenster; G_1 und G_2 Ionisationskammern; R Röntgenröhre; V Elektrostatischer Spannungsmesser; W Hochohmwiderstand.

Methode von ZIMMER. Die benutzte Meßeinrichtung ist aus Abb. 48 ersichtlich. Die von der Röntgenröhre R ausgehende Strahlung gelangt durch zwei mit Cellophan verschlossene Fenster F_1 und F_2 in zwei nebeneinander liegende Absorptionskammern G_1 und G_2, von denen die eine mit dem zu messenden Gas, die andere mit einem Vergleichsgas bekannter Art gefüllt wird. Jede dieser Kammern besitzt zwei Elektroden E_1 und E_2 bzw. E_3 und E_4, die mit je einer Batterie (B_1 bzw. B_2) verbunden sind. E_2 und E_3 sind außerdem miteinander und über einen hohen Widerstand W mit der Erde verbunden. Parallel zu diesem Widerstand liegt ein elektrostatischer Spannungsmesser V. Durch die Röntgenstrahlung werden in den Absorptionskammern Ionen gebildet, die einen Elektrizitätstransport zwischen den Elektroden E_1 und E_2 bzw. E_3 und E_4 ermöglichen. Ionisation und Elektrizitätstransport sind der Absorption proportional. Ist die Absorption und damit die Ionisation bzw. der Ladungsausgleich in beiden Kammern von gleicher Größe, so zeigt der Spannungsmesser keinen Ausschlag an. Sind dagegen die Absorptionen verschieden, so fließt ein Teil der nach E_2 bzw. E_3 transportierten Elektrizität über den Widerstand zur Erde ab und der Spannungsmesser zeigt einen Ausschlag, der um so größer ist, je verschiedener die Absorptionen der beiden Gase sind.

Zur Messung kann entweder dieser Ausschlag verwendet oder eine Ausblendung von Röntgenstrahlung an den Fenstern F_1 bzw. F_2 vorgenommen werden, wodurch der Ausschlag auf Null kompensiert werden kann. Auf Temperatur und Druckgleichheit der Gase ist zu achten.

Für eine Gasmischung aus 99% Sauerstoff und 1% Argon wurde ein Ausschlag von 50 $\pm$ 1 Skalenteilen beobachtet. *Als Empfindlichkeitsgrenze wird 0,01% Argon in Sauerstoff angegeben.*

Wichtig für eine zuverlässige Anzeige ist ein konstanter Betrieb der Röntgenröhre. Durch Vergleich mit einem Sauerstoff von bekannter und gleichbleibender Zusammensetzung können Fehler durch Schwankungen des Röhrenbetriebs weitgehend ausgeschaltet werden.

Literatur.

HOLLEMAN, H. C. A.: PHILIPS' Techn. Rundschau **5**, 89 (1940).

STOCK, A.: (a) B. **50**, 156 (1917); (b) Ph. Ch. A **139**, 47 (1928). — STOCK, A. u. G. RITTER: Ph. Ch. **119**, 333 (1926).

ZIMMER, K. G.: Angew. Ch. **54**, 33 (1941).

§ 3. Schwere Edelgase.

Bestimmungsmöglichkeiten und Eignung der wichtigsten Verfahren.

Das Gemisch der schweren Edelgase Krypton und Xenon wird in dem Verhältnis, wie es in der Luft vorhanden ist, gewonnen und industriell in großem Umfange verwendet. Beimengungen sind in der Hauptsache Sauerstoff, Stickstoff, Argon, Methan sowie Spuren höher siedender Verunreinigungen der Luft, die die Reinigungseinrichtung der Edelgasgewinnungsanlage unabsorbiert passiert haben (Acetylen, Schwefelwasserstoff, Kohlendioxyd).

Das reine Krypton oder Xenon bzw. das Gemisch beider Gase wird auf Reinheit in der für die Edelgase allgemein beschriebenen Weise chemisch untersucht. Ferner werden Krypton und Xenon physikalisch auf spektralanalytischem Wege geprüft oder durch andere physikalische Methoden im Gemisch bestimmt.

Aus komplizierteren Gemischen werden die beiden Edelgase abgetrennt und mengenmäßig gemessen.

Für die physikalische Bestimmung von Krypton und Xenon im Gemisch mit ein oder zwei bekannten Gasen werden vorzugsweise die Methoden der Messung der Dichte und des Lichtbrechungsvermögens verwendet.

Die Spektralanalyse eignet sich zur schnellen qualitativen Untersuchung des reinen Edelgasgemisches auf Verunreinigungen wie Stickstoff und Argon.

Die Dampfdruckmessung gestattet in bestimmten Konzentrationsbereichen genauere und quantitative Angaben, wenn die Art der Beimengung bekannt ist.

Zur Trennung ist die Methode der fraktionierten Desorption besonders geeignet.

Für schnelle und überschlägliche Bestimmungen von Krypton-Xenon-Gemischen kann auch die Methode der Trennung durch fraktionierte Destillation bei tiefer Temperatur und geringem Druck verwendet werden.

I. Untersuchung auf Reinheit.

Die Reinheitsprüfung des Gemisches auf chemischem Wege erstreckt sich auf die erwähnten Beimengungen, insbesondere auf Sauerstoff, Kohlendioxyd und Kohlenwasserstoffe. Hierbei ist zu berücksichtigen, daß die schweren Edelgase eine erhebliche Löslichkeit in Wasser bzw. wäßrigen Lösungen aufweisen, so daß bei Anwendung flüssiger Absorptionsmittel mit Verlusten zu rechnen ist. Andererseits können durch aus dem Sperrwasser ausgetriebenes Fremdgas Verunreinigungen vorgetäuscht werden. Flüssige Absorptionsmittel sind daher um so mehr zu vermeiden, je konzentrierter das Edelgas ist. Anstatt Verunreinigungen durch Absorption und Volumendifferenzmessungen zu bestimmen, empfiehlt es sich daher, spezifische Methoden, wie sie im Abschnitt A bereits beschrieben wurden, für die Ermittlung der einzelnen Verunreinigungen zu verwenden.

Spektralanalytisch werden einige Zehntelprozente Argon bzw. Stickstoff bereits erkannt, wenn der Druck im Spektralrohr nicht zu niedrig ist. Am günstigsten für den Nachweis ist ein Fülldruck von etwa 3 mm Quecksilber. Leichter siedende Gase lassen sich durch Dampfdruckmessung nachweisen.

Die Abtrennung der leichtersiedenden Gase Argon und Stickstoff mittels der Methode der fraktionierten Desorption gestattet eine genaue Bestimmung der genannten Verunreinigungen. Argon und Stickstoff müssen allerdings gemeinsam bestimmt werden, da der Unterschied ihrer Adsorbierbarkeit an Kohle bzw. Gel für eine Trennung zu gering ist (s. auch DAMKÖHLER). Die Abtrennung nach dem Prinzip der Verdrängungsdesorption erfolgt in der Weise, daß das gesamte Gemisch kondensiert und darauf langsam in ein auf etwa — 100° gekühltes Kohlerohr verdampft und dort vollständig adsorbiert wird. Bei fortschreitender Erwärmung der Kohle vom Eingangsende her werden die Verunreinigungen Stickstoff und Argon abgesaugt und gemessen. Es empfiehlt sich, für genauere Messungen eine größere Gasmenge zu adsorbieren (s. auch S. 91).

II. Bestimmung der schweren Edelgase in Gemischen mit größeren Mengen verunreinigender Gase.

1. Bestimmung in Gemischen mit Argon und Stickstoff durch Verdrängungsdesorption.

Liegen Argon und Stickstoff als Verunreinigungen in größerer Konzentration vor, so vereinigt man sie in einer Fraktion und mißt deren Volumen. Falls notwendig, wird diese Fraktion dann durch eine weitere physikalische Messung hinsichtlich ihrer Bestandteile Argon und Stickstoff analysiert. Krypton und Xenon können anschließend in bekannter Weise gesondert desorbiert und gemessen werden. Falls die Zusammensetzung des Krypton-Xenon-Gemisches bekannt ist oder nicht interessiert, erübrigt sich eine Trennung dieser beiden Gase, wodurch eine Beschleunigung der Analyse ermöglicht wird.

2. Bestimmung in Gemischen mit absorbierbaren Verunreinigungen.

Absorbierbare Verunreinigungen in größerer Konzentration entfernt man mit festen Absorptionsmitteln, führt also für die Absorption des Sauerstoffs das Gas z. B. über erhitztes metallisches Kupfer und mißt den Rest oder das durch Reduktion des gebildeten Kupferoxyds mit Wasserstoff entstandene Verbrennungswasser. Kohlendioxyd wird durch Führen des Gases über festes Kaliumhydroxyd entfernt, wobei mehrmaliges Hin- und Herleiten des Gases zur vollständigen Absorption erforderlich ist.

3. Bestimmung in Gemischen mit Nichtedelgasen auf Grund physikalischer Eigenschaften.

Nichtedelgase, die die physikalischen Eigenschaften des Gemisches wesentlich und meßbar beeinflussen, können ohne Abtrennung bestimmt werden.

Sehr zweckmäßig ist bei Anwendung physikalischer Bestimmungsverfahren die Dichtemessung. Da 1% des Gemisches schwerer Edelgase, z. B. mit der Mischdichte 87, die Dichte des Sauerstoffs um 0,55 Einheiten erhöht, ist mit dieser Methode eine Genauigkeit von $\pm$ 0,1% leicht zu erreichen, da die Fehler der guten Dichtebestimmungsmethoden in der Größenordnung von 0,05 Einheiten des Molgewichts liegen. Sollen wegen Kostbarkeit der schweren Edelgase Gasverluste vermieden werden, so ist es zweckmäßig, solche Dichtemeßgeräte zu verwenden, die wenig Gas benötigen bzw. das benötigte Gas nach der Messung wiederzugewinnen gestatten. Für derartige Messungen geeignet sind z. B. das Interferometer (s. S. 42) sowie das S. 42 beschriebene Gerät, das nach dem BUNSENschen Ausströmungsprinzip arbeitet, dessen Gasfüllung jedoch nach der Messung leicht wiedergewonnen werden kann. Noch kleinere Gasmengen werden für die Messung der Wärmeleitfähigkeit benötigt (s. PANETH und URRY sowie S. 69).

III. Bestimmung kleiner Gehalte an schweren Edelgasen in Gemischen mit anderen Gasen.

1. Bestimmung von Gehalten an schweren Edelgasen etwa von der Größenordnung 1%.

Vielfach liegt die Aufgabe vor, betriebsmäßige Messungen von Krypton-Xenon-Gehalten in der Größenordnung von etwa 1% in einem Gemisch mit Argon, Stickstoff, Sauerstoff und Kohlenwasserstoffen vorzunehmen. Da in den Fraktionen der Edelgasgewinnungsanlagen das Verhältnis Krypton zu Xenon konstant ist, wird das Gemisch durch Oxydation der Kohlenwasserstoffe über Kupferoxyd und Absorption der Oxydationsprodukte so vereinfacht, daß es danach im wesentlichen nur aus einem ternären Gemisch Xenon-Krypton-Sauerstoff besteht. Gleichzeitig in geringer Menge (etwa 0,1%) vorhandenes Argon und anwesender Stickstoff können vernachlässigt werden, so daß die Dichte des Gemisches ein direktes Maß ist für die Konzentration des darin befindlichen Gemisches schwerer Edelgase. Da Dichtemessungen sich leicht durch Registriergeräte kontinuierlich darstellen lassen, ist hierdurch eine stetige Kontrolle des Zerlegungsganges möglich. Für diese Messungen wurde an einer Edelgasanlage die beschriebene Gassäulenlibelle (s. S. 40) mit Steigleitungen für jedes einzelne zu messende Gas verwendet.

2. Bestimmung von Gehalten an schweren Edelgasen etwa von der Größenordnung 0,1% in Sauerstoff.

In der ersten Stufe der Edelgasanreicherung in Edelgasgewinnungsanlagen sind Krypton-Xenon-Konzentrationen in der Größenordnung von 0,1% im Sauerstoff zu analysieren. Physikalische Bestimmungen ohne Abtrennung sind daher nicht mehr durchführbar, so daß die bereits beschriebene Anreicherung der Edelgase einzusetzen hat. Da fast das gesamte Nichtedelgas aus Sauerstoff besteht, ist durch die beschriebene chemische Anreicherung durch Verbrennung desselben mit Wasserstoff eine weitgehende Volumenverminderung möglich (s. auch S. 30).

Die Bestimmung von kleinen Krypton-Xenon-Mengen von etwa 0,1% in Sauerstoff erfolgt als Betriebsanalyse nach dem (S. 30) dargestellten Schema (Abb. 26). Sauerstoff und Wasserstoff werden in gemessener Geschwindigkeit dem Knallgasbrenner in gesonderter Leitung zugeführt und in der Flamme vereinigt, wobei Wasserstoff etwas im Überschuß angewendet wird. Der Knallgasbrenner wurde als Mittel zur Anreicherung von Edelgasen auf chemischem Wege in seinem Aufbau und seiner Betriebsweise bereits näher beschrieben (S. 30). Das bei der Verbrennung zurückbleibende Restgas wird von Kohlendioxyd und Wasser über festem Alkalihydroxyd gereinigt und durch ein tiefgekühltes Adsorptionsrohr geführt, wo die schweren Edelgase restlos adsorbiert werden. Nach Beendigung der Verbrennung wird das Kondenswasser gewogen (zur Mengenbestimmung des verbrannten Sauerstoffs) und das Adsorbat desorbiert und mit Wasserstoff durch ein tiefgekühltes Kondensationsrohr gespült. Im Anschluß daran wird das Kondensat verdampft und der Dampf mehrfach über glühendes Kupferoxyd und festes Alkalihydroxyd zwischen zwei Gasbehältern hin- und zurückgeführt, um Kohlenwasserstoffreste und Wasserstoff vollständig zu entfernen. Für genauere Bestimmungen verwendet man Trockengasbehälter, z. B. nach Abb. 4.

Das verdampfte Krypton-Xenon-Argon-Stickstoff-Gemisch wird darauf durch Bestimmung der Dichte und des Brechungsvermögens auf seine Zusammensetzung untersucht (da das Verhältnis Krypton:Xenon konstant, nämlich etwa 14:1 ist) oder es wird durch eine weitere Analyse getrennt (s. Abb. 51 und S. 91).

3. Bestimmung von Gehalten an schweren Edelgasen von der Größenordnung 1:10⁵.

Besteht das Nichtedelgas nur zu einem kleinen Teil aus absorbierbaren oder brennbaren Bestandteilen, so wird die Anreicherung meist auf physikalischem Wege

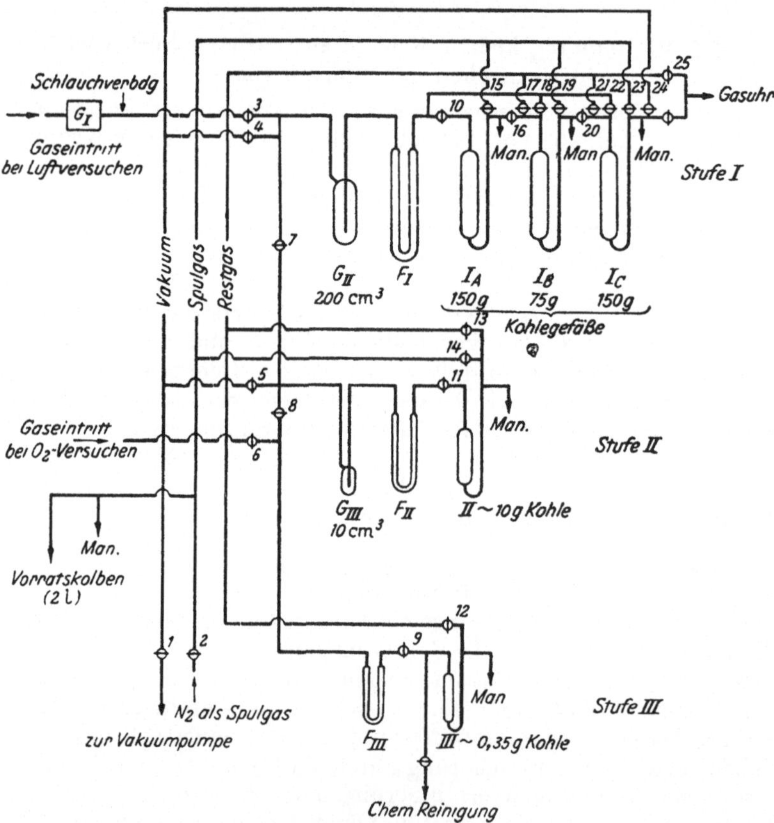

Abb. 49. Bestimmung des Krypton- und Xenongehaltes der Luft nach DAMKÖHLER. F_I, F_{II} und F_{III} Ausfriergefaße fur Kohlendioxyd; G_I, G_{II} und G_{III} Kondensationsgefaße. 1—25 Hähne.

durchgeführt. Ein Vorbild für die anzuwendende Methodik bietet das beschriebene technische Verfahren der Edelgasgewinnung, durch das unter Anwendung der mehrstufigen Rektifikation eine Anreicherung im Verhältnis $1:10^6$ durchgeführt wird (s. S. 49).

Auf die Analyse von solchen Edelgasspuren läßt sich diese Arbeitsweise nicht ohne weiteres anwenden, da sie sich über längere Zeiträume erstreckt und stetige Beaufsichtigung erfordert. Mit Rücksicht auf die höhere Sicherheit in der Erfassung aller Edelgasmengen wird daher vorgezogen, das Rohgas in seiner Gesamtheit zu kondensieren und das verdampfende Gas fraktioniert zu adsorbieren, wobei der weitaus größte Teil gasförmig und edelgasfrei abzieht, wenn genügend Kohle vorgesehen wird. Für die genaue Bestimmung des Kryptons und des Xenons in der Luft verwendet DAMKÖHLER das genannte Prinzip. Er kondensiert mehrere Kubikmeter der zu untersuchenden Luft und unterwirft das Kondensat einer fraktionierten Verdampfung und die Dämpfe einer fraktionierten Adsorption an gekühlte Kohle. Sobald die letzten Luftreste verdampft und mit Spülgas über die tiefgekühlte Kohle geführt worden sind, desorbiert er die adsorbierte Gasmenge wieder und wiederholt den Adsorptionsvorgang, nunmehr jedoch mit einer wesentlich kleineren Menge gegenüber der großen Menge Restgas, welche die aktive Kohle unadsorbiert durchströmt hat und frei von Krypton und Xenon ist. Das auf diese Weise weiter eingeengte und mit Krypton-Xenon angereicherte Adsorbat wird darauf noch 1- oder 2mal adsorbiert bzw. desorbiert und schließlich die in der letzten Stufe gewonnene Fraktion, die einige Prozente Edelgas enthält, chemisch gereinigt und nach der Methode der Verdrängungsdesorption analysiert.

Die verwendete Anordnung ist im einzelnen aus der Abb. 49 ersichtlich. Die Apparatur ist in drei Adsorptionsstufen *I*, *II* und *III* unterteilt, davon die erste wieder in drei Arbeitsstufen I_A, I_B und I_C. Die Rohre *G* dienen als Kondensationsgefäße, desgleichen die Rohre *F*, die Kohlendioxydverunreinigungen durch Ausfrieren zurückhalten sollen.

Die Arbeitsweise ist folgende: Nachdem das gesamte zu untersuchende Gas durch die Kohlerohre I_A, I_B und I_C geleitet worden ist, wird die Desorption in der gleichen Reihenfolge durchgeführt. Es wird also zuerst der Inhalt des Rohres I_A desorbiert, das Desorbat über die Stufen *II* und *III* geleitet und das hier nicht adsorbierte Restgas durch die noch gekühlten Rohre I_B und I_C geführt. Die Desorption erfolgt dabei zunächst in entgegengesetzter Richtung, also über die Seite des früheren Gaseintritts, um das hier adsorbierte Edelgas mit möglichst wenig Spülgas austreiben zu können. Bei der Desorption von I_B und I_C wird, wie beschrieben, verfahren. Das letzte, am meisten eingeengte Desorbat wird schließlich nochmals chemisch gereinigt und der bereits beschriebenen Analyse durch Verdrängungsdesorption unterworfen.

IV. Abtrennung und Bestimmung radioaktiver schwerer Edelgase aus der Uranspaltung von der Größenordnung 1000 Atome.

Für die Bestimmung äußerst geringer Mengen schwerer Edelgase — in der Größenordnung von 1000 Atomen —, die als radioaktive Spaltprodukte des Urans auftreten, ist lediglich die Messung ihrer Aktivität durch Zählrohre (nach GEIGER-MÜLLER) (EGGERT) möglich.

Als radioaktive Spaltprodukte waren bisher nur Helium, Neon und Radon bekannt. Durch die Untersuchungen von HAHN und STRASSMANN und anderer Forscher wurden nunmehr auch Krypton und Xenon als Spaltprodukte des Urans festgestellt, die sich mehr oder weniger schnell unter Neutronenaufnahme (unter β-Strahlung) zu schwereren Elementen (z. B. zu Rubidium und Strontium aus Krypton bzw. zu Caesium und Barium aus Xenon) umwandeln. Der primäre Zerfall des Urans kann entweder nach dem Schema ${}_{92}U \rightarrow {}_{56}Ba + {}_{36}Kr$ oder ${}_{92}U \rightarrow {}_{38}Sr + {}_{54}Xe$ erfolgen. Andererseits kann aber auch das Strontium durch radioaktive Umwandlung aus Krypton und das Barium aus Xenon unter Neutronenaufnahme aufgebaut werden.

Die Bestimmung der radioaktiven Gase Xenon und Krypton ist erschwert durch ihre Kurzlebigkeit und durch ihre äußerst geringe Menge von nur einigen tausend Atomen. Die von HAHN und STRASSMANN angewendete Bestimmungsmethode gründet sich vor allem auf die Flüchtigkeit der Edelgase und den Nachweis der Natur ihrer aktiven Folgekörper. SEELMANN-EGGEBERT mißt die Aktivität der Edelgase selbst, unmittelbar nach deren Anreicherung und Freisetzung aus dem Anreicherungsmittel. Von der Flüchtigkeit der Edelgase wurde Gebrauch gemacht, um es durch Entgasung der durch ein Ra-Be-Präparat mit langsamen Neutronen bestrahlten Uranlösung mittels Spülgasen von den primären anderen Bruchstücken des Urans abzutrennen.

Für die Bestimmung der geringen Konzentration der Folgekörper der schweren Edelgase wurde die Methode der mitreißenden absorbierenden Fällung geringer aktiver Spurenelemente durch größere, frisch erzeugte Niederschläge der gleichen Elementart benutzt (HAHN). HAHN und STRASSMANN (a) verfahren für den Nachweis des entstandenen schweren Edelgases im einzelnen folgendermaßen:

Eine konzentrierte Lösung von 50 g Uranylnitrat in Wasser wird 2—5 Std. lang mit (durch Wasser oder Paraffin) verlangsamten Neutronen beschossen und gleichzeitig mittels eines Luftstromes von den gebildeten und zunächst in Wasser gelösten Edelgasen befreit. Außer den in Betracht kommenden Edelgasen sind keine anderen aktiven Stoffe flüchtig. Der Luftstrom wird durch schwach angesäuertes Wasser behandelt, welches die etwaigen während des Überleitens zu diesen Lösungen und in diesen selbst gebildeten Folgekörper der Edelgase durch Absorption aus dem Gasstrom herausholt und zu identifizieren gestattet. Als Folgekörper wurden in der Absorptionslösung nach beendigter Bestrahlung und nach Zusatz von Caesiumchlorid und Fällung desselben aktives Caesium im Caesiumplatinchlorid-Niederschlag und im Filtrat dieses Niederschlages nach Strontiumzusatz und Fällung als Carbonat auch aktives Strontium gefunden. Die Art der Folgekörper läßt nach obigem Schlüsse auf die Art des Edelgases zu, aus dem sie entstanden sein müssen. Auf Grund der oben angegebenen Umwandlungsreihen muß nämlich sowohl Xenon als auch Krypton als Muttersubstanz dieser aktiven Elemente vorhanden gewesen sein. Durch HAHN und STRASSMANN (b) wurde zunächst Xenon mit Sicherheit als solches nachgewiesen. Im Gegensatz zur ersten Arbeitsweise wurde es durch Adsorption an tiefgekühlte Kohle aus dem durch die bestrahlte Uranlösung geschickten trockenen Spülluftstrom abgetrennt. Das auf der Kohle aus Xenon gebildete aktive Barium wurde nach Auskochen der Kohle mit angesäuertem bariumhaltigen Wasser bei der Fällung dieses Bariums als Chlorid mitgefällt. Aus Aktivitätsmessungen ergab sich eine Halbwertszeit des Bariumisotops von 86 Min. als des allein möglichen Folgekörpers von Xenon. Nach dem eingangs erwähnten Umwandlungsschema kann Barium auch als primäres Spaltprodukt mit Krypton als Partner auftreten. Die Tatsache jedoch, daß Barium außerhalb der bestrahlten Uranlösung gefunden wurde, erlaubt lediglich den Rückschluß auf Xenon als Muttersubstanz.

Eine direkte Messung der Aktivität der gebildeten Edelgase nahm SEELMANN-EGGEBERT vor. Ausgehend von der von HAHN und STRASSMANN angegebenen Arbeitsweise der Adsorption der flüchtigen Uranbruchstücke an tiefgekühlter Kohle, desorbiert er anschließend die fixierten Edelgase in eine Gasmeßkammer, die ein GEIGER-MÜLLER-Zählrohr umhüllt. Wesentlich ist die Verwendung von Wasserstoff zur Ausspülung der aktiven Gase aus der in der verschlossenen Gaswaschflasche bestrahlten Uranylchloridlösung in das gekühlte *A*-Kohlerohr. Da Wasserstoff nur wenig adsorbiert wird, kann er anschließend von der gekühlten Kohle abgepumpt und von den noch adsorbierten schweren Edelgasen getrennt werden. Die nun noch übrige gesamte adsorbierte Gasmenge kann mit atmosphärischer Luft aus der auf 100° erwärmten Kohle praktisch restlos in die Gasmeßkammer gespült werden. Zur Bestimmung der längerlebigen Edelgase wartet SEELMANN nach 24stündiger Neutronenbestrahlung einer Uranylnitratlösung mit 500 mg Radium-Beryllium noch $2^1/_2$ Std., um die gleichzeitig gebildeten Edelgase mittlerer Halbwertszeit zerfallen zu lassen. Dann erst werden die längerlebigen Edelgase mit Wasserstoff in die gekühlte Kohle gespült, dort angereichert und nach Beendigung der Spülung in die Gasmeßkammer desorbiert. Nun erfolgt die Messung der Aktivität der desorbierten und das GEIGER-MÜLLER-Zählrohr umhüllenden Edelgase. Die aufgenommene Abklingungskurve der Aktivität wird analysiert. Der Verlauf der graphisch aufgetragenen Aktivität läßt oft weitreichende Rückschlüsse auf die Art der aktiven Elemente zu. Eine Vereinfachung bei der Deutung der Abklingungskurve der Aktivität, die sich meist aus den Aktivitäten mehrerer Elemente zusammensetzt — die ihrerseits wieder mehr oder weniger schnell zerfallen und dementsprechend größere oder geringere Aktivität aufweisen — ist durch die oben erwähnte Einlegung von Wartezeiten nach der Bestrahlung möglich. SEELMANN-EGGEBERT findet, daß die Aktivität zunächst ansteigt, und schließt auf einen aus dem Edelgas sich bildenden ebenfalls aktiven Stoff. Die logarithmisch aufgetragene Aktivität (in Teilchen/Minute) nimmt schließlich linear ab. Auf die Zeit Null extrapoliert ergibt sich eine Halbwertszeit von 9 Std. Zieht man die Aktivität dieser Körper von der Gesamtaktivität ab, so ergibt sich eine Halbwertszeit von 170 Min., die für ein früher bereits gefundenes Krypton typisch ist. Die anfänglich schnell ansteigende Aktivität weist dagegen auf das aus Krypton sich bildende aktive Rubidium mit einer Halbwertszeit von 18 Min. hin. Diese ergibt sich wiederum, wenn man die für das Krypton durch Subtraktion erhaltene Kurve für die Gleichgewichtsaktivität von Gas und Folgekörper vergleicht. Trennt man noch vorhandene Edelgase ab, so bleibt lediglich die direkt meßbare und linear abfallende Aktivität des aus ihm gebildeten Rubidiums.

Die getrennte Abscheidung der bei der Uranspaltung auftretenden Krypton- und Xenonisotopen gelang HAHN und STRASSMANN (c) durch Adsorption des Xenons aus dem Spülluftstrom bei — 78° an *A*-Kohle und die Adsorption des Kryptons an einem zweiten nachgeschalteten *A*-Kohlerohr bei — 180°.

Krypton.

Bestimmungsmöglichkeiten und Eignung der wichtigsten Verfahren.

Reines Krypton wird durch Rektifikation des Krypton-Xenon-Gemisches gewonnen, das das Endprodukt der Edelgasgewinnungsanlagen darstellt (s. S. 49).

Die Reinheitskontrolle erfolgt qualitativ durch Spektralanalyse und Dampfdruckmessung des Kondensates, die genauere Bestimmung der Beimengungen durch Abtrennung nach dem Desorptionsverfahren oder durch physikalische Messungen nach Anreicherung.

Im Gemisch mit größeren Mengen eines anderen Gases wird Krypton ohne Abtrennung ermittelt durch Messung der Dichte, des Lichtbrechungsvermögens oder der Wärmeleitfähigkeit des Gemisches.

Krypton im Gemisch mit Xenon kann auch durch fraktionierte Sublimation bei tiefer Temperatur bestimmt werden. Gemische von Isotopen werden durch Massenspektrographie oder nach dem Trennrohrverfahren (s. S. 64) analysiert.

Kleine Kryptonmengen in der Größenordnung von wenigen Zehntelprozenten werden fraktioniert adsorbiert und nach Abtrennung der Hauptmenge der Verunreinigungen durch fraktionierte Desorption gemessen oder nach Anreicherung im Gemisch physikalisch bestimmt.

I. Untersuchung auf Reinheit.

Krypton wird technisch in einer Reinheit von nahezu 100% hergestellt. Falls noch Beimengungen zu vermuten sind, ist in erster Linie auf Xenon, ferner auf Stickstoff, Sauerstoff und Argon zu prüfen. Ist das Krypton rein, so erscheint sein Spektrum als ein reines Linienspektrum mit samtschwarzen Zwischenräumen ohne verwaschene Banden usw. Stickstoffbeimengungen von 0,3% werden leicht am deutlichen Auftreten der grünen Banden erkannt. Ein weiteres Kriterium für die Reinheit ist der Dampfdruck des Kondensates. Leichter siedende Verunreinigungen, wie Stickstoff und Argon, werden durch eine Erhöhung des Dampfdruckes von reinem Krypton erkannt, der bei 90° abs. 19 mm Quecksilber, bei 78° abs. etwa 2,2 mm Quecksilber beträgt. Eine annähernd quantitative Ermittlung der Verunreinigungen auf diesem Wege erscheint nur möglich, wenn die Art derselben bekannt ist und nur *eine* Verunreinigung vorliegt (s. S. 43 und 80).

Abb. 50 zeigt eine Einrichtung, die für eine Reinheitskontrolle des durch Rektifikation aus einem Krypton-Xenon-Gemisch technisch gewonnenen reinen Kryptons verwendet wird. Hierin erfolgt zunächst eine Bestimmung des Dampfdruckes des Kondensates im *U*-Rohr *1* bei der Temperatur des flüssigen Sauerstoffs und des flüssigen Stickstoffs. Gleichzeitig bewirkt das bezeichnete *U*-Rohr die Fernhaltung von Quecksilber und Feuchtigkeit vom Glühfaden der Sauerstoff-Prüflampe *2* (s. KLAUER) und vom Spektralrohr *3*.

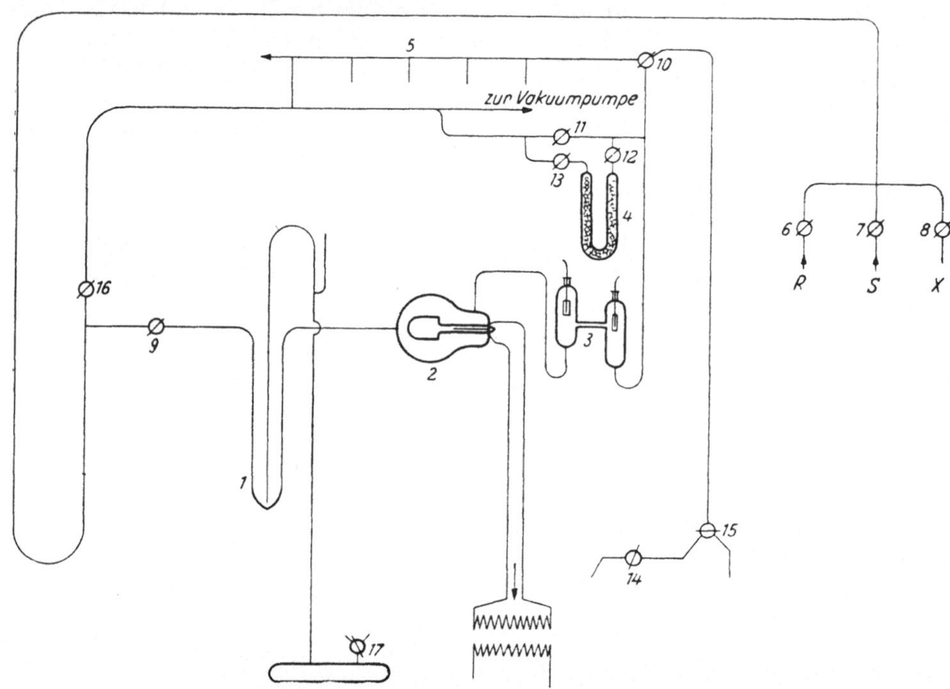

Abb. 50. Reinheitskontrolle von Krypton.
1 Kondensationsrohr mit Manometer; *2* O_2-Prüflampe; *3* Spektralrohr; *4* Kohlerohr; *5* Abfullrechen; *6* bis *17* Hähne; *R*, *S*, *X* Endpunkte verschiedener Prufleitungen.

Die nachstehend beschriebene Methode wurde im Prinzip bereits von HEYNE beschrieben und zum Nachweis störender sauerstoffhaltiger Verunreinigungen benutzt. In etwas geänderter Form wird die Methode von KAHLE für halb quantitative Messungen von Sauerstoff und Wasserstoff gesondert verwendet. Es wird nämlich die Zeit gemessen, die vergeht, bis eine Gelbfärbung des Wolfram-Glühfadens in *2* beobachtet wird. Beträgt diese Zeit mehr als 1 Min., so befinden sich weniger als 10^{-5} ($< 0{,}001\%$) Sauerstoff im Gas. Schließlich wird noch das Spektrum des Restgases in *3* beobachtet.

Ersetzt man das Stickstoffbad durch ein Spiritusbad von — 110° C, so verdampft Krypton mit dem größten Teil der flüchtigeren, sauerstoffhaltigen Verunreinigungen, die am Glühfaden ebenfalls durch Gelbfärbung desselben erkannt werden. Nach Entfernung des Spiritusbades und Erwärmung des U-Rohres auf Zimmertemperatur verdampft das vorhandene Wasser und kann in der gleichen Weise erkannt werden. Zwischen diesen einzelnen Proben wird jeweils der Glühfaden durch kurzes Erhitzen auf Weißglut bei niedrigem Druck und in sauerstofffreier Atmosphäre wieder blank geglüht. Zur Beobachtung wird jeweils der Heizstrom kurz ausgeschaltet und der Glühfaden scharf beleuchtet.

Schließlich konnte auch das von *6*, *7* oder *8* kommende Gas kurz vor *16* und dem Abfüllrechen[1] *5* kondensiert und dabei das über *9* abgezweigte durch die Prüfapparatur über *9*, *1*, *2*, *3*, *10* ständig unter dem Kondensationsdruck strömende restliche Gas auf seine Reinheit kontrolliert werden.

Der Dampfdruck des reinen Kryptons bei 77,4° abs. beträgt 2,1 mm. Stickstoff- oder Argonbeimengungen erhöhen diesen Druck ganz wesentlich. Eine Beimischung von 0,1% Stickstoff würde den Dampfdruck des Kryptons theoretisch bereits um 0,7 mm erhöhen, ein Betrag, der sich sehr leicht ablesen läßt. Will man sicher sein, daß der Dampfdruck nicht durch ein drittes Gas beeinflußt wird, so nimmt man im ersten Rohr eine Kondensation des Kryptons bei 90° abs., im zweiten eine solche der übrigbleibenden Dämpfe bei 75° abs. vor. Man mißt darauf den Kondensationsdruck nach Trennung der beiden Kondensate und vergleicht denselben mit dem theoretischen Partialdruck der reinen Gase. Auf diese Weise können Nichtedelgasspuren im Kondensat bei 77,4° abs. leicht nachgewiesen werden, da schwerere Gase in dem Kondensat aus dem Destillat des ersten Kondensates bei 90° abs. nicht vorhanden sein können. Eine Bestimmung auf Grund der Dampfdruckmessung des kälteren Kondensates ist jedoch erst möglich, wenn die Art der Beimengungen (ob z. B. Argon oder Stickstoff vorliegt) bekannt ist.

Ist schließlich Krypton weitgehend abgepumpt worden, so machen sich schwerer siedende Beimengungen wie Xenon im zurückbleibenden Kondensat durch eine Dampfdruckerniedrigung bemerkbar.

Eine weitere Verfeinerung der Prüfung auf leichtere Gase stellt die anschließende spektrale analytische Prüfung des nichtkondensierten Dampfrestes dar, in dem etwaige flüchtigere Verunreinigungen in angereicherter Form leicht nachgewiesen werden können.

Für eine quantitative Bestimmung von kleinen Stickstoff- und Argonbeimengungen wurde die Methode der Verdrängungsdesorption verwendet.

Die Arbeitsweise unterscheidet sich im Prinzip nicht von der unten für die Trennung eines Gemisches sämtlicher Edelgase beschriebenen Methode, ist durch den Wegfall der Neon-Helium-Abtrennung jedoch vereinfacht. Auch die Abtrennung kleiner Mengen von Xenon kann in gleicher Weise vorgenommen werden. Hier ist zu berücksichtigen, daß kleine adsorbierte Xenonbeträge je nach dem Beladungsgrad der Kohle oft erst bei Zimmertemperatur und sehr niedrigen Drucken desorbiert werden. An Stelle der Trennung kann auch eine Anreicherung des Xenons, z. B. durch fraktionierte Krypton-Verdampfung, und darauf eine physikalische Bestimmung des angereicherten Krypton-Xenon-Gemisches vorgenommen werden. Ist Xenon bereits in physikalisch meßbarer Konzentration im Gemisch vorhanden, so kann es sofort durch eine Bestimmung, z. B. der Gemischdichte oder des Lichtbrechungsvermögens leicht ermittelt werden.

II. Analyse von Xenon-Krypton-Argon-Stickstoff-Gemischen nach Kahle.

Kompliziertere Gemische werden meist einer Analyse durch Trennung unterworfen. Abb. 51 zeigt den Verlauf eines Trennvorganges mit dem Ziel der Gewinnung von reinem Krypton und Xenon aus einem Xenon-Krypton-Argon-Stickstoff-Gemisch und einer gleichzeitigen Analyse des Ausgangsgases. Die Besonderheit der für die technische Analyse verwendeten, von Kahle angegebenen Apparatur besteht in der Einschaltung einer stationären Gaswippe *7* (s. S. 42) zwecks Dichtebestimmung der Mischfraktionen.

Trennung und Bestimmung werden wie folgt vorgenommen: Das Edelgasgemisch wird aus dem Vorratskolben *2* in den Kondensationskolben *3* kondensiert

[1] Am sog. Abfüllrechen, der aus einer mehrgliedrigen, rechenartigen Rohrverzweigung besteht, befinden sich die Vorratsbehälter für die abzufüllenden Edelgase.

und das Kondensat dann in das auf — 110° gekühlte Aktivkohlerohr *5* verdampft. Hat der Druck hier 1 kg/cm² erreicht, so wird das Gas durch Hahn *19* in den Raum mit Spektralrohr *6* entspannt. Die austretende leichte (Argon-Stickstoff-) Fraktion wird durch die stationäre Gaswippe *7* angesaugt und nach Hahnumschaltung (bei *22*) die Überströmzeit gemessen. Dann wird — nach erneuter Hahnumstellung bei *22* — die in den rechten Teil der Wippe übergeströmte Gasmenge über Hahn *29* und *31* herausgepumpt und die neue Fraktion gleichzeitig in die linke Hälfte von *7* gesaugt und wie beschrieben, gemessen. Dieser Vorgang wird wiederholt, bis Spektrum in *6* und Dichtemessung in *7* reines Krypton anzeigen. Das Absaugen des gemessenen Gases aus der Wippe kann auch durch das gekühlte Kohlekölbchen[1] *14* erfolgen. Falls alles abgesaugte Gas über die Gaswippe geht, errechnet sich die

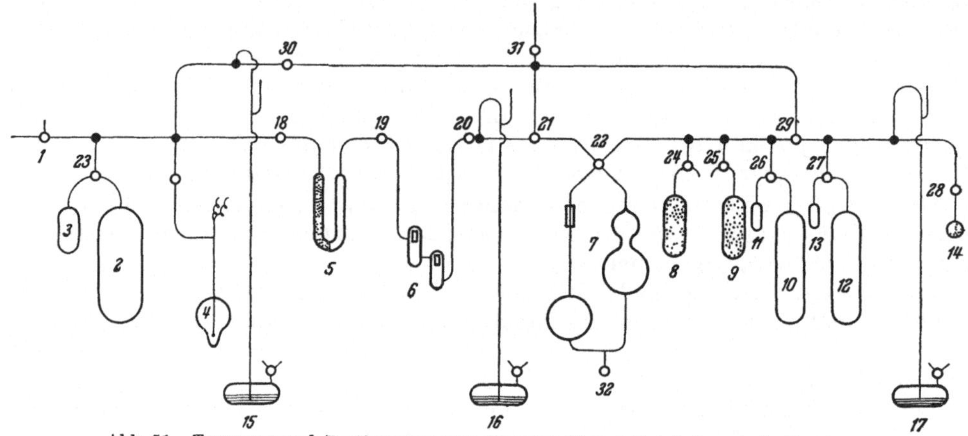

Abb. 51. Trennung und Bestimmung von Krypton-Xenon-Gemischen nach KAHLE.
1 Dreiweghahn; *2*, *10* und *12* Vorratskolben; *3*, *11* und *13* Kondensationskölbchen; *4* Kondensationskölbchen für Dichte-, Druck- und Schmelzpunktsmessung; *5* Aktivkohlerohr; *6* Spektralrohr; *7* Gaswippe (fest eingebaut); *8* und *9* Kohlepumpen; *14* Kohlekolbchen; *15* bis *17* Manometer; *18*, *19*, *20*, *28*, *30*, *31* und *32* Absperrhähne; *21* und *29* T-Hahne; *22* Doppelweghahn; *23* bis *27* Dreischenkelhahne (im Winkel von 120°).

gesamte Gasmenge aus der Summe der Einzelfüllungen dieses Meßgerätes. Der Gasbedarf der Gaswippe beträgt etwa 15 cm³. Die folgenden Reinkrypton-Fraktionen werden nunmehr durch den Vierweghahn *22* in Kurzschlußstellung direkt in einem Kondensationsgefäß *11* kondensiert, um später nach Abschluß der Messung in den Vorratsbehälter *10* verdampft zu werden. Ist das gesamte Kondensat aus *3* verdampft, so erfolgt die eben beschriebene Verdrängungsdesorption mit zunehmender Erwärmung des Adsorbens in *5* von dem Ende aus, an dem das Gas eintritt. Das Absaugen (durch Kondensation in *11*) erfolgt solange, bis Xenonlinien im Spektrum erscheinen, worauf wieder sämtliche Fraktionen durch die Wippe angesaugt und untersucht werden, bis reines Xenon im Spektrum und durch die Wippe angezeigt wird und die Prüfung in der Wippe wieder unterbleiben kann. Das desorbierte Xenon wird daraufhin in Kolben *13* kondensiert und später in den Vorratskolben, z. B. Kolben *12*, geführt und im Kolben bekannten Volumens mengenmäßig gemessen. Die Menge wird aus dem Fülldruck rechnerisch ermittelt und dieser an Manometer *17* abgelesen.

Die geschilderte Arbeitsweise bietet bei der Analyse den Vorteil, daß keine tiefen Trenndrucke benötigt werden und die Trennung schnell erfolgt. Die Gehalte der mengenmäßig gemessenen kleinen Krypton, Xenon, bzw. Argon-Stickstoff-Gemisch-Fraktionen werden aus ihren gemessenen Dichten errechnet.

[1] Die in der Abbildung als Kohlepumpen bezeichneten Apparaturteile *8* und *9* sind tiefgekühlte Adsorptionsgefäße mit einer regenerierbaren Kohlefüllung. Sie dienen zur Erzeugung hohen Vakuums und zur Speicherung wertvoller Edelgase, die nicht abgepumpt werden sollen.

III. Bestimmung sehr geringer Kryptonmengen.

Ein Verfahren zur Bestimmung von sehr geringen Kryptonmengen hat unter Benutzung der Spektralanalyse MOUREU entwickelt. Er benutzte dazu die Beobachtung, daß gewisse Linien des Kryptonspektrums noch in großer Verdünnung sichtbar sind und ihre Intensität sich der Kryptonkonzentration proportional ändert. Als besonders geeignet erwiesen sich für die Beobachtung die gelbe Linie $\lambda = 5871$ Å sowie die grüne Linie $\lambda = 5570$ Å des Kryptonspektrums. Sie liegen in dem Gebiet der größten Empfindlichkeit des menschlichen Auges und werden durch andere eng benachbarte Linien nicht gestört.

Die Methodik der Messungen ist folgende: Synthetisch hergestellte Mischungen gemessener kleiner Kryptonmengen mit Argon werden spektrophotometrisch untersucht; dabei wird die Intensität der erwähnten Linien (5871 bzw. 5570 Å) mit der Intensität der entsprechenden Linien der unbekannten Mischungen verglichen (s. auch MOUREU und LEPAPE). Da die Intensität der Kryptonlinien sich proportional dem Krypton-Partialdruck ändert, kann man durch Änderung des Druckes in dem synthetischen Gemisch eine Intensitätsgleichheit der Kryptonlinien in den verglichenen Spektren erzielen. Der hierbei sich einstellende Gesamtdruck ist annähernd proportional der Konzentration des Kryptons in dem zu analysierenden Gemisch.

Für eine einwandfreie Messung ist die Abwesenheit jeglicher Verunreinigung, insbesondere von Wasserstoff, unbedingt erforderlich. Die erreichbare Genauigkeit wird für Krypton mit 10%, für Xenon mit 20% des gefundenen Wertes angegeben. Letzteres wird durch Messung der Intensität seiner Linie $\lambda = 4671$ Å in der gleichen Weise wie das Krypton bestimmt.

Xenon.

Bestimmungsmöglichkeiten.

Xenon wird zusammen mit Krypton gewonnen und aus dem Krypton-Xenon-Gemisch rein dargestellt. Die Analyse des Xenons kann nach den bereits für Krypton beschriebenen Bestimmungsmethoden vorgenommen werden. Unter der Voraussetzung, daß alle Nichtedelgase schon entfernt und auch die leicht siedenden Edelgase (Argon, Neon, Helium) bereits abgetrennt worden sind, besteht das nach der Bestimmung des Kryptons zurückbleibende Restgas lediglich aus Xenon.

I. Untersuchung auf Reinheit.

Bei Xenon besteht die Gefahr der Verunreinigung durch höher siedende Nichtedelgase, weshalb die Reinheitskontrolle besonders auf chemischem Wege wichtig ist. (S. die chemische Kontrolle auf Verunreinigungen im Abschnitt „Argon".) Man wird im allgemeinen bemüht sein, zur Reinheitskontrolle mit möglichst wenig Xenon auszukommen, um Verluste möglichst vollkommen zu vermeiden. Da aber bei der Bestimmung kleiner Mengen von Verunreinigungen die Anwendung größerer Gasmengen unbedingt erforderlich ist, muß das Xenon (ebenso wie das Krypton) wiedergewonnen werden. Ferner ist eine Verunreinigung durch Fremdgase, die etwa aus dem Sperrwasser stammen, nach Möglichkeit auszuschalten. Große Mengen von Sperrflüssigkeiten oder Absorptionsflüssigkeiten sind daher zu vermeiden. Die Anwendung letzterer verbietet sich auch wegen der verhältnismäßig großen Löslichkeit des Xenons in Wasser bzw. in wäßrigen Lösungen. Alle Methoden, die mit kleinen Mengen von Reagenzien arbeiten, wie die Mikromethoden, sind daher für das Xenon besonders geeignet. Zur Vermeidung von Verunreinigungen erfolgt die Mengenmessung zweckmäßig nicht in Gasuhren, sondern durch Druckmessung in ausgemessenen Räumen bzw. die Geschwindigkeitsmessung durch genau geeichte Strömungsmesser. Die Wiedergewinnung kann leicht in der Weise geschehen, daß hinter der Analysenapparatur ein Kondensationsgefäß eingeschaltet wird, das in ein Bad von siedendem Stickstoff taucht. Bei geeigneter Form dieses Gefäßes kann dauernd scharf abgesaugt werden, da das Xenon bei der Temperatur des siedenden Stickstoffs nur mehr einen sehr geringen Dampfdruck besitzt (etwa 0,01 Torr). Um jeglichen Xenonverlust auszuschließen, kann man zwischen Kondensationsrohr und Pumpe noch ein ebenfalls gekühltes Kohlerohr schalten, in dem mitgerissenes Xenon durch Adsorption zurückgehalten wird.

Niedriger siedende Verunreinigungen werden beim Xenon durch physikalische Reinheitskontrollen leicht erkannt, da geringe Spuren von Stickstoff bzw. leichten Edelgasen sich z. B. in einer Erhöhung des Dampfdruckes bemerkbar machen. Ferner ist das Spektrum des reinen Xenons sehr empfindlich gegen kleine Mengen von Verunreinigungen. In reinem Zustand erscheinen die Entladungen (angeregt durch eine Wechselspannung von etwa 2000 Volt) in einem mit Xenon gefüllten Spektralrohr als ein tiefblaues Glimmlicht an den Elektroden, während das Capillarlicht eine grünlichblaue Färbung aufweist. Nach TRAVERS ändert sich das Spektrum dieses Gases mit der Entladungsform. Bei intermittierender Entladung erscheint ein blaues Glimmlicht mit schwachen Linien im roten und grünen Teil des Spektrums. Bei Funkenentladung wird das Glimmlicht grün und sehr hell leuchtend, während im Spektrum viele grüne Linien erscheinen.

II. Analyse von Xenon-Krypton-Gemischen.

Die Dampfdruckbestimmung des Xenons läßt sich in quantitativer Weise zu einer Xenon-Krypton-Bestimmung auswerten, wenn nur ein binäres Gemisch aus Krypton und Xenon vorliegt (s. Dampfdruckmessungen an Argon- und Stickstoff-Gemischen S. 80). Auch eine Abtrennung auf physikalischem Wege durch Absaugen des Kryptons ist bei dem großen Unterschied seiner Eigenschaften gegenüber denen der im periodischen System benachbarten Edelgase (Xenon einerseits, Argon andererseits) leicht durchführbar. Gegenüber der physikalischen Messung ohne Abtrennung hat diese Meßmethode den Vorteil, daß außer Krypton auch noch andere Edelgase zugegen sein können, wenn lediglich der Xenongehalt interessiert. Die Genauigkeit dieser Schnellbestimmungsmethode ist .begrenzt und beträgt etwa $\pm$ 1% (s. auch S. 43).

Das Prinzip der Methode ist folgendes: 40 bis 50 cm^3 Gemisch werden kondensiert und mit einer gut ziehenden Vakuumpumpe abgesaugt, bis der Dampfdruck des Kondensates auf etwa 0,05 mm Quecksilber abgesunken ist. Der Kondensatrest wird darauf verdampft und der entstandene Teildruck gemessen.

Die Bestimmung kann in der für die Desorptionstrennung verwendeten Anordnung ausgeführt werden (s. Abb. 51, S. 92). Das Gas wird in den Raum *2* eingeführt und seine Menge durch Druckmessung im ausgemessenen Raum bestimmt. Durch Kondensation in einem Bad von siedendem Stickstoff wird darauf das Gas bis auf einen kleinen Rest kondensiert, dessen Druck dem Partialdruck von etwa 2 mm entspricht, dann auf 90° abs. erwärmt und darauf durch eine gutziehende Pumpe scharf abgesaugt, bis der Druck auf 0,05 mm Quecksilber abgesunken ist. Darauf wird der Kondensatrest in den gleichen Raum verdampft und der sich einstellende Druck gemessen. Aus diesem errechnet sich die Menge des Xenonrestes und aus der Differenz gegen die eingemessene Gasmenge das Krypton.

Soll die Messung auf etwa 1% genau sein, so darf die Absaugung den angegebenen Druck von 0,05 mm Quecksilber nicht über- bzw. unterschreiten. Für eine schnelle Trennung ist die Verteilung des Kondensates auf großer Oberfläche vorteilhaft, was durch schnelle Kondensation bewirkt werden kann. Die Dauer der Messung ist von der Güte der Pumpe und den Strömungswiderständen in der Saugleitung stark abhängig. Im allgemeinen genügen 20 bis 30 Min. zur Durchführung der Bestimmung.

Die Xenonbestimmung durch fraktionierte Adsorption und Desorption wurde auf S. 92 beschrieben. Hier ist als Besonderheit zu bemerken, daß infolge der Verdrängungswirkung des schweren Edelgases Gasbestandteile aus ungenügend entgastem Adsorbens freigemacht werden, die auch bei hoher Erhitzung im Vakuum von der Kohle vorher noch hartnäckig festgehalten wurden. Diese Gasbestandteile erscheinen bereits bei + 100°, einer Temperatur, auf die das Adsorbens erhitzt werden muß, wenn das Xenon in nicht zu langer Zeit vollständig im Vakuum desorbiert werden soll. Eine besonders sorgfältige Entgasung der Kohle, zweckmäßig unter Spülung mit etwas Xenon gegen Ende der Entgasung, ist daher unbedingt erforderlich.

Literatur.

DAMKÖHLER, G.: Z. El. Ch. **41**, 74 (1935).
EGGERT, J.: Lehrbuch d. phys. Chemie. Leipzig: S. Hirzel 1941.
HAHN, O.: Angew. Chemie **59**, 2 (1947). — HAHN, O. u. F. STRASSMANN: (a) Naturwissenschaften **27**, 89 (1939); (b) Naturwissenschaften **27**, 163 (1939); (c) Naturwissenschaften **28**, 455 (1940). — HEYNE, G.: Z. techn. Phys. **6**, 292 (1925).
KAHLE, H.: Unveröffentlichte Arbeit aus dem Laboratorium der GESELLSCHAFT FÜR LINDES EISMASCHINEN A.G. — KLAUER, F.: Ann. Phys. [5] **20**, 145 (1934).
MOUREU, CH.: J. Chim. phys. **11**, 63 (1913). — MOUREU, CH. u. A. LEPAPE: C. r. **174**, 908 (1922); **183**, 171 (1926).
PANETH, F. u. W. D. URRY: Mikrochemie, EMICH-Festschrift, S. 233. 1930.
SEELMANN-EGGEBERT, W.: Naturwissenschaften **28**, 451 (1940).
TRAVERS, M. W.: Study of Gases. London 1901.

§ 4. Schwerstes Edelgas.

Radon.

Abtrennung des Radons von den übrigen Edelgasen.

Radon (Radiumemanation oder Niton) entsteht bekanntlich beim Zerfall des Radiums. 1 Atom Radium entwickelt dabei 1 Atom Radon und 1 Atom Helium. Das Radon unterliegt einem weiteren Zerfall innerhalb der Halbwertszeit von 3,88 Tagen, wobei bei dem Zerfall von 1 Atom Radon wieder 1 Atom Helium entsteht. Die Abtrennung des Heliums von Radon ist infolge der Flüchtigkeit des Heliums durch Absaugen aus dem kondensierten Gemisch leicht durchzuführen. Voraussetzung ist dabei, daß das Radon in größerer Konzentration vorliegt, also direkt aus dem radioaktiven Präparat gewonnen wurde.

Wird unmittelbar am Zerfallsort des Radiums, also z. B. über der wäßrigen Lösung eines Radiumsalzes, das Zersetzungsgas entnommen, so ist neben den Zerfallsprodukten Radon und Helium noch mit größeren Mengen der durch Wasserzersetzung entstandenen Gasbestandteile Wasserstoff und Sauerstoff sowie mit Kohlendioxyd und Kohlenwasserstoffe — letztere meist aus Hahnfett — zu rechnen. Die Tatsache, daß ein weiterer Zerfall des Radons wohl in der bekannten Abklingungszeit eintritt, aber durch keine Einwirkung physikalischer oder chemischer Art beschleunigt werden kann, läßt zur Entfernung aller Gase aus Radon die Verwendung aller der Methoden zu, die bisher für die Edelgasanalyse beschrieben worden sind. Es ist allerdings zu berücksichtigen, daß man stets mit außerordentlich kleinen Mengen Radon zu rechnen hat. Durch diese Tatsache wird die Art der Apparatur und der Verarbeitung wesentlich bestimmt. RAMSAY, der zusammen mit GRAY zum erstenmal das Radon rein darstellte, hat die von ihm benutzte Apparatur und Arbeitsweise folgendermaßen beschrieben. In einem kleinen abgeschlossenen Kölbchen werden die Zersetzungsprodukte eines Radiumsalzes über seiner Lösung aufgefangen und in bestimmten Zeitabständen in eine kleine Explosionspipette geführt, wo das bei der Radiumzersetzung entstandene Knallgas zur Explosion gebracht wird. Die Verbrennungsprodukte werden durch geschmolzenes Kaliumhydroxyd und Phosphorpentoxyd absorbiert; das Gas wird schließlich in ein kleines, unten offenes, in Quecksilber eintauchendes Röhrchen gebracht. Von hier wird das Gas zusammen mit einer geringen Menge Wasserstoff in ein kleines Capillarrohr geführt, das von außen durch flüssige Luft gekühlt werden kann. Hier wird das Radon kondensiert, während die Inertgase, also Helium zusammen mit dem Spülwasserstoff, abgesaugt werden. Das Radon bleibt ziemlich rein zurück. Seine Reinheit wird durch spektroskopische Beobachtung geprüft. Durch Weiterzerfall wird Helium ständig nachentwickelt und die Reinheit des Radons vermindert, das in kondensiertem Zustand außerordentlich hell leuchtet.

Andere Edelgase als das Zerfallsprodukt Helium dürften zusammen mit Radon praktisch nicht anwesend sein, da die gesamten Operationen unter Luftabschluß vor sich gehen. Nur dann wäre mit anderen Edelgasen zu rechnen, wenn etwa das Radon aus der Luft gewonnen würde; die Ausnutzung dieses Radonvorkommens dürfte aber wegen der außerordentlich geringen Konzentration (s. S. 96, Tabelle 4) auf große Schwierigkeiten technischer und wirtschaftlicher Art stoßen. In der Fraktion höchster Anreicherungsstufe einer Krypton-Xenon-Gewinnungsanlage aus Luft, nämlich der auf das Zehnmillionenfache angereicherten Xenonfraktion, dürfte das Radon auf etwa $50 \cdot 10^{-5}$ Teile je Million angereichert sein. Unter Berücksichtigung des weiteren Zerfalls hat es also im Xenon etwa die gleiche Konzentration, wie sie in der Luft über stark radioaktiven Wässern bereits beobachtet wurde. Eine Abtrennung des Xenons von Radon dürfte mit dem schon beschriebenen Trennungsverfahren prinzipiell möglich sein. Wesentlich leichter durch Abtrennung anzureichern und nachzuweisen ist jedoch Radon in Luft, die über stark radioaktiven Gewässern entnommen wird.

Die Möglichkeit einer weiteren Konzentration des Radons mittels einer der beschriebenen Trennungsmethoden beweist ein Versuch von PETERS und WEIL, das

Tabelle 4. Eigenschaften der Edelgase sowie einiger Begleitgase.

Gas	Vorkommen in Luft Vol-%	Spez. Gewicht (real) kg/nm³	Dichte* kg/24,4 nm³	Schmelzpunkt ° abs.	Siedepunkt bei 1 ata ° abs.	Löslichkeit bei 0° C nm³ Gas/m³ Wasser	Lichtbrechungsvermögen bei 550 mμ $(n_0 - 1) \cdot 10^6$	Wärmeleitvermögen bei 0° C kcal/m/h °C
He	$5 \cdot 10^{-4}$	0,1638	4,002	—	4,2	0,01008	34,9	0,123
Ne	$15 \cdot 10^{-4}$	0,8261	20,185	24,6	27,1	0,0132	67,1	0,0398
A	$9320 \cdot 10^{-4}$	1,637	40,00	83,8	87,5	0,0561	282,3	0,0140
Kr	$1,1 \cdot 10^{-4}$	3,435	83,93	116,0	120,0	0,1165	430,8	0,00763
Xe	$(0,08 \pm 0,03) \cdot 10^{-4}$	5,404	132,05	161,2	165,2	0,255	706,6	0,00446
Rn	$53 \cdot 10^{-16}$	—	222	202	211	0,5	—	—
N_2	78,03	1,147	28,03	63,2	77,4	0,02505	299,7	0,0206
O_2	20,99	1,312	32,06	54,4	90,2	0,05193	271,75	0,0210
H	$0,5 \cdot 10^{-4}$	0,08253	2,016	14,0	20,4	0,0227	139,5	0,150

* *Zu Vertikalspalte 4:* Hier ist die Dichte als das Produkt aus spezifischem Gewicht (in Spalte 3) und Molvolumen angegeben. Dieses ist für 15° und einen Druck von 1 kg/cm² berechnet und beträgt 24,435 nm³. In der angegebenen Zahl für die reale Dichte ist die Abweichung vom Gasgesetz bei 1 ata (1 kg/cm²) bereits berücksichtigt worden. Das reale spezifische Gewicht bedeutet dementsprechend das wirkliche, experimentell ermittelte Gewicht von 1 nm³ Gas (= 1 m³, gemessen bei 15° und 735,5 mm Hg). Spalte 7 gibt die Löslichkeit des betreffenden Gases in Wasser von 0° an, und zwar als dasjenige Gasvolumen, gemessen in nm³, das von 1 m³ Wasser von 0 bei einem Druck von 1 ata (1 kg/cm²) aufgenommen wird.

In Vertikalspalte 8 ist das Lichtbrechungsvermögen, bezogen auf Licht einer Wellenlänge von 550 mμ des betreffenden Gases im 10^3fachen Betrage des wahren Lichtbrechungswertes $(n_0 - 1)$ angegeben.

Vertikalspalte 9 enthält das Wärmeleitvermögen des betreffenden Gases in kcal/m/Std. und °C.

in höherer Konzentration aus einem radioaktiven Präparat gewonnene Radon durch Adsorption anzureichern. Die Genannten haben das zu untersuchende Radon aus einem Radiumsulfatpräparat von etwa 10 mg so konzentriert gewonnen, daß es durch Kondensation niedergeschlagen und mit Sauerstoff im Anschluß daran in 600 cm³ flüssige Luft gespült werden konnte. Es zeugt für die leichte Adsorbierbarkeit des Radons, daß nach Verlauf von etwa 15 Std. praktisch die gesamte Radonmenge auf eine über Nacht in die flüssige Luft eingeführte Gelmenge übergegangen war.

Der Anreicherungsgrad des Radons wird durch Messung des zeitlichen Abfalls eines Goldblattelektroskops bestimmt, in welches das noch kalte, mit Radon beladene Gel eingeführt wurde. Hierzu wird das WULFsche Elektroskop verwendet, das nach geeigneter Abschirmung von Strahlung anderer Art lediglich die Gammastrahlung des Radons mißt. Durch eine Vergleichsmessung wird der natürliche Abfall des Elektroskops bestimmt, der im vorliegenden, als Beispiel angeführten Fall 30 Min. und 20 Sek. betrug. Unter natürlichem Abfall war hierbei die Zeitdauer bis zum Abfall des Elektroskopos in radonfreier Umgebung zu verstehen. Wie sich bei der Messung des Ladungsabfalls des Elektroskops unter dem Einfluß des aus dem Bad flüssiger Luft herausgenommenen, aber noch tiefgekühlten Gels zeigte, betrug der Ladungsabfall 5 Min. und 4,8 Sek., gegenüber 4 Min. 22,6 Sek. vor dem Versuch. Unter Berücksichtigung des Weiterzerfalls des Radons ist durch diesen Versuch erwiesen, daß eine quantitative Adsorption des Radons erfolgt war. Dieser Versuch zeigt also, daß es prinzipiell möglich ist, durch Verarbeitung größerer Luftmengen Radon anzureichern, wenn die Verarbeitung wesentlich schneller vor ich geht als der Zerfall.

Literatur.

PETERS, K. u. K. WEIL: Ph. Ch. A **148**, 1 (1930).
RAMSAY, R. u. R. W. GRAY: A. Ch. **21**, 143 (1910).

Radon und Isotope.

Von B. KARLIK, Wien.

Mit 2 Abbildungen.

Inhaltsübersicht.

Radon (Radiumemanation).

Seite

Nachweismethoden . . . 100
§ 1. Radiometrischer Nachweis . . . 100
1. Aus der Halbwertszeit des Radons . . . 100
2. Aus dem Zerfall des kurzlebigen aktiven Niederschlags . . . 100
3. Aus dem Anwachsen des aktiven Niederschlags . . . 101
Literatur . . . 101
§ 2. Spektralanalytischer Nachweis . . . 102
§ 3. Nachweis durch Luminescenz . . . 102

Bestimmungsmethoden . . . 102
§ 1. Bestimmung der Radonmenge . . . 102
Radiometrische Methoden . . . 102
1. Messung der durch die γ-Strahlung bewirkten Ionisation . . . 103
Typische Meßapparaturen . . . 103
α) Der große Plattenkondensator . . . 103
β) Der HESS-WULFsche Strahlungsapparat . . . 103
γ) Der Kompensationsapparat nach RUTHERFORD und CHADWICK in der Ausführungsform von PICCARD und MEYLAN . . . 103
δ) Der Apparat mit BRONSON-Widerstand nach HESS bzw. nach GREINACHER . . . 103
ε) Die Kugel- und Zylinderanordnungen . . . 103
ζ) Die Anordnung von MACDONALD und CAMPBELL zur serienmäßigen Bestimmung kleiner Radon-Nadeln . . . 103
2. Zählung der einzelnen β- und γ-Strahlen . . . 103
3. Messung der durch die α-, β- und γ-Strahlung bewirkten Ionisation . . . 104
Typische Meßapparaturen . . . 104
α) Das Fontaktometer für 10^{-7} bis 10^{-10} Curie . . . 104
β) Die Zwei-Kammer-Apparatur nach MACHE-HALLEDAUER für 10^{-11} bis 10^{-13} Curie in der Ausführungsform von PANETH und KOECK . 104
γ) Die Meßanordnung von EVANS für Radonmengen bis zu etwa $3 \cdot 10^{-15}$ Curie . . . 104
Literatur . . . 105
§ 2. Bestimmung der Reinheit des Radons . . . 105
I. Prüfung auf chemische Reinheit . . . 106
1. Bestimmung durch Volumenmessung . . . 106
2. Bestimmung aus dem Koeffizienten der inneren Reibung . . . 106
3. Bestimmung auf spektralanalytischem Wege . . . 106
II. Bestimmung der radioaktiven Reinheit . . . 107
Literatur . . . 107

Trennungsmethoden . . . 107
§ 1. Abtrennung des Radons vom Radium . . . 107
1. Abtrennung des Radons von einer Radiumsalzlösung . . . 108
a) Durch Kochen der Lösung . . . 108
b) Durch Quirlen der Lösung durch einen Luftstrom . . . 108
c) Durch Schütteln der Lösung mit Luft . . . 108
d) Durch Abpumpen bzw. Adsorption des Radons an Aktivkohle . . . 108
2. Abtrennung des Radiums von festem Radiumsalz . . . 108
a) Das krystallisierte Salz ist löslich . . . 108
b) Das Radium liegt als hochemanierendes, sog. „HAHNsches Trockenpräparat" vor . . . 108

Seite
c) Das Radiumpräparat ist unlöslich 108
α) Abtrennung des Radons durch Erhitzen des Radiumpräparats auf die Schmelztemperatur 108
β) Abtrennung des Radons durch Erhitzen des Radiumpräparats auf Temperaturen, die mehr als halb so hoch sind wie die Temperatur des absoluten Schmelzpunkts des Präparats 108
γ) Abtrennung des Radons durch Schmelzen des Radiumpräparats mit etwa der 5fachen Menge Kaliumnatriumcarbonat 108
Literatur 109
§ 2. Abtrennung des Radons vom aktiven Niederschlag 109
Literatur 109
§ 3. Trennung des Radons von gasförmigen Beimengungen 109
1. Trennung des Radons von unedlen Gasen 109
a) Wasserstoff 110
b) Sauerstoff 111
c) Wasser (Wasserdampf) 111
d) Kohlendioxyd 111
e) Stickstoff 111
f) Kohlenwasserstoffe und organische Dämpfe 111
g) Salzsäuredämpfe, Chlor und Brom 111
2. Trennung des Radons von den anderen Edelgasen 111
a) Trennung des Radons von Helium, Neon und Argon 112
b) Trennung des Radons von Krypton und Xenon 112
3. Trennung des Radons von den beiden Isotopen Thoron und Aktinon . . . 112
Literatur 112

Isotope Atomarten des Radons.

Thoron (Thoriumemanation).

Nachweismethoden 113
Radiometrische Methoden 113
1. Aus der Halbwertszeit des Thorons 113
a) Einströmungsmethode 113
b) Strömungsmethode 113
2. Aus dem aktiven Niederschlag (Thorium B—C) 113
Literatur 114
Bestimmungsmethoden 114
I. Bestimmung der Thoronmenge 114
1. Bestimmung einer gegebenen Thoronmenge 114
2. Bestimmung des von der Muttersubstanz, Thorium X, ständig nachgebildeten Thorons 115
a) Strömungsmethode 115
b) Bestimmung aus dem aktiven Niederschlag 115
II. Bestimmung der radioaktiven Reinheit des Thorons 115
a) Einströmungsmethode 115
b) Strömungsmethode 115
c) Verhalten des aktiven Niederschlags bei Anwesenheit von Radon und Aktinon 116
Literatur 116
Trennungsmethoden 116
I. Abtrennung des Thorons von Thorium X bzw. von Thorium X enthaltenden Präparaten 116
II. Abtrennung des Thorons vom aktiven Niederschlag 116
III. Trennung des Thorons von gasförmigen Beimengungen 116
Trennung des Thorons von Radon und Aktinon 117
Literatur 117

Aktinon (Aktiniumemanation).

Nachweismethoden 117
I. Radiometrische Methoden 117
1. Aus der Halbwertszeit des Aktinons 117
a) Einströmungsmethode 117
b) Strömungsmethode 117
2. Aus dem aktiven Niederschlag 117
II. Nachweis durch Luminescenz 118
Literatur 118

Seite
Bestimmungsmethoden 118
I. Bestimmung der Aktinonmenge 118
a) Strömungsmethode 118
b) Bestimmung aus dem aktiven Niederschlag 119
II. Bestimmung der radioaktiven Reinheit des Aktinons 119
Literatur 119
Trennungsmethoden 119
I. Abtrennung des Aktinons von Aktinium X bzw. von Aktinium X enthaltenden Präparaten 119
II. Abtrennung des Aktinons vom aktiven Niederschlag (Aktinium B—C) 120
III. Trennung des Aktinons von gasförmigen Beimengungen 120
Trennung des Aktinons von Radon und Thoron 120
Literatur 120

Radon (Radiumemanation).

Rn(RaEm), Atomgewicht (aus Radium berechnet) 222,0, Ordnungszahl 86, Halbwertszeit 3,83 Tage.

Nachweismethoden.

Zum qualitativen Nachweis des Radons können die Radiometrie, die Spektroskopie und die Luminescenz verwendet werden. In der Praxis sind zum Nachweis kleiner Radonmengen ausschließlich die radiometrischen Verfahren in Verwendung. Zur Feststellung der Anwesenheit größerer Radonmengen kann die Beobachtung der Luminescenz herangezogen werden.

§ 1. Radiometrischer Nachweis.

Hinsichtlich allgemeiner Bemerkungen über den radiometrischen Nachweis s. dieses Handbuch, 3. Teil, Bd. IIa, Kapitel „Radium und Isotope“ S. 407.

Der radiometrische Nachweis des Radons kann auf verschiedene Weise geführt werden.

1. Aus der Halbwertszeit des Radons.

Das Radon wird nach einer der im Abschnitt „Trennungsmethoden“, § 1, S. 108 angegebenen Methoden von anderen radioaktiven Elementen abgetrennt. Nachdem das radioaktive Gleichgewicht mit dem kurzlebigen aktiven Niederschlag erreicht ist (nach ungefähr $3^1/_2$ Std.), nimmt die Aktivität mit der Halbwertszeit des Radons von 3,83 Tagen ab. Die Messung erfolgt mittels einer der im Abschnitt „Bestimmungsmethoden“, § 1, S. 102 beschriebenen Anordnungen.

2. Aus dem Zerfall des kurzlebigen aktiven Niederschlags.

Der aktive Niederschlag kann auf mehrfache Weise gewonnen werden:

α) Das Radon wird aus einem Gefäß, in dem es sich längere Zeit befunden hat, wieder abgepumpt. Auf den Wänden des Gefäßes haftet dann der aktive Niederschlag.

β) Der aktive Niederschlag kann angereichert werden auf einem auf ein negatives elektrisches Potential aufgeladenen Blech, das sich in einem radonhaltigen Raum befindet (elektrische Aktivierungsmethode) [Elster und Geitel (a); Allen (a)]. Die Aktivität des Bleches kann dann in einfacher Weise mittels eines sog. α-Elektroskops gemessen werden (Abb. 1). An Stelle des Bleches kann auch ein Draht verwendet werden. Beim Nachweis des Radons in der Atmosphäre werden sehr lange Drähte verwendet [Allen (b); Elster und Geitel (b); Flemming]. — Besondere Anordnungen zur Herstellung sehr stark aktiver Niederschläge gibt Henderson.

γ) Der aktive Niederschlag kann angereichert werden auf einer mittels flüssiger Luft gekühlten Oberfläche. („Kondensationsmethode" [PETTERSSON].)

Abklingen des aktiven Niederschlags. Das Abklingen des aktiven Niederschlags kann gemessen und daraus unter Berücksichtigung der Dauer der Aktivierung der Nachweis für das Radon erbracht werden [CURIE und DANNE; SCHMIDT; CURIE (a)]. Erfolgt die Messung nach einer Methode, bei der nur die durchdringende γ-Strahlung zur Wirkung kommt (nach Absorption der β- und γ-Strahlung von Radium B), so erhält man eine Abklingungskurve entsprechend dem Zerfall von Radium C (vgl. Tabelle 1). Wird eine Methode verwendet, bei der auch die Ionisation durch die α-Strahlen gemessen wird, so kann man in erster Näherung die Wirkung der β- und γ-Strahlen daneben vernachlässigen und erhält einen Abfall entsprechend Tabelle 2. Beide Tabellen gelten für den Fall, daß mehrere Stunden[1] hindurch induziert wurde. Der weitere Abfall erfolgt mit einer Halbwertszeit von rund 27 Min.

Tabelle 1. Abnahme der Intensität der γ-Strahlung des aktiven Niederschlags mit der Zeit.

t (in Min.)	I_γ
0	100
5	99,8
10	98,3
20	91,5
30	81,8
40	71,0
50	60,0
60	50,2
90	27,5
120	14,2

Tabelle 2. Abnahme der Intensität der α-Strahlung des aktiven Niederschlags mit der Zeit.

t (in Min.)	I_α
0	100
5	49,2
10	41,9
20	36,3
30	32,0
40	27,9
50	23,6
60	19,7
90	10,8
120	5,6

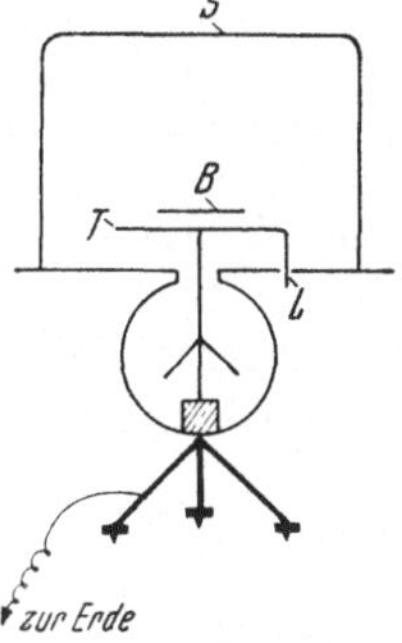

Abb. 1. B aktiviertes Blech; T Tischchen in Verbindung mit Elektroskopblättchen; L herausragender Stift zum Aufladen; S abnehmbare Glocke (Höhe ~10 cm, Durchmesser ~20 cm).

3. Aus dem Anwachsen des aktiven Niederschlags.

Frisch in einen Behälter gebrachtes Radon ist zunächst frei von seinen Folgeprodukten. Das Anwachsen des aktiven Niederschlags erfolgt komplementär zu dem unter 2. besprochenen Abnehmen, d. h. die Anstiegskurven sind Spiegelbilder zu den Abfallskurven mit der Abszissenachse als Symmetrieachse (Tabelle 3) und können zum qualitativen Nachweis des Radons herangezogen werden.

Tabelle 3.

t (in Min.)	I_γ
0	0
5	0,2
10	1,7
20	8,5
30	18,2
40	29,0
50	40,0
60	49,8
90	72,5
∞	100,0

Doch muß berücksichtigt werden, daß Abweichungen vom theoretischen Anstieg dadurch entstehen können, daß die induzierte Aktivität sich erst langsam an den Gefäßwänden und speziell am Boden absetzt [CURIE (b)]. Über die direkte Beobachtung des Anstiegs der γ-Aktivität unter Berücksichtigung auch von Radium B s. SLATER.

Literatur.

ALLEN, S. J. M.: (a) Phil. Mag. [6] **7**, 140 (1904); (b) Phys. Rev. [2] **7**, 133 (1916).

CURIE, M.: (a) Die Radioaktivität, Bd. 1, S. 330. Leipzig 1912; (b) C. r. **145**, 477 (1907); Radium **4**, 381 (1907). — CURIE, P. u. J. DANNE: C. r. **136**, 364 (1903); **138**, 683 (1904).

ELSTER, J. u. H. GEITEL: (a) Phys. Z. **5**, 11 (1904); (b) Phys. Z. **4**, 138, 522 (1903). — EVE, A. S.: Phil. Mag. [6] **10**, 99 (1905).

FLEMMING, N.: Phys. Z. **9**, 801 (1908).

HENDERSON, G. H.: Nature **114**, 503 (1924).

PETTERSSON, H.: Ber. Wien. **132 II** a, 55 (1923); Mitt. Rad.-Inst. Nr. 155.

SCHMIDT, H. W.: Ann. Phys. [4] **21**, 609, 662 (1906). — SLATER, F. P.: Phil. Mag. [6] **44**, 300 (1922).

[1] Hinsichtlich kürzerer Aktivierungszeiten vgl. z. B. SCHMIDT.

§ 2. Spektralanalytischer Nachweis.

Da die Spektroskopie als Nachweismethode für das Radon in der Praxis niemals Verwendung findet, sondern hier nur der Vollständigkeit halber angeführt werden soll, kann auf die Wiedergabe von ausführlichen Wellenlängentabellen verzichtet werden. Zu den stärksten Linien, die von mindestens vier Autoren als solche angegeben werden, gehören: $\lambda = 4609{,}5$ Å, 4578,0 Å, 4508,5 Å, 4459,6 Å, 4435,1 Å, 4349,9 Å, 4307,9 Å, 4166,6 Å, 3982,0 Å. Literatur über das Radonspektrum enthält die Literaturzusammenstellung zu § 2 der „Bestimmungsmethoden", S. 107. Aus Gründen, die dort auseinandergesetzt werden, empfiehlt es sich, bei spektralanalytischen Untersuchungen des Radons auf die Originalliteratur zurückzugehen.

§ 3. Nachweis durch Luminescenz.

Der Nachweis größerer Radonmengen (etwa von $^1/_{10}$ Millicurie an aufwärts) kann auf sehr einfache Weise durch die Luminescenzerscheinungen erbracht werden, die die Strahlung an Glas, Quarz, allen Arten von Leuchtstoffen und verschiedenen anderen Materialien hervorruft. Läßt man Radon in ein Glasgefäß einströmen, so leuchtet dieses sofort bläulichgrün auf, wobei die Intensität und der Farbton außerdem von der Glassorte abhängen. Bedeutend empfindlicher noch als Glas ist Leuchtsubstanz, Zinksulfid oder Barium-Platin II-cyanid, die man beispielsweise in Form eines kleinen Stückchens Leuchtschirm, wie er zu Röntgenzwecken verwendet wird, in das Glasgefäß einbringt.

Bestimmungsmethoden.

§ 1. Bestimmung der Radonmenge.

Radiometrische Methoden.

Die Bestimmung einer vorliegenden Radonmenge erfolgt ausschließlich auf radiometrischem Wege. Das Meßergebnis kann in zwei verschiedenen Einheiten ausgedrückt werden: 1. Man bezieht auf die Radonmenge, die mit 1 g Radium im Gleichgewicht steht; diese Menge wird 1 Curie genannt. Kleinere Einheiten sind das Millicurie (10^{-3} Curie), das Mikrocurie (10^{-6} Curie), und das Eman (10^{-10} Curie/l). Der Gebrauch dieser Einheiten setzt eine entsprechende Eichung der Meßanordnung voraus. Erfolgt die Messung durch Ermittlung der Radonmenge mit Hilfe der β- und γ-Strahlung nach einer der unter 1 oder 2, S. 103 gegebenen Anordnungen, so kann dazu direkt die Strahlung eines abgeschlossenen festen Radiumpräparates (Standards), das sich nach etwa 3 Wochen[1] mit seinen Folgeprodukten im Gleichgewicht befindet, herangezogen werden, da Radium selbst keine durchdringende Strahlung aussendet. Bei Messungen mittels einer der unter 3. wiedergegebenen Anordnungen muß man eine gemessene Radonmenge verwenden, die man am besten einer bekannten Radiumlösung (Eichlösung) entnimmt. Eine solche Eichlösung kann man selbst herstellen, beispielsweise durch Lösen einer bestimmten Menge eines genau analysierten Uranminerals [s. u. a. LUDEWIG und LORENSER; BECKER (a); BOTHE (b)]; früher konnte man sie als sog. Normallösung von der PHYSIKALISCH-TECHNISCHEN REICHSANSTALT in *Berlin-Charlottenburg* beziehen (BOTHE). — 2. Um die Verwendung solcher Eichlösungen zu umgehen, kann man die Radonmenge durch den Sättigungsstrom messen, den die α-Strahlung des Radons (ohne Folgeprodukte!) in einem Ionisationsgefäß zu unterhalten imstande ist (MACHE (a); MACHE und MEYER (a)]. Bei der Berechnung sind verschiedene Korrekturen zu berücksichtigen (DUANE und LABORDE). Als Einheit dient dann die Radonmenge, die einem Sättigungsstrom von 1 elektrostatischen Einheit entspricht [FLAMM und MACHE; MACHE

[1] Nach 3 Wochen fehlen nur noch 2% zur Gleichgewichtsmenge, nach 5 Wochen 1,7‰.

und MEYER (b)]. Zur Umrechnung in Millicurie dient die Beziehung: 1 Millicurie = 2750 elektrostatische Einheiten. — Zur Angabe von Radonkonzentrationen (beispielsweise von Quellwässern) dient noch die MACHE-Einheit: 1 MACHE-Einheit entspricht der Radonmenge im Liter, die einen Sättigungsstrom von $^1/_{1000}$ der elektrostatischen Einheit erzeugt. 1 MACHE-Einheit = 3,64 Eman = $3{,}64 \cdot 10^{-10}$ Curie/l. Bezüglich Messungen unterhalb der Sättigung s. MACHE (b) sowie BUCHGRABER.

Die zu verwendenden Meßverfahren richten sich nach der vorhandenen Radonmenge.

1. Messung der durch die γ-Strahlung bewirkten Ionisation.

Die Anordnungen, die den durch die γ-Strahlung erzeugten Ionisationsstrom messen, kommen nur für größere Radonmengen (etwa von einigen Hundertstel Millicurie an aufwärts) in Betracht. Die Eichung der Apparatur erfolgt am einfachsten durch den Vergleich mit größenordnungsmäßig gleich starken Radiumpräparaten (Standards). Die Präparate müssen mindestens 3 bis 4 Wochen[1] abgeschlossen gewesen sein, damit sich das Radium mit seinen Folgeprodukten im Gleichgewicht befindet.

Typische Meßapparaturen. (Allgemeine Bemerkungen s. dieses Handbuch, Teil 3, Bd. IIa, Kapitel „Radium und Isotope“, S. 411, „1. γ-Methode“. (Besonders typische Anordnungen zur Messung der γ-Strahlung sind folgende:

α) Der große Plattenkondensator [CURIE (a); MEYER und MACHE].

β) Der HESS-WULFsche Strahlungsapparat[2] (HESS; KOHLHÖRSTER; LIND; HOLWECK). Für diesen Apparat wurde der Zusammenhang zwischen Radiummenge und Strom genau ermittelt (MEYER und HESS), so daß zu seiner Eichung der Besitz eines Standards nicht notwendig ist.

γ) Der Kompensationsapparat nach RUTHERFORD und CHADWICK in der Ausführungsform von PICCARD und MEYLAN. Eine moderne, verbesserte Form dieses Apparates wurde von PICCARD und MEYLAN beschrieben. Die durch die γ-Strahlung bewirkte Ionisation wird durch einen entgegengesetzt gerichteten Strom kompensiert, der in einer zweiten Kammer durch ein schwaches, α-Strahlen aussendendes Präparat erzeugt wird.

δ) Der Apparat mit BRONSON-Widerstand[3] nach HESS bzw. nach GREINACHER. Ein sehr hoher Ableitwiderstand des Elektrometerfadens bewirkt, daß sich letzterer in eine durch die Präparatstärke bestimmte Gleichgewichtslage einstellt.

ε) Die Kugel- und Zylinderanordnungen, bei denen sich das Präparat im Innern des Apparates befindet [MEYER und HESS; CURIE (a); BOTHE (b)].

ζ) Die Anordnung von MACDONALD und CAMPBELL zur serienmäßigen Bestimmung von kleinen Radon-Nadeln.

2. Zählung der einzelnen β- und γ-Strahlen.

Das Radon wird in ein Gefäß eingeschlossen; die einzelnen β- und γ-Strahlen die die Gefäßwände durchdringen, werden in einer der Präparatstärke entsprechenden Entfernung elektrisch registriert. Auf diese Weise ist es möglich, Präparate von einigen Millicurie bis zu 10^{-10} Curie zu messen. Es kommen zwei Instrumenttypen in Betracht: der Spitzenzähler [zuerst beschrieben von GEIGER und RUTHERFORD (a)] und das Elektronenzählrohr [GEIGER und MÜLLER (a)]. Die zunächst an einem Elektrometer beobachteten, durch die Stoßionisation von den einzelnen Teilchen hervorgerufenen Ausschläge können photographisch registriert [DUANE, CURIE (b); GEIGER und RUTHERFORD (b)] oder verstärkt und hörbar gemacht

[1] Vgl. Fußnote 1 auf S. 102.
[2] Vgl. HESS, V. F.: Phys. Z. **14**, 1135 (1913).
[3] BRONSON, H. L.: Phil. Mag. [6] **11**, 143 (1906).

(GREINACHER) bzw. auf einen Schreibapparat übertragen (KOVARIK) oder mit irgendeinem Zählwerk gezählt werden.

Über die Wirkungsweise des Spitzenzählers haben vor allem GEIGER sowie GEIGER und KLEMPERER gearbeitet. Der Apparat hat den Vorteil, bei Atmosphärendruck verwendet werden zu können, das zuverlässigere Instrument aber stellt das Zählrohr dar. Von GEIGER und MÜLLER (b) stammt noch eine weitere grundlegende Arbeit über das Elektronenzählrohr. Aus der neueren Literatur sei lediglich noch eine Arbeit von TROST erwähnt, während auf die zahlreichen Veröffentlichungen, die sich mit der Wirkungsweise des Zählrohrs beschäftigen, an dieser Stelle nicht eingegangen werden kann. Die Messung von Radonpräparaten erfolgt analog der Dosierung von Radiumpräparaten mittels Zählrohren (NEUFELDT) und entsprechend wird auch die Eichung der Apparatur vorgenommen. Auf möglichst ähnliche Absorptionsverhältnisse muß geachtet werden.

3. Messung der durch die α-, β- und γ-Strahlung bewirkten Ionisation.

Bei diesen Messungen überwiegt naturgemäß die Wirkung der α-Strahlen; das Radon befindet sich (im Gegensatz zu der Anordnung unter 1. und 2.) stets in der Ionisationskammer selbst.

Typische Meßapparaturen. Je nach der Radonmenge kommen verschiedene Apparaturen in Frage:

α) Das Fontaktometer für 10^{-7} bis 10^{-10} Curie [SCHMIDT; MACHE und MEYER (c); MEYER und MACHE; BECKER (b); LABORDE und CHÉNEVEAU; weitere Literatur s. bei MEYER und SCHWEIDLER]. Die Apparatur besteht aus einem zylindrischen Meßgefäß, meist von großem Volumen (etwa 15 l), das in der Achse als Zerstreuungskörper einen von den Gefäßwänden isolierten Stab trägt, der mit den Blättchen eines Elektroskops in Verbindung steht. Wenn es sich um den Radongehalt von Flüssigkeiten handelt, können diese auch direkt in das Meßgefäß gebracht und durch Schütteln entemaniert werden; meist aber wird mittels eines Gummiballs während etwa $^1/_4$ Std. Luft durch die Lösung und das Fontaktometergefäß getrieben (Abb. 2). (Bezüglich Eichung des Fontaktoskops vgl. BUCHGRABER.)

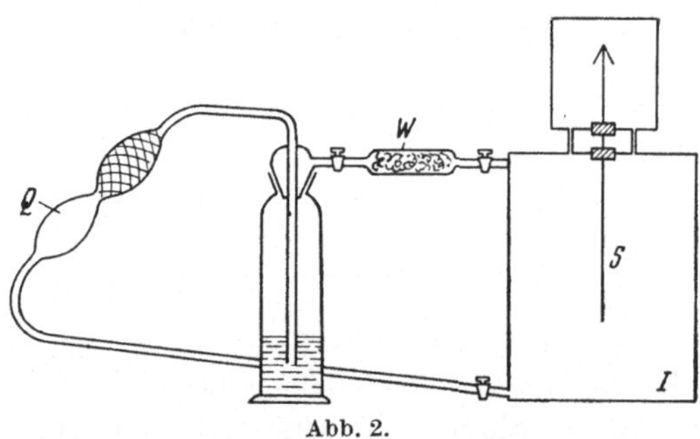

Abb. 2.
I Ionisationsgefäß (Inhalt ~15 l); *S* isolierter Stift; *W* Wattevorlage; *Q* Gummiball.

In Verbindung mit Einfaden-Elektrometern gestatten Anordnungen vom Fontaktometertypus (Topfanordnungen) die Messung von Radonmengen bis zu 10^{-11} Curie.

β) Die Zwei-Kammer-Apparatur nach MACHE-HALLEDAUER für 10^{-11} bis 10^{-13} Curie[1] in der Ausführungsform von PANETH und KOECK. Diese Apparatur stellt in der von PANETH und KOECK besonders sorgfältig durchgearbeiteten und weiterentwickelten Form eine der empfindlichsten Apparaturen zur Messung kleinster Radonmengen dar. Von den beiden Kammern, die abwechselnd zur Verwendung gelangen, benutzt man die eine zur Messung der natürlichen Effekte, die andere zur Ermittlung der Summe dieser Effekte und der zu bestimmenden Radonmenge.

γ) Meßanordnung von EVANS (a) für Radonmengen bis zu etwa $3 \cdot 10^{-15}$ Curie. Sie stellt die empfindlichste Meßanordnung für Radon überhaupt dar.

[1] Die Angabe von HALLEDAUER, daß die Apparatur noch 10^{-14} Curie zu messen gestatte, ist nicht ganz verständlich.

Es kann aber in diesem Bereich nicht genug von der Fälschung der Versuchsergebnisse durch „Verseuchung“ gewarnt werden, da in fast allen natürlichen Materialien und den meisten künstlichen Substanzen Radium in dieser Konzentration enthalten ist. Die Anordnung von EVANS (a) benutzt, ebenso wie die Apparatur von MACHE-HALLEDAUER (s. HALLEDAUER), zwei Ionisationskammern, die in einer Kompensationsschaltung angeordnet sind, wobei an die eine Kammer eine positive, an die andere eine gleich große negative Spannung gelegt wird. Die beiden Kammern sind dabei dauernd in Verbindung mit dem Elektrometer, was bei automatischer Registrierung [EVANS (b)] unvermeidlich ist, doch kann die Aufladung grundsätzlich auch hier wie bei MACHE und HALLEDAUER getrennt vom Elektrometer erfolgen, wenn die Ablesung subjektiv vorgenommen wird. Bei Eichung durch eine bekannte, größenordnungsmäßig gleiche Radonmenge fallen Bedenken bezüglich der Asymmetrie der Anordnung weg.

Literatur.

BECKER, A.: (a) Z. anorg. Ch. **124**, 149 (1922); Z. Phys. **21**, 304 (1924); (b) Z. Instrumentenk. **30**, 301 (1910); Z. Phys. **21**, 304 (1924). — BOTHE, W.: (a) Phys. Z. **16**, 33 (1915); (b) Z. Phys. **16**, 266 (1923); **46**, 896 (1928). — BUCHGRABER, D.: Ber. Wien. Akad. **145 IIa**, 261 (1936); Mitt. Rad. Inst. 378.

CURIE, M.: (a) J. de Phys. [5] **2**, 795 (1912); (b) Radium **8**, 354 (1911).

DUANE, W.: C. r. **151**, 228 (1910); Radium **7**, 196 (1910). — DUANE, W. u. A. LABORDE: C. r. **150**, 1421 (1910).

EVANS, R. D.: (a) Phys. Rev. [2] **39**, 1014 (1932); Rev. sci. Instruments [N. S.] **4**, 216 (1933); (b) [N. S.] **6**, 99 (1935).

FLAMM, L.: u. H. MACHE: Ber. Wien. Akad. **121 IIa**, 227 (1912); **122 IIa**, 535, 1539 (1913).

GEIGER, H.: Phys. Z. **14**, 1129 (1913). — GEIGER, H. u. O. KLEMPERER: Z. Phys. **49**, 753 (1928). — GEIGER, H. u. W. MÜLLER: (a) Naturwiss. **16**, 617 (1928); (b) Phys. Z. **29**, 839 (1928); **30**, 489 (1929). — GEIGER, H. u. E. RUTHERFORD: (a) Pr. Roy. Soc. London A **81**, 141 (1908); Phys. Z. **10**, 1 (1909); (b) Phil. Mag. [6] **24**, 618 (1912). — GREINACHER, H.: Phys. Z. **15**, 410 (1914); Radium in Biol. u. Heilk. **2**, 137 (1913).

HALLEDAUER, G.: Ber. Wien. Akad. **134 IIa**, 39 (1925). — HESS, V. F.: Phys. Z. **14**, 1135 (1913); Verh. Deutsch. Phys. Ges. **15**, 921 (1913). — HOLWECK, F.: Nature **109**, 252 (1922).

KOLHÖRSTER, W.: Z. Phys. **5**, 107 (1921); Phys. Z. **26**, 654 (1925); **27**, 62 (1926). — KOVARIK, A. F.: Phys. Rev. **9**, 567 (1917); **13**, 272 (1919).

LABORDE, A. u. C. CHÉNEVEAU: Méthodes de mesures, S. 157. Paris 1910. — LIND, S. C.: Ind. eng. Chem. **12**, 469 (1920). — LUDEWIG, P. u. E. LORENSER: Z. Phys. **13**, 284 (1923); **21**, 258 (1924).

MACDONALD, P. A. u. E. M. CAMPBELL: Rev. sci. Instruments [N. S.] **6**, 212 (1935). — MACHE, H. (a): Ber. Wien. Akad. **113 IIa**, 1329 (1904); (b): Ber. Wien. Akad. **144 IIa**, 595 (1935). — MACHE, H. u. ST. MEYER: (a) Wien. Ber. **114**, 355, 545 (1905); (b) Phys. Z. **13**, 320 (1912); (c) Z. Instrumentenk. **29**, 65 (1909). — MEYER, ST. u. V. F. HESS: Ber. Wien. Akad. **121**, 603, 621 (1912). — MEYER, ST. u. H. MACHE: Phys. Z. **10**, 860 (1909). — MEYER, ST. u. E. SCHWEIDLER: Radioaktivität, S. 302. Leipzig u. Wien 1916.

NEUFELDT, H.: Phys. Z. **30**, 494 (1929).

PANETH, F. u. W. KOECK: Ph. Ch., BODENSTEIN-Festband, S. 145. (1931). — PICCARD, A. u. L. MEYLAN: J. Phys. Radium [7] **4**, 715 (1933). — PHYSIKALISCH-TECHNISCHE REICHSANSTALT: Phys. Z. **24**, 268 (1923).

RUTHERFORD, E. u. J. CHADWICK: Pr. phys. Soc. London, **24**, 141 (1912); Radium **9**, 195 (1912).

SCHMIDT, H. W.: Phys. Z. **6**, 561 (1905).

TROST, A.: Z. Phys. **105**, 399 (1937).

§ 2. Bestimmung der Reinheit des Radons.

Wir haben zu unterscheiden zwischen der Reinheit im gewöhnlichen chemischen Sinn des Wortes und der „radioaktiven“ Reinheit, d. h. dem Freisein des Radons von den beiden Isotopen Thoron und Aktinon. Für die chemische Reinheitsprüfung kommen die Volumenmessung und die spektralanalytische Methode in Betracht; in besonderen Fällen kann die Messung des Koeffizienten der inneren Reibung benutzt werden; für die Prüfung auf radioaktive Reinheit kommen ausschließlich radiometrische Methoden in Frage.

I. Prüfung auf chemische Reinheit.

1. Bestimmung durch Volumenmessung.

Durch Volumenmessung kann man insofern eine grobe Reinheitsprüfung vornehmen, als man auf diese Weise feststellen kann, ob ein großer Ballast an anderen Gasen vorhanden ist. Beim praktischen Arbeiten mit Radon kommt es meist auch nur hierauf an, wie ja die Reinigung des Radons im allgemeinen nur die Erzielung eines kleinen Volumens bezweckt, damit man möglichst konzentrierte Strahlenquellen erhält. Das zehnfache Volumen des Radons betragende Verunreinigungen spielen dabei meist noch gar keine Rolle. Genaue Volumenbestimmungen an reinem Radon sind aber nicht nur wegen der meist außerordentlich kleinen, zur Verfügung stehenden Mengen (1 Millicurie entspricht einer Menge von $6{,}6 \cdot 10^{-7}$ cm³) schwer durchführbar, sondern werden vor allem durch die bei Einführung des Radons in Capillaren eintretende Volumenkontraktion sehr erschwert, die teils auf Adsorption, teils auf Bildung von Molekülaggregaten zurückgeführt wird, nach WERTENSTEIN (a) aber als eine Art „clean-up"-Effekt von noch vorhandenen Verunreinigungen, hauptsächlich von Kohlendioxyd, unter der Einwirkung der α-Strahlen zu erklären ist. Die Atomgewichtsbestimmung kommt aus denselben Gründen nicht in Frage; die einzige auf der Messung der Dichte beruhende Bestimmung des Atomgewichts (GRAY und RAMSAY) ergab nur die Grenzen 218 bis 227.

2. Bestimmung aus dem Koeffizienten der inneren Reibung.

Durch Bestimmung der Dämpfung eines schwingenden Quarzfadens und eine genaue Druckmessung (mittels eines KNUDSEN-Manometers) lassen sich unter der Voraussetzung, daß die anderen Verunreinigungen einen im Vergleich zum Radon vernachlässigbar kleinen Partialdruck haben, der Partialdruck des Radons und der der Hauptverunreinigung getrennt bestimmen. [WERTENSTEIN (a) hat diese Bestimmung für Kohlendioxyd durchgeführt; dieses ist besonders schwer zu entfernen, s. Trennungsmethoden, § 3, 1, d, S. 111]. — Die Bestimmung ist kompliziert und schwierig und kommt daher nur in Frage, wenn zwingende Gründe für die Anwendung der Methode vorhanden sind.

3. Bestimmung auf spektralanalytischem Wege.

Die Spektralanalyse ist die einzige zur Verfügung stehende Methode, wenn es sich um eine genaue Untersuchung aller chemischen Verunreinigungen handelt — ein Fall, der in der Praxis allerdings sehr selten vorkommt. Die eindeutige Identifizierung der Linien ist nicht leicht durchführbar: das Spektrum des Radons zeigt eine große Anzahl von Linien, die jedoch bei verschiedenen Anregungsarten nicht von allen Beobachtern gleichmäßig beobachtet wurden, insbesondere unterscheiden sich die Intensitätsangaben zuweilen erheblich. Es empfiehlt sich daher, bei spektroskopischen Untersuchungen des Radons auf die Originalliteratur zurückzugehen (RAMSAY und COLLIE; RAMSAY und CAMERON; RUTHERFORD und ROYDS; ROYDS; WATSON; LIND, MOORE und NYSWANDER; WOLF) und insbesondere die neueren Arbeiten von RASMUSSEN, von NIELSEN, von PETTERSSON (a) und von SCHOBER und ANGENHEISTER heranzuziehen. Erwähnt sei noch, daß das Radon im Laufe der Anregung aus der Entladungsstrecke verschwindet und sich an den Wänden festsetzt, teils durch Okklusion an zerstäubtem Elektrodenmaterial (LIND), teils aber auch, bei Verwendung von Außenelektroden („elektrodenloser" Entladung), durch den „clean-up"-Effekt [PETTERSSON (b)]. Die dabei eintretende Druckänderung hat Veränderungen der relativen Intensitätsverhältnisse während der Beobachtung zur Folge (LIND).

II. Bestimmung der radioaktiven Reinheit.

Die Anwesenheit von Thoron und Aktinon im Radon kann auf verschiedene Weise festgestellt werden.

a) Liegt außer Radon auch noch Thoron vor, so überlagert sich der Abfallskurve von Radium A—B—C auch noch der Abfall von Thorium B—C, der je nach der Dauer der Aktivierung (Exposition im emanationshaltigen Raum) sehr verschiedenen Verlauf nehmen kann (s. bei „Thoron", unter „Nachweismethoden", S. 114). — Da es sich im allgemeinen um keine starken Präparate handeln wird, ist es am zweckmäßigsten, die Messungen mit einem α-Elektroskop vorzunehmen.

Ist Aktinon anwesend, so überlagert sich ein rein exponentieller Abfall von 36 Min. Halbwertszeit entsprechend Aktinium B—C.

b) Mit Hilfe der bei „Thoron" im Abschnitt „Nachweismethoden", 1, a, S. 113 und bei „Aktinon" im Abschnitt „Nachweismethoden", I, 1, a, S. 117 angeführten „Einströmungsmethode" läßt sich die Anwesenheit dieser beiden Isotopen neben Radon leicht feststellen; die Methode ist dieselbe wie bei dem Nachweis der reinen Gase Thoron bzw. Aktinon, nur daß sich dem Abfall, der innerhalb von 30 Sek. für Aktinon und in wenigen Minuten für Thoron erfolgt, eine ansteigende Aktivität anschließt, die dem Entstehen der Folgeprodukte des Radons und diesem selbst zuzuschreiben ist (vgl. „Nachweismethoden", § 1, 3, S. 101).

c) Die beiden Methoden a) und b) sind verwendbar sowohl für den Fall, daß die Muttersubstanzen des Thorons und Aktinons in greifbaren Präparaten vorliegen, als auch dann, wenn sie nicht zu haben sind. Im ersten Fall kann man aber auch so vorgehen, daß man zunächst alle drei Emanationen von dem Präparat abtrennt und dann vorteilhafter in dem sich wieder nachbildenden Gas das Thoron und das Aktinon nachweist. Daraus kann man dann auf die ursprüngliche Zusammensetzung des abgetrennten Gemisches schließen, das sich von selbst in wenigen Minuten durch den Zerfall der beiden kurzlebigen Isotopen reinigt.

Literatur.

Gray, R. W. u. W. Ramsay: Pr. Roy. Soc. London Ser. A **84**, 536 (1911).

Lind, S. C.: Science **43**, 464 (1916). — Lind, S. C., R. B. Moore u. R. E. Nyswander: Astrophys. J. **54**, 285 (1921); Phys. Rev. **15**, 239 (1920).

Nielsen, H. H.: Naturwiss. **18**, 620 (1930).

Pettersson, H.: (a) Ber. Wien. Akad. **143 IIa**, 303 (1934); Mitt. Rad.-Inst. Nr. 340; (b) Ber. Wien. Akad. **138 IIa**, 749 (1929); Mitt.-Rad. Inst. Nr. 242.

Ramsay, W. u. J. N. Collie: Pr. Roy. Soc. London Ser. A **73**, 470 (1904); **81**, 210 (1908). — Ramsay, W. u. A. T. Cameron: Soc. **91**, 1266 (1907); Pr. chem. Soc. **23**, 178 (1907). — Rasmussen, E.: Z. Phys. **62**, 494 (1930); Naturwiss. **18**, 84 (1930). — Royds, T.: Phil. Mag. [6] **17**, 202 (1909); Radium **6**, 39 (1909). — Rutherford, E. u. T. Royds: Phil. Mag. [6] **16**, 313 (1908); Pr. Roy. Soc. London Ser. A **82**, 22 (1909).

Schober, H. u. G. H. Angenheister: Wien. Anz. **73**, 222 (1936); Mitt. Rad.-Inst. Nr. **388a**.

Watson, H. E.: Pr. Roy. Soc. London Ser. A **83**, 50 (1909). — Wertenstein, L.: (a) Phil. Mag. [7] **6**, 17 (1928); (b) [7] **5**, 1017 (1928). — Wolf, S.: Ber. Wien. Akad. **137 IIa**, 269 (1928); Z. Phys. **48**, 790 (1928).

Trennungsmethoden.

§ 1. Abtrennung des Radons vom Radium.

Vgl. auch dieses Handbuch, 3. Teil, Bd. IIa, Kapitel „Radium und Isotope", Abschnitt „Radium", C, § 3, I, S. 428.

Je nach der Form, in der das zu untersuchende Radiumpräparat vorliegt, kommen für die Abtrennung des Radons verschiedene Verfahren in Frage.

1. Abtrennung des Radons von einer Radiumsalzlösung.

Das Radon kann in diesem Falle abgetrennt werden:

a) Durch Kochen der Lösung. Hierbei reißen die aufsteigenden Luftbläschen das Radon mit [CURIE; JOLY (a); SCHMIDT und NICK; EVANS (a)].

b) Durch Quirlen der Lösung durch einen Luftstrom. Ein kräftiger Luft- oder Gasstrom wird durch die Lösung durchgeleitet und reißt das Radon mit. Besonders in der Form des zirkulierenden Luftstroms findet diese Abtrennungsmethode Verwendung bei verschiedenen Meßverfahren (ELSTER und GEITEL; MACHE; MACHE und MEYER; BERNDT).

c) Durch Schütteln der Lösung mit Luft (ENGLER). Auf diese Weise wird das Radon namentlich bei Messungen mittels des Fontaktometers aus Quellwässern ausgetrieben.

d) Durch Abpumpen bzw. Adsorption des Radons an Aktivkohle. Zur Herstellung von hochkonzentrierten Radonpräparaten wird stets dieses Verfahren benutzt. Das Abpumpen kann dabei direkt mittels einer TOEPLER-Pumpe erfolgen, die Adsorption durch Aktivkohle (WOLF und RIEHL).

Eine Diskussion über die Vor- und Nachteile der einzelnen Verfahren findet sich bei BÜCHNER.

2. Abtrennung des Radons von festem Radiumsalz.

Es sind drei Fälle zu unterscheiden:

a) Das krystallisierte Salz ist löslich. Es ist dann am zweckmäßigsten, das Salz in Lösung zu bringen und nach einem der Verfahren 1, a bis d vorzugehen, da krystallisiertes Radiumsalz bei gewöhnlicher Temperatur nur einen Bruchteil des Radons abgibt (trockene Präparate weniger als 1 Promille). Bei hoher Temperatur steigert sich zwar das Emaniervermögen (KOLOWRAT), bis es beim Schmelzen 100% erreicht. Diese Form der Abtrennung wird aber im allgemeinen bedeutend umständlicher sein als das Lösen des Salzes und die Abtrennung aus der Lösung.

b) Das Radium liegt als hochemanierendes, sog. „HAHNsches Trockenpräparat" vor (HAHN; HAHN und HEIDENHAIN) Das Radium wurde zusammen mit einer sehr oberflächenreichen Substanz, z. B. Eisenhydroxyd, gefällt und unter gewissen Vorsichtsmaßnahmen getrocknet, so daß das Gelgerüst erhalten blieb (ERBACHER und KÄDING). Solche Präparate zeigen ein Emaniervermögen von über 99% und altern auch kaum, so daß das Radon wiederholt direkt abgepumpt bzw. an Aktivkohle adsorbiert oder von einem über das Präparat streichenden Luftstrom mitgeführt werden kann. Falls nicht bei der Herstellung des Präparats eine Trocknung, wie oben angegeben, erfolgt ist, muß dafür gesorgt werden, daß das Präparat feucht erhalten bleibt (HAHN und BILTZ). Bezüglich hochemanierender Präparate aus Bariumsalzen organischer Säuren s. STRASSMANN. Vgl. auch dieses Handbuch, III. Teil, Bd. IIa, Kapitel „Radium und Isotope", Abschnitt „Radium", C, § 3, Ib, β, S. 429.

c) Das Radiumpräparat ist unlöslich. Die Abtrennung des Radons kann nach folgenden Methoden erfolgen:

α) Durch Erhitzen des Radiumpräparats auf die Schmelztemperatur [KOLOWRAT; JOLY (b); EBLER; RAMSAUER]. Die Konstruktion eines für diesen Zweck besonders geeigneten Ofens gibt EVANS (b) an.

β) Durch längeres Erhitzen des Radiumpräparats auf Temperaturen, die mehr als halb so hoch sind wie die Temperatur des absoluten Schmelzpunkts des Präparats [FLÜGGE und ZIMENS; COOK).

γ) Durch Schmelzen des Radiumpräparats mit etwa der 5fachen Menge Kaliumnatriumcarbonat (Carbonataufschluß) [JOLY (b); EBLER; HOLTHUSEN; RAMSAUER; ERBACHER und KÄDING]. Die Schmelze kann nach der

Methode von STRUTT weiterverarbeitet werden: der saure Teil des Aufschlusses enthält dann das Radium; von ihm kann die sich nachbildende Emanation nach einem der Verfahren 1, a bis d abgetrennt werden.

Literatur.

BERNDT, G.: Ann. Phys. **38**, 958 (1912). — BÜCHNER, E. H.: Jb. Radioakt. **10**, 516 (1913). COOK, L. G.: Z. Ph. Ch. B **42**, 221 (1939). — CURIE, M.: Radium **7**, 65 (1910).

EBLER, E.: Z. El. Ch. **18**, 532 (1912). — ENGLER, C.: Ber. d. Tagung d. Bunsen-Ges. Juni 1905. — ELSTER, J. u. H. GEITEL: Phys. Z. **5**, 11, 321 (1904). — ERBACHER, O. u. H. KÄDING: Ph. Ch. A **149**, 439 (1930); B **6**, 368 (1930). — EVANS, R. D.: (a) Rev. sci. Instruments **4**, 216 (1933); (b) **4**, 223 (1933).

FLÜGGE, S. u. K. E. ZIMENS: Ph. Ch. B **42**, 179 (1939).

HAHN, O.: Z. El. Ch. **29**, 189 (1923); Naturwiss. **12**, 1140 (1924); Ber. Berl. Akad. **1925**, 267; **440**, 121 (1924). — HAHN, O. u. M. BILTZ: Ph. Ch. **126**, 323 (1927). — HAHN, O. u. J. HEIDENHAIN: B. **59**, 287 (1926). — HOLTHUSEN, H.: Ber. Heidelberger Akad. A, **1912**, 16. Abh.

JOLY, J.: (a) Radioactivity and Geology, S. 266. London 1909; (b) Phil. Mag. [6] **22**, 134 (1912).

KOLOWRAT, L.: C. r. **145**, 425 (1907).

MACHE, H.: Ber. Wien. Akad. **113 IIa**, 1329 (1904). — MACHE, H. u. ST. MEYER: Ber. Wien. Akad. **114**, 355, 545 (1905).

RAMSAUER, C.: Ber. Heidelberger Akad. A, **1914**, 3. Abh; Radium **11**, 100 (1914).

SCHMIDT, H. W. u. H. NICK: Phys. Z. **13**, 199 (1912). — STRASSMANN, F.: Z. El. Ch. **38**, 544 (1932). — STRUTT, R. J.: Pr. Roy. Soc. London Ser. A **84**, 377 (1910).

WOLF, P. M. u. N. RIEHL: Naturwiss. **17**, 566 (1929); Strahlentherapie **40**, 1 (1931).

§ 2. Abtrennung des Radons vom aktiven Niederschlag.

Gemeinsam mit der Abtrennung des Radons vom Radium wird nach den erwähnten Methoden auch die Abtrennung vom angesammelten aktiven Niederschlag bewirkt. Da dieser aber sofort wieder nachzuwachsen beginnt, ist eine vollständige Trennung für endliche Zeiten theoretisch nicht möglich. Praktisch ist aber zunächst nur wenig von der Gleichgewichtsmenge vorhanden (s. „Nachweismethoden", § 1, 3, S. 101), insbesondere von Radium C, und somit nur wenig an durchdringender γ-Strahlung (SLATER) (vgl. „Nachweismethoden" § 1, 3, Tabelle 3). Eine erneute Abtrennung erfolgt einfach durch Überführen des Radons in ein anderes Gefäß.

Literatur.

SLATER, F. P.: Phil. Mag. [6] **44**, 300 (1922).

§ 3. Trennung des Radons von gasförmigen Beimengungen.

Die Trennung des Radons von gasförmigen Verunreinigungen kommt in der Praxis fast ausschließlich bei der Verwendung größerer Radonmengen (von einigen Millicurie an aufwärts) bei der Herstellung starker, hochkonzentrierter Strahlungsquellen in Frage.

1. Trennung des Radons von unedlen Gasen.

Bei der Gewinnung von Radon aus wäßrigen Radiumsalzlösungen wird stets auch Knallgas mit etwas Wasserstoff im Überschuß (RAMSAY und SODDY, DUANE und SCHEUER) mit abgepumpt, das von der Zersetzung des Wassers durch die Strahlung herrührt. Je nach der Art des vorliegenden Radiumsalzes entwickeln sich auch Spuren von Chlor und Brom. Ferner befinden sich meist gefettete Hähne und Schliffe an der Apparatur, die Anlaß zur Entstehung von Kohlendioxyd, Wasserstoff, Kohlenwasserstoffen und verschiedenen organischen Dämpfen geben, da Radon Hahnfett angreift. Diese Zersetzungsprodukte können vermieden werden durch

Verwendung von Graphit (DUANE) oder Orthophosphorsäure (HESS) an Stelle des Hahnfetts oder durch Verwendung von Quecksilbertrögen und Quecksilberverschlüssen an Stelle der Hähne (RAMSAY; MUND; WERNER), doch wird dadurch das Arbeiten mit der Apparatur umständlicher. Schließlich können durch geringe Undichtigkeiten der Apparatur Spuren von Luft eindringen und somit als störende Verunreinigung auftreten. Die gasförmigen Beimengungen sind also von vornherein auch bei sorgfältigstem Arbeiten beträchtlich, beträgt doch das Gesamtvolumen des entwickelten Knallgases allein bereits etwa das Zweihunderttausendfache des Radonvolumens (USHER; DUANE). Im einzelnen Fall hängt der genaue Wert noch von den Volumenverhältnissen (Flüssigkeitsvolumen zu Gesamtvolumen) ab.

Bei Verwendung von hochemanierenden „HAHNschen Trockenpräparaten“ (s. „Trennungsmethoden“ § 1, 2b, S. 108) ist die gesamte entwickelte Gasmenge zwar bedeutend geringer, so daß gelegentlich auf eine weitere Reinigung verzichtet werden kann, doch treten auch hier gasförmige Zersetzungsprodukte von okkludierten Resten der organischen Waschmittel auf, die man zur Anwendung bringen muß, damit die Präparate nach dem Waschen schnell trocknen.

Die einzelnen Forscher kombinieren nun die Möglichkeiten, die Verunreinigungen abzutrennen, in verschiedener Weise. Einige verwenden nur chemische Hilfsmittel (MORAN), andere verwenden auch physikalische Hilfsmittel (flüssige Luft und andere Kältebäder). Vollständige Arbeitsgänge werden von RAMSAY und SODDY (b), von RAMSAY und CAMERON, von RAMSAY und GRAY, von RUTHERFORD, von DEBIERNE (a), von LIND, von CURIE, von DUANE, von HESS, von MUND, von FAILLA, von HENDERSON, von WERTENSTEIN, von MORAN, von POOLE, von BANNON, von CURTISS, von MORTARA sowie von ODDIE beschrieben. Die Autoren sind entsprechend der chronologischen Reihenfolge ihrer Veröffentlichungen genannt. Jede weitere Veröffentlichung bringt natürlich gegenüber den vorhergegangenen Arbeiten eine gewisse Verbesserung in irgendeiner Hinsicht, z. B. in bezug auf Einfachheit der Handhabung und kurze Arbeitszeit (von besonderer Bedeutung bei Serienarbeiten in Spitälern; s. z. B. BANNON), Reinheitsgrad (die diesbezüglichen Forderungen hängen wesentlich vom Verwendungszweck ab; sehr hoher Reinheitsgrad z. B. bei WERTENSTEIN), Ausbeute usw. Eine besonders einfache und billige Reinigungsanlage *ohne* Verwendung von flüssiger Luft gibt MORAN an. — Eine Apparatur speziell zum Abpumpen und Reinigen des Radons aus hochemanierenden „HAHNschen Trockenpräparaten“ wird von WERNER beschrieben.

Die wichtigsten Stufen eines typischen Reinigungsprozesses sind: Entfernung von Wasserstoff und Sauerstoff durch Knallgasexplosion, ausgelöst durch den elektrischen Funken oder Überleiten über erhitztes Kupfer und Kupferoxyd, Entfernung des Kohlendioxyds durch Kalilauge und des Wassers durch Phosphorpentoxyd, Kondensation der Emanation durch flüssige Luft und Abpumpen der letzten Spuren unkondensierter Gase.

Die Abtrennung der einzelnen Verunreinigungen kann folgendermaßen vorgenommen werden:

a) Wasserstoff. α) Die Hauptmenge des Wasserstoffs wird am besten mit der dem Knallgas entsprechenden Sauerstoffmenge durch Explosion entfernt. Das entstehende Wasser muß durch Trockenmittel gebunden werden (s. unter c). Die restliche Menge Wasserstoff wird zweckmäßig nach einer der Methoden β) oder γ) entfernt.

β) Das Gas wird über erhitztes Kupferoxyd geleitet [DEBIERNE (a); DUANE).

γ) Das Gas wird über erhitztes Kupferoxyd, das mit etwas Palladiumnitrat oder Lanthanoxyd aktiviert ist, geleitet [WERTENSTEIN (b); LIVINGSTON].

δ) Das nach Ausfrieren des Radons mittels flüssiger Luft zurückbleibende Gas wird abgepumpt.

b) Sauerstoff. α) Der Sauerstoff kann fast vollständig durch Explosion (ausgelöst mittels eines elektrischen Funkens) entfernt werden, da im allgemeinen die zur Bildung von Knallgas nötige Wasserstoffmenge vorhanden ist.

β) Das Gas wird über erhitztes Kupfer geleitet, das vorher im Wasserstoffstrom gut reduziert worden ist.

c) Wasser (Wasserdampf). α) Wasser wird durch Absorption durch Calciumchlorid, Calciumoxyd, Bariumoxyd oder Phosphorpentoxyd entfernt. LIVINGSTON empfiehlt zum gleichen Zweck die Verwendung von Magnesiumperchlorat, weil es sich sehr angenehm handhaben läßt, doch gibt es etwas Gas (wahrscheinlich Sauerstoff) ab. Die Entfernung des Wassers durch ein Absorptionsmittel ist die übliche Methode.

β) Das Wasser kann aber auch durch Ausfrieren in einem Kältebad entfernt werden. Zweckmäßig ist die Verwendung eines Pentanbades, das durch verdampfende flüssige Luft auf etwa — 110° gehalten wird, so daß gemeinsam mit dem Wasserdampf auch das Kohlendioxyd und die übrigen Zersetzungsprodukte des Hahnfetts ausfrieren. ODDIE verwendet eine Kohlendioxyd-Aceton-Kältemischung.

d) Kohlendioxyd. α) Kohlendioxyd wird fast durchweg durch Überleiten des zu untersuchenden Radons über geschmolzenes Kaliumhydroxyd oder über Natronekalk entfernt, doch betont vor allem RUTHERFORD, daß das Radon durch länger-Zeit hindurch (etwa 24 Std.) in Kontakt mit der Kalilauge stehen soll, wenn ein hoher Reinheitsgrad angestrebt wird. Nach WERTENSTEIN (b) ist eine vollständige Trennung von Radon und Kohlendioxyd, im Gegensatz zur Trennung von allen anderen Verunreinigungen, mit rein chemischen Hilfsmitteln in größeren Gefäßen überhaupt nicht möglich, da von dem an der Glaswand sehr stark adsorbierten Kohlendioxyd ständig etwas durch die Strahlung freigemacht wird. Diese letzten Kohlendioxydreste verschwinden erst, wenn das Radon in einer Capillare konzentriert wird und dadurch unter der Einwirkung der intensiven α-Strahlung eine Art „clean-up"-Effekt („Aufzehrung" an der Glaswand) eintritt.

β) Das Kohlendioxyd kann aber auch durch ein *Pentan-Kältebad* von — 110° (Kühlung mit flüssiger Luft) festgehalten werden, während das noch flüchtige Radon (Kondensation erst bei — 152°) abgepumpt werden kann.

e) Stickstoff wird entfernt entweder α) durch schwach erwärmtes Lithium [DEBIERNE (a), CURIE] oder β) durch Abpumpen nach Ausfrieren des Radons in einem Kältebad von flüssiger Luft.

f) Kohlenwasserstoffe und organische Dämpfe, die Zersetzungsprodukte von Hahnfett, werden entfernt entweder

α) durch *Verbrennen an Bleichromat* [DEBIERNE (b)] oder

β) durch Ausfrieren in einem Kältebad, wozu sowohl durch flüssige Luft gekühltes Pentan von etwa — 100° als auch eine Kohlendioxyd-Aceton-Kältemischung dienen können (ODDIE). Die Verwendung des Pentan-Kältebades hat den Vorteil, daß gleichzeitig auch das Kohlendioxyd kondensiert wird.

g) Salzsäuredämpfe, Chlor und Brom werden entfernt durch Ausfrieren in Kältebädern (s. unter f, β). Bei Verwendung von Kalilauge als Absorptionsmittel wird die Salzsäure von dieser gebunden.

2. Trennung des Radons von den andern Edelgasen.

Durch die α-Strahlung entsteht ständig Helium, so daß dieses in vergleichbarer, bei älteren Präparaten sogar in überwiegender Menge vorhanden ist. Neon und Argon (ebenso Krypton und Xenon, aber in entsprechend geringerer Menge und daher im allgemeinen praktisch ohne Bedeutung) können aus Luftverunreinigungen stammen.

a) Die **Trennung des Radons von Helium, Neon und Argon** erfolgt durch Ausfrieren des Radons in einem Kältebad von flüssiger Luft. Die drei letztgenannten flüchtigen Edelgase können abgepumpt werden.

b) **Trennung des Radons von Krypton und Xenon.** Da Krypton und Xenon als Verunreinigungen in der Praxis überhaupt keine Rolle spielen, sind Verfahren für die Trennung des Radons von diesen beiden Edelgasen bisher nicht angegeben worden. Prinzipiell ist eine Trennung wohl durch fraktionierte Desorption an Kohle (s. die Arbeiten von PETERS, bzw. von PETERS und LOHMER) möglich. — Ferner kommt ein von NIKITIN vorgeschlagenes Verfahren in Betracht, das auf der besonderen Reaktionsfähigkeit von Radonhydrat beruht.

3. Trennung des Radons von den beiden Isotopen Thoron und Aktinon.

Die drei Emanationsisotopen werden von ihren Muttersubstanzen nach einer geeigneten Methode, wie sie im Abschnitt „Trennungsmethoden", § 1, S. 108 angegeben sind, abgetrennt. Entsprechend der großen Verschiedenheit der Halbwertszeiten zerfallen die beiden Isotopen, zuerst Aktinon, dann Thoron, relativ sehr rasch und das Radon bleibt allein zurück.

Es sind vorhanden nach:

	An %	Tn %	Rn %
26 Sek.	1	71,5	100
39 Sek.	0,1	60	100
6 Min.	0	1	100
9 Min.	0	0,1	99,9

Literatur.

BANNON, J.: J. Cancer Research Comm. Univ. Sidney **3**, 86 (1931).

CURIE, M.: Die Radioaktivität, Bd. 1, S. 307. Leipzig 1912. — CURTISS, L. F.: J. opt. Soc. Am. **17**, 77 (1928); Bur. Stand. J. Res. **7**, 215 (1931).

DEBIERNE: (a) C. r. **148**, 1264 (1909); (b) Ann. Phys. [9] **3**, 18 (1915). — DUANE, W.: Phys. Rev. [2] **5**, 311 (1915). — DUANE, W. u. O. SCHEUER: Radium **10**, 33 (1913).

FAILLA, G.: U. S. Patent 1553794 (1925).

HENDERSON, G. H.: Canadian J. Res. **5**, 466 (1931). — HESS, V. F.: Phil. Mag. [6] **47**, 713 (1924).

LIND, S. C.: Ber. Wien. Akad. **120** IIa, 1709 (1911). — LIVINGSTON, R.: Rev. sci. Instruments [N. S.] **4**, 15 (1933).

MORAN, W. G.: Phil. Mag. [7] **7**, 399 (1929); Am. J. Roentgenol. Radium, Therapy **22**, 147 (1929). — MORTARA: Atti Acad. Lincei **17**, 1069 (1933). — MUND, W.: Bl. Soc. chim. Belg. **33**, 256 (1925).

NIKITIN, B. A.: Z. anorg. Ch. **227**, 81 (1936); Nature **140**, 643 (1937).

ODDIE, T. H.: Brit. J. Radiol. **10**, 348 (1937).

PETERS, K.: Ph. Ch. A **180**, 44, 51, 58 (1937) — PETERS, K. u. W. LOHMER: Ph. Ch. A. **180**, 51, 58 (1937). — POOLE, H. H.: Dubl. Soc. 22. Jan. 1929; Pr. Roy. Soc. Dublin **20**, 1 (1930).

RAMSAY, W.: Reindarstellung der Edelgase der Atmosphäre, in: Handbuch der Arbeitsmethoden in der anorganischen Chemie, gegründet von A. STÄHLER, fortgeführt von E. TIEDE und FR. RICHTER, Bd. 4, S. 28. Berlin und Leipzig 1926. — RAMSAY, W. u. A. T. CAMERON: Soc. **91**, 1266 (1907). — RAMSAY, W. u. R. W. GRAY: Trans. Chem. Soc. **95**, 1073 (1909); Pr. Roy. Soc. London Ser. A **84**, 536 (1911). — RAMSAY, W. u. F. SODDY: (a) Pr. Roy. Soc. London Ser. A **72**, 204 (1903); (b) Ph. Ch. **48**, 682 (1904); (c) **73**, 346 (1904); Phys. Z. **5**, 349 (1904). — RUTHERFORD, E.: Ber. Wien. Akad. **117** IIa, 925 (1908); Phil. Mag. [6] **16**, 300 (1908); Radioactive Substances, S. 478 (1913).

USHER, F. L.: Jb. Radioakt. **8**, 323 (1911).

WERNER, O.: Ph. Ch. A **165**, 391 (1933). — WERTENSTEIN, L.: (a) Phil. Mag. [7] **6**, 17 (1928); (b) [7] **5**, 1017 (1928).

Isotope Atomarten des Radons.

Thoron (Thoriumemanation).

Tn(ThEm), Atomgewicht (berechnet) 220, Ordnungszahl 86, Halbwertszeit 54,5 Sek.

Nachweismethoden.

Radiometrische Methoden.

Für den Nachweis des Thorons kommen ausschließlich radiometrische Methoden in Frage. Es kann dabei der Zerfall des Thorons selbst oder das Verhalten des aktiven Niederschlags beobachtet werden (vgl. auch „Bestimmungsmethoden", II, S. 115).

1. Aus der Halbwertszeit des Thorons.

Um Thoron mit Hilfe seiner eigenen Halbwertszeit nachzuweisen, kann man auf verschiedene Weise vorgehen:

a) Bei der **Einströmungsmethode** (LESLIE; PERKINS; SCHMID) wird das Thoron bzw. das thoronhaltige Gas in ein vorher evakuiertes Gefäß eingelassen und der Abfall der Ionisation unmittelbar gemessen. Liegt Thoron allein vor, so erfolgt die Abnahme der Ionisation entsprechend einer Halbwertszeit des Thorons von 54,5 Sek., ist hingegen auch Aktinon anwesend, so findet zuerst ein rascherer Abfall statt, der sich aber nach weniger als 1 Min. nicht mehr bemerkbar macht (vgl. bei „Radon" im Abschnitt „Trennungsmethoden" § 3, 3, S. 112). Ist auch Radon vorhanden, so erreicht die Stellung des Elektrometerfadens nach etwa 10 Min. nicht wieder den ursprünglichen Wert, sondern es bleibt noch ein Ionisationseffekt zurück, der über dem der natürlichen Zerstreuung liegt, zunächst sogar durch die Bildung von kurzlebigen Folgeprodukten (aktivem Niederschlag) einen Anstieg zeigt. Da das Abstoppen von Laufzeiten bei so raschen Aktivitätsänderungen mit Schwierigkeiten verbunden ist, isoliert man den Elektrometerfaden bei diesen Versuchen zweckmäßigerweise nicht, sondern leitet ihn über einen hohen Widerstand (CAMPBELL[1]- oder BRONSON[2]-Widerstand) zur Erde ab; er nimmt dann für jede Ionisierung eine bestimmte Gleichgewichtslage ein, so daß der Ausschlag ein Maß für die in jedem Zeitpunkt vorhandene Aktivität ist. (Methode der „konstanten Ablenkung").

b) Der Vorgang bei der **Strömungsmethode** (RUTHERFORD; MACHE und BAMBERGER; SCHMID) ist folgender: Das Thoron wird durch einen Luft- oder Gasstrom laufend von seiner Muttersubstanz getrennt (entweder indem man die Thorium X enthaltende Lösung mittels dieses Luft- oder Gasstroms quirlt oder indem man letzteren über ein hochemanierendes „HAHNsches Präparat", s. im Abschnitt „Trennungsmethoden", I, S. 116) streichen läßt und durch ein längeres Rohr leitet (Länge etwa 1 m, Durchmesser 1 cm). In das Rohr sind isoliert Elektroden eingeführt, die mit Elektroskopen in Verbindung stehen. Entsprechend der kurzen Lebensdauer des Thorons stirbt ein Teil auf dem Wege von der einen Elektrode zur andern ab. Aus dem Verhältnis der an den einzelnen Elektroskopen gemessenen Aktivitäten läßt sich die Halbwertszeit des aktiven Gases berechnen und das Thoron somit identifizieren.

2. Aus dem aktiven Niederschlag (Thorium B—C).

Den aktiven Niederschlag (induzierte Aktivität) gewinnt man am besten nach der bereits bei „Radon", im Abschnitt „Nachweismethoden", § 1, 2, β, S. 100) angegebenen Methode, nämlich durch Sammeln auf einem negativ geladenen Blech

[1] CAMPBELL, N.: Phil. Mag. [6] **21**, 301 (1911); [6] **23**, 668 (1912).
[2] BRONSON, H. L.: Phil. Mag. [6] **11**, 143 (1906).

oder Draht im thoronhaltigen Raum. Wenn die Muttersubstanz Thorium X als greifbares Präparat vorliegt, so ist es im Falle des Thorons besonders zweckmäßig, das Präparat durch einen Luftstrom laufend zu entemanieren und die thoronhaltige Luft während mehrerer Stunden durch einen länglichen Kondensator zu saugen, der eine negativ geladene, abnehmbare Platte trägt, auf der sich der aktive Niederschlag ansammelt (MEYER; MEYER und SCHWEIDLER). Besonders hohe Ausbeuten kann man durch Verwendung hochemanierender Trockenpräparate („HAHNscher Präparate") erzielen (WOLF und RIEHL).

Die Messung der Strahlung des aktiven Niederschlags erfolgt in einem α-Elektroskop oder einer ähnlichen Anordnung (s. bei „Radon" im Abschnitt „Nachweismethoden", § 1, 2, S. 101). Infolge der, im Vergleich zur Versuchsdauer, langen Halbwertszeiten von ThoriumB (10,4 Std.) und ThoriumC (1,0 Std.) hängen die Abfallskurven des aktiven Niederschlags wesentlich von der Dauer der Aktivierung ab. Bei einer Aktivierungszeit von wenigen Minuten ergibt sich zuerst ein starker Anstieg bis zu einem Maximum, das nach etwa 225 Min. erreicht wird. Der exponentielle Teil des Abfalls erfolgt dann gemäß einer Halbwertszeit von 10,4 Std. Je länger die Aktivierungsdauer ist, desto flacher ist das Maximum und desto eher wird es erreicht (bei einer Exposition von 2 Tagen bereits nach 4 Min.). — Die Tabelle 4 gibt den Aktivitätsverlauf für einige Aktivierungszeiten Θ. Ausführliche Tabellen s. bei MEYER.

Tabelle 4.
Aktivitätsverlauf für einige Aktivierungszeiten Θ.

Aktivität[1] nach Min.	Θ = 1 Min.	Θ = 10 Min.	Θ = 60 Min.	Θ = 200 Min.	Θ = 2000 Min.
0	1,000	1,000	1,000	1,000	1,000
5	12,6	1,95	1,14	1,03	1,000
10	23,6	2,84	1,28	1,06	1,000
30	60,9	5,88	1,73	1,17	1,000
60	102,0	9,17	2,22	1,26	0,99
100	135,6	11,9	2,61	1,35	0,97
150	157,1	13,6	2,84	1,37	0,93
200	165,0	14,2	2,89	1,35	0,89
400	149,4	12,7	2,54	1,14	0,72
1000	78,8	6,73	1,33	0,60	0,38
1500	45,7	3,90	0,77	0,35	0,22
2000	26,5	2,26	0,44	0,20	0,13

Literatur.

LESLIE, M. S.: Phil. Mag. [6] **24**, 637 (1912).
MACHE, H. u. M. BAMBERGER: Ber. Wien. Akad. **123 IIa**, 325 (1914). — MEYER, ST.: Ber. Wien. Akad. **128 IIa**, 897 (1919); Mitt. Rad.-Inst. Nr. 121. — MEYER, ST. u. E. SCHWEIDLER: Radioaktivität, 2. Aufl., S. 521. Leipzig 1927.
PERKINS, P. B.: Phil. Mag. [6] **27**, 720 (1914).
RUTHERFORD, E.: Phil. Mag. [5] **49**, 1 (1900).
SCHMID, R.: Ber. Wien. Akad. **126 IIa**, 1065 (1917).
WOLF, P. M. u. N. RIEHL: Z. El. Ch. **38**, 543 (1932).

Bestimmungsmethoden.

I. Bestimmung der Thoronmenge.

Wegen der kurzen Lebensdauer des Thorons kommen die Reinigung und die Volumenbestimmung nicht in Frage, sondern lediglich radiometrische Verfahren. Es können zwei Fälle eintreten:

1. Bestimmung einer gegebenen Thoronmenge.

In diesem Fall, der in der Praxis wegen der kurzen Lebensdauer des Thorons sehr selten eintritt, wird das Thoron am besten direkt in das Ionisationsgefäß gebracht und unter Berücksichtigung des Zerfalls gemessen.

[1] Angegeben in relativen Einheiten; für $A = 0$ ist $J = 1{,}000$.

2. Bestimmung des von der Muttersubstanz, Thorium X, ständig nachgebildeten Thorons.

Zur Bestimmung können zwei verschiedene Wege eingeschlagen werden:

a) Strömungsmethode. Die die Muttersubstanz enthaltende Lösung wird durch einen konstanten Luft- oder Gasstrom durchgequirlt. Wenn ein hochemanierendes sog. „HAHNsches Präparat" vorliegt (s. „Trennungsmethoden", I, S.116), so läßt man über dieses einen Gasstrom hinwegstreichen. Der Gasstrom durchsetzt dann ein Trockenmittel (Phosphorpentoxyd, Schwefelsäure usw.), oder er wird durch Ausfrieren des Wassers in einem Kältebad von diesem befreit. In einer Filtervorlage (Watte, Glaswolle) werden Staub und mitgerissene Teilchen des Trockenmittels zurückgehalten. Alsdann passiert der Gasstrom gegebenenfalls eine Ionenfalle[1] und durchströmt schließlich ein Ionisationsgefäß (JOLY; MACHE und BAMBERGER; BÜCHNER; POOLE; MOUREU und LEPAPE; EVANS; DUCHON). Die Ionisation hängt ab von der Strömungsgeschwindigkeit und dem toten Volumen und erreicht für bestimmte Versuchsbedingungen ein Maximum, das für jede Anordnung experimentell ermittelt werden muß. Eine sehr eingehende kritische Durcharbeitung erfuhr die Methode durch DUCHON, der auch die Lösung erwärmt und den Einfluß der Temperatur untersucht hat. — Anstatt die gesamte Ionisation zu messen, können bei sehr geringen Thoronmengen auch die einzelnen α-Teilchen gezählt werden (URRY), wobei die aus $3 \cdot 10^{-6}$ g Thorium gebildete Menge Thoron noch mit 2% Genauigkeit gemessen und die aus $2 \cdot 10^{-6}$ g Thorium entstandene noch nachgewiesen werden konnte.

Die Eichung der Apparatur erfolgt durch Vergleich mit einer Lösung bekannten Thoriumgehalts unter genau denselben Versuchsbedingungen. Die Thoronmenge wird dann im Verhältnis zu derjenigen, die mit einer bestimmten Thoriummenge im radioaktiven Gleichgewicht steht, angegeben. Da Thorium aber nicht die unmittelbare Muttersubstanz des Thorons ist, sondern vier weitere Substanzen mit Halbwertszeiten bis zu 6,7 Jahren noch dazwischenliegen, muß bei der Wahl des Bezugspräparates sehr darauf geachtet werden, daß das Thorium mit diesen Produkten bereits im Gleichgewicht steht, also ein Alter des Präparates von mindestens einigen Jahrzehnten garantiert ist.

b) Bestimmung aus dem aktiven Niederschlag. Die unter „Nachweismethoden" 2, S. 113 beschriebene Nachweismethode kann auch zur quantitativen Bestimmung verwendet werden, wenn eine Eichung der Apparatur mit einer bekannten Thoronmenge unter gleichen Bedingungen vorgenommen und auf einen bestimmten Zeitpunkt nach Abbrechen der Exposition bezogen wird. Für den Fall, daß die Muttersubstanz nicht in Form eines greifbaren Präparates vorliegt [Bestimmung des Thorons in der Atmosphäre oder in abgeschlossenen Lufträumen (RUMPF, FOGGY und FRÖHLICH; GOODMAN und EVANS)] ist dies die zweckmäßigste Methode, da das unter I, 1, S. 114 beschriebene Verfahren wegen der kurzen Halbwertszeit des Thorons unpraktisch und nicht so empfindlich ist.

II. Bestimmung der radioaktiven Reinheit des Thorons.

Wegen der geringen Lebensdauer des Thorons kommt eine Trennung von anderen Gasen nicht in Frage. Von Interesse ist daher allein die radioaktive Reinheit, d. h. die Frage nach der Anwesenheit der beiden Isotopen Radon und Aktinon. Wie sich diese bei Verwendung

a) der **Einströmungsmethode** bemerkbar machen, wurde bereits im Abschnitt „Nachweismethoden", 1, a, S. 113 beschrieben. — Verwendet man

b) die **Strömungsmethode** („Nachweismethoden", 1, b, S. 113), so zeigt sich gegenüber der Eichung mit reinem Thoron bei Anwesenheit von Radon eine Verminderung

[1] Man versteht darunter ein elektrisches Feld zum Abfangen der vom Gasstrom mitgeführten Ionen.

des Aktivitätsunterschiedes an den beiden Elektroden und bei Anwesenheit von Aktinon eine Vergrößerung des Unterschieds, doch können sich diese beiden Wirkungen teilweise aufheben, so daß nach dieser Methode mit Sicherheit nur immer auf die überwiegende Beimengung geschlossen werden kann.

c) Im Verhalten des aktiven Niederschlages treten bei Anwesenheit von Radon und Aktinon starke Veränderungen auf, da die induzierten Aktivitäten dieser beiden Elemente hinzukommen. Besonders deutlich wird deren Einfluß, wenn man lange Expositionszeiten wählt. Während bei reinem Thoron nach einer Exposition von etwa 16 Std. der aktive Niederschlag während 2 Std. praktisch konstant ist (Meyer), überlagern sich dieser Aktivitätskurve bei Gegenwart von Radon und Aktinon zunächst die charakteristischen Abfallskurven von Radium A—B—C (s. „Radon", im Abschnitt „Nachweismethoden", § 1, 2, Tabelle 2, S. 101) und die Abfallskurve von Aktinium B—C (Halbwertszeit 36 Min.) (s. „Aktinon", im Abschnitt „Nachweismethoden", I, 2, S. 118).

Literatur.

Büchner, E. H.: Jb. Radioakt. **10**, 516 (1913).
Duchon, J.: J. Phys. Radium [7] **4**, 605 (1933).
Evans, R. D.: Rev. sci. Instruments [N. S.] **6**, 215 (1934).
Goodman, C. u. R. D. Evans: Phys. Rev. [2] **54**, 866 (1938).
Joly, J.: Phil. Mag. [6] **16**, 190 (1908); [6] **24**, 694 (1912).
Mache, H. u. M. Bamberger: Ber. Wien. Akad. **123 IIa**, 325 (1914). — Meyer, St.: Ber. Wien. Akad. **128 IIa**, 897 (1919); Mitt. Rad.-Inst. Nr. 121. — Moureu, C. u. A. Lepape: C. r. **179**, 123 (1924).
Poole, J. H. J.: Phil. Mag. [6] **29**, 483 (1915).
Rumpf, E., W. Foggy, W. Fröhlich: Ann. Phys. **33**, 723 (1938).
Urry, W.: J. physic. Chem. **4**, 34 (1936).

Trennungsmethoden.

I. Abtrennung des Thorons von Thorium X bzw. von Thorium X enthaltenden Präparaten.

Es kommen dieselben Verfahren in Betracht, die bei der Abtrennung des Radons vom Radium bei „Radon", im Abschnitt „Trennungsmethoden", § 1, S. 108 beschrieben worden sind. — Vollständige Abtrennung erfolgt durch Glühen auf unschmelzbarer Unterlage [Hahn (a)]. — Über die Herstellung hochemanierender Präparate speziell für Thoron s. Hahn (b).

II. Abtrennung des Thorons vom aktiven Niederschlag.

Gleichzeitig mit der Abtrennung von der Muttersubstanz erfolgt auch die Abtrennung vom aktiven Niederschlag. Von dem sich nun wieder nachbildenden aktiven Niederschlag kann das Thoron neuerdings getrennt werden durch einfaches Überleiten des Gases in ein anderes Gefäß. In bezug auf Thorium A allerdings wirkt sich eine solche Trennung praktisch überhaupt nicht aus, da letzteres infolge seiner kurzen Halbwertszeit (0,15 Sek.) sofort wieder im Gleichgewicht mit dem Thoron ist.

III. Trennung des Thorons von gasförmigen Beimengungen.

Verfahren, wie sie beim „Radon" („Trennungsmethoden", § 3, S. 109) zur Entfernung von chemisch-aktiven Gasen und zur Abtrennung der anderen Edelgase verwendet werden, kommen in der Praxis für Thoron wegen seiner viel kürzeren Halbwertszeit nicht in Betracht. Von praktischem Interesse ist allein die Trennung des Thorons von seinen beiden Isotopen.

Trennung des Thorons von Radon und Aktinon.

Die Trennung erfolgt in der Weise, daß vorerst das Präparat, das die Muttersubstanzen enthält, nach einem der bei „Radon“ „Trennungsmethoden“, § 1, S. 108 beschriebenen Verfahren von allen drei Emanationen befreit wird. Aus dem Präparat werden nun zunächst Aktinon und Thoron nachgebildet. Nach 5 Min. sind bereits 98% der Maximalmenge an Thoron, aber erst 0,05% an Radon nachgebildet. Das Thoron mit dem 100%ig vorhandenen Aktinon wird nun abermals nach einem der oben angegebenen Verfahren von dem Präparat abgetrennt. Nach 26 Sek. ist das Aktinon bereits bis auf 1% abgefallen, während von Thoron noch 71,5% vorhanden sind.

Wenn die Muttersubstanz nicht als greifbares Präparat vorliegt (z. B. im Falle der Bestimmung der Emanationen in der Atmosphäre), ist eine Trennung von Radon nicht möglich.

Literatur.

Hahn, O.: (a) Jb. Radioakt. **2**, 256 (1905); (b) Naturwiss. **12**, 1140 (1924).

Aktinon (Aktiniumemanation).

An(AcEm), Atomgewicht (berechnet) 219, Ordnungszahl 86, Halbwertszeit 3,92 Sek.

Nachweismethoden.

I. Radiometrische Methoden.

Zum Nachweis des Aktinons kann entweder der Zerfall des Aktinons selbst oder das Verhalten des aktiven Niederschlags beobachtet werden. Bezüglich des Nachweises neben Thoron und Radon s. auch im Abschnitt „Bestimmungsmethoden“ II, S. 119.

1. Aus der Halbwertszeit des Aktinons.

a) Einströmungsmethode. Wegen der sehr kurzen Lebensdauer des Aktinons, die ein Ablesen der Zeiten mit der Stoppuhr unmöglich macht, kommt die Einströmungsmethode (vgl. den bei „Thoron“ im Abschnitt „Nachweismethoden“, 1, a, S. 113), bei der der Zerfall einer bestimmten Aktinonmenge in einem abgeschlossenen Gefäß direkt gemessen wird, praktisch nur in Frage in Verbindung mit einer automatischen Registrierung der Zeit bezüglich der Stellung des Elektrometerfadens (Leslie; Perkins; Schmid), es sei denn, man mißt das Integral der Aktivität über ein bestimmtes Zeitintervall (v. Hevesy). Man geht dann so vor, daß man zunächst die Aktivität feststellt, die sich bei einem konstanten Luftstrom einstellt, der die Aktinon erzeugende Lösung durchquirlt und sodann durch die Ionisationskammer streicht. Nach Abschalten dieses Luftstroms beträgt das Integral der Aktivität über die ersten 30 Sek. 18% des Wertes bei konstantem Luftstrom, über die zweiten 30 Sek. 10% (v. Hevesy), doch ist in dieser Zeit bereits das Anwachsen des aktiven Niederschlags zu berücksichtigen (Berechnung s. bei Perkins.)

b) Die **Strömungsmethode** [Debierne (a); Hahn und Sackur, Schmid] kann beim Aktinon in derselben Weise angewendet werden wie beim Thoron (s. bei „Thoron“, im Abschnitt „Nachweismethoden“, 1, b, S. 113). Die Messung der Halbwertszeit beruht auf dem Zerfall des Aktinons auf dem Wege von einer Elektrode zu der andern in einem Rohr.

2. Aus dem aktiven Niederschlag.

Der aktive Niederschlag kann in der üblichen Weise auf einem negativ geladenen Blech oder Draht gesammelt werden. Am zweckmäßigsten geht man im Falle des Aktinons aber so vor, daß man dem Präparat, das die Muttersubstanz Aktinium X enthält, laufend das Aktinon durch einen Luftstrom entzieht und diesen durch einen Kondensator schickt, der eine negativ geladene, abnehmbare Platte besitzt, auf der sich der aktive Niederschlag sammelt (MEYER und HESS). Handelt es sich um die Entemanierung einer Flüssigkeit, so sind die Art der Durchquirlung und die Form der Quirlflasche für die Ausbeute sehr wesentlich (v. HEVESY).

Der Nachweis des Aktinons aus dem aktiven Niederschlag ist den Methoden 1a und 1b besonders dann vorzuziehen, wenn auch Thoron vorhanden ist oder gar überwiegt, da durch die Wahl der Strömungszeit und Strömungsgeschwindigkeit und damit der wirksamen Expositionszeit die Aktinonwirkung gegenüber der Thoronwirkung bevorzugt werden kann. Als günstige Bedingungen wurden bei einem Kondensatorvolumen von 24 cm³ eine Strömungsgeschwindigkeit von 130 l/Std. und eine Expositionsdauer von 1 Std. gefunden (MEYER und HESS). — Die Aktivität auf der Kondensatorplatte (bzw. auf dem Blech oder Draht) wird am einfachsten an einem α-Elektroskop (s. Abb. 1, S. 101) gemessen. Der Abfall (*ohne* Anstieg im Gegensatz zu Thoron!) erfolgt nach einer Exposition von wenigen Minuten mit einer Halbwertszeit von 36 Min. entsprechend Aktinium B, das sich praktisch unmittelbar im Gleichgewicht mit Aktinium A befindet und als langlebigstes Element des aktiven Niederschlags für den Abfall maßgebend ist.

II. Nachweis durch Luminescenz.

Unmittelbar sichtbar kann das Aktinon selbst dadurch gemacht werden, daß man einen Luftstrom über eine Aktinium X enthaltende, fein verteilte Substanz führt (HAHN) und unter Hin- und Herbewegen gegen einen Leuchtschirm bläst. Es entsteht eine Leuchtspur, die (nach Unterbrechung des Luftstroms) allmählich verschwimmt [DEBIERNE (b); GOLDSTEIN; HENRIOT].

Literatur.

DEBIERNE, A.: (a) C. r. **136**, 446 (1903); **137**, 411 (1904); (b) **138**, 411 (1904).
GOLDSTEIN, E.: Verh. phys. Ges. **5**, 393 (1903).
HAHN, O.: Naturwiss. **12**, 1144 (1924). — HAHN, O. u. O. SACKUR: B. **38**, 1943 (1905). — HENRIOT, E.: Radium **5**, 43 (1908). — HEVESY, G. v.: Phys. Z. **12**, 1213 (1911); J. physic. Chem. **16**, 451 (1911).
LESLIE, M. S.: Phil. Mag. [6] **24**, 637 (1912).
MEYER, ST. u. V. F. HESS: Ber. Wien. Akad. **128 IIa**, 909 (1919).
PERKINS, P. B.: Phil. Mag. [6] **27**, 720 (1914).
SCHMID, R.: Ber. Wien. Akad. **126 IIa**, 1065 (1917).

Bestimmungsmethoden.

I. Bestimmung der Aktinonmenge.

Die direkte Bestimmung einer abgetrennten Aktinonmenge im Sinne der Radonbestimmungen kommt wegen der sehr kurzen Lebensdauer des Aktinons nicht in Frage. Für den Fall aber, daß das Aktinon dauernd von seiner Muttersubstanz nacherzeugt wird, kann es gemessen und mit der Aktinonmenge aus Präparaten von bekanntem Aktinium- bzw. Aktinium X-gehalt verglichen werden. Als Eichpräparate können Lösungen von Uranerzen herangezogen werden, da das Verhältnis von Aktinium zu Uran in diesen als konstant anzusehen ist. Das in diesen Lösungen ebenfalls entstehende Radon wird unmittelbar vor der Aktiniummessung durch kräftiges Quirlen entfernt. Die während des Versuches nachwachsende Menge Radon ist so gering, daß sie nicht stört (in 30 Min. 0,4% der Gleichgewichtsmenge).

Es kommen zwei Meßmethoden in Betracht:

a) Die Strömungsmethode. Das Aktinon erzeugende Präparat wird von einem konstanten Luftstrom überstrichen, wenn es selbst genügend emaniert, oder in Lösung gebracht und von einem Gas- oder Luftstrom durchgequirlt, der darauf ein Ionisationsgefäß durchsetzt (Näheres s. bei „Thoron" im Abschnitt „Bestimmungsmethoden", I, a, S. 115). Durch Messung der oben erwähnten Eichlösungen unter genau denselben Bedingungen kann die je Zeiteinheit entstehende Aktinonmenge bestimmt werden.

b) Bestimmung aus dem aktiven Niederschlag. Die unter „Nachweismethoden" I, 2, S. 117 beschriebene Nachweismethode durch Messung des Zerfalls des aktiven Niederschlags kann auch zur quantitativen Bestimmung verwendet werden (MEYER und HESS) und ist bei Anwesenheit von Thoron der Strömungsmethode (s. unter a) vorzuziehen, weil die Aktivierungsbedingungen so gewählt werden können, daß das Thoron bei der Messung zurücktritt (vgl. „Nachweismethoden", I, 2, S. 118).

II. Bestimmung der radioaktiven Reinheit des Aktinons.

Wegen der außerordentlich kurzen Lebensdauer des Aktinons kommt allein die Untersuchung der *radioaktiven Reinheit* in Frage, d. h. die Prüfung auf eine etwaige Verunreinigung durch die beiden Isotopen Radon und Thoron. Ob eine solche vorliegt, kann festgestellt werden:

1. Aus dem Abfall der Aktivität bei der „Einströmungsmethode" („Nachweismethoden", I, 1, a, S. 117), der bei Anwesenheit von Thoron eine wesentliche Verzögerung erleidet, während Radon eine nahezu konstante Restaktivität nach dem Abfall ergibt. — Bei dem Meßvorgang nach v. HEVESY („Nachweismethoden", I, 1, a, S. 117) erhöht sich das Integral der Aktivität über ein bestimmtes Zeitintervall beträchtlich bei Anwesenheit von Radon und Thoron.

2. Aus dem Unterschied der Aktivität an den beiden Elektroden[1] bei der Strömungsmethode („Nachweismethoden", I, 1, b, S. 117), der gegenüber dem Unterschied bei reinem Aktinon sowohl durch die Anwesenheit des Thorons als auch durch die des Radons stark verkleinert wird.

3. Aus dem Verhalten des aktiven Niederschlags, der im Falle des reinen Aktinons nach einer Exposition von wenigen Minuten mit einer Halbwertszeit von 36 Min. zerfällt, während sich bei Anwesenheit von Radon und Thoron die Zerfallskurven der induzierten Aktivitäten dieser beiden Elemente der Zerfallskurve des Aktinium B noch überlagern. Der Verlauf ist dann weitgehend abhängig von der Dauer der Aktivierung; durch Variation derselben kann auch Aufschluß über die Zusammensetzung des Isotopengemisches gewonnen werden.

Literatur.

HEVESY, G. v.: Phys. Z. **12**, 1213 (1911); J. physic. Chem. **16**, 451 (1911).
MEYER, ST. u. V. F. HESS: Ber. Wien. Akad. **128 IIa**, 909 (1929); Mitt. Rad. Inst. Nr. 122.

Trennungsmethoden.

I. Abtrennung des Aktinons von Aktinium X bzw. von Aktinium X enthaltenden Präparaten.

Es kommen dieselben Verfahren in Betracht, die bei der Abtrennung des Radons vom Radium bei „Radon" im Abschnitt „Trennungsmethoden", § 1, 1 und 2, S. 108 beschrieben worden sind. Allerdings kommt es beim Aktinon für eine wirksame Abtrennung aus einer Lösung wesentlich auf die Art der Durchquirlung und die Form der Quirlflasche an (MEYER und HESS), wobei besonders Stauwinkel zu vermeiden sind. v. HEVESY füllt den Raum zwischen Lösungswaschflasche und Elektroskop mit Wasser, um Luftwirbelbildung zu vermeiden.

[1] Bei bestimmter Strömungsgeschwindigkeit setzen sich wegen der Kurzlebigkeit des Aktinons verschiedene Mengen aktiven Niederschlags an den Elektroden ab.

Eine vollständige Abtrennung erfolgt durch Erhitzen fester Präparate auf unschmelzbarer Unterlage [HAHN (a)]. Über die Herstellung von hochemanierenden Präparaten speziell für Aktinon s. HAHN (b).

Es sei noch erwähnt, daß im Vergleich zu Radium feste Aktiniumpräparate ein sehr großes Emaniervermögen besitzen, das von der Natur des Salzes und der Temperatur abhängig ist (RUTHERFORD und SODDY). Handelt es sich nicht um eine möglichst quantitative Abtrennung, so genügt es daher im Falle des Aktinons oft, ohne weitere Behandlung nur einen Luftstrom über das feste Präparat streichen zu lassen.

II. Abtrennung des Aktinons vom aktiven Niederschlag (Aktinium B—C).

Die Abtrennung kann durch Abpumpen des Aktinons erfolgen, kommt aber wegen der kurzen Lebensdauer des Aktinons praktisch nicht in Betracht.

III. Trennung des Aktinons von gasförmigen Beimengungen.

Da eine Trennung des Aktinons von chemisch aktiven Gasen und von den Edelgasen wegen der sehr kurzen Lebensdauer des Aktinons nicht in Frage kommt, ist nur die **Trennung von den beiden Isotopen Radon und Thoron** von Bedeutung. Diese wird von praktischem Interesse, wenn es sich um den Nachweis bzw. die Bestimmung von Aktinon bei dessen ständiger Nacherzeugung neben Radon und Thoron handelt. Von dem Präparat werden zunächst alle drei Emanationen nach einem der bei „Radon“ im Abschnitt „Trennungsmethoden“, § 1, S. 108 angegebenen Verfahren abgetrennt. Die neu entstehende Emanation ist zunächst vorwiegend Aktinon, da die beiden andern wesentlich langsamer anwachsen. Der Unterschied im Anstieg kann auch gegenüber Thoron durch die passend gewählte Strömungsgeschwindigkeit bei der Messung ausgenutzt werden (vgl. „Nachweismethoden“, I, 1, b und 2, S. 117 sowie „Bestimmungsmethoden“, I, S. 118).

Literatur.

HAHN, O.: (a) Jb. Radioakt. **2**, 256 (1905); b) Naturwiss. **12**, 1140 (1924). — HEVESY, G. v.: Phys. Z. **12**, 1213 (1911); J. physic. Chem. **16**, 451 (1911).

MEYER, ST. u. V. F. HESS: Ber. Wien. Akad. **128 IIa**, 909 (1929); Mitt. Rad.-Inst. Nr. 122.

RUTHERFORD, E. u. F. SODDY: Soc. (Trans.) 81, 321 (1902); Phil. Mag. (6) **4**, 370 (1902).